SQL 数据分析实战
（第 2 版）

[美] 马特·古德瓦瑟　等著

李庆良　译

清华大学出版社

北　京

内 容 简 介

本书详细阐述了与 SQL 数据分析相关的基本解决方案，主要包括 SQL 数据分析导论、SQL 和数据准备、聚合和窗口函数、导入和导出数据、使用复合数据类型进行分析、高性能 SQL、科学方法和应用问题求解等内容。此外，本书还提供了相应的示例、代码，以帮助读者进一步理解相关方案的实现过程。

本书适合作为高等院校计算机及相关专业的教材和教学参考书，也可作为相关开发人员的自学用书和参考手册。

北京市版权局著作权合同登记号 图字：01-2021-4607

图书在版编目（CIP）数据

SQL 数据分析实战：第 2 版 /（美）马特·古德瓦瑟等著；李庆良译. —北京：清华大学出版社，2022.12
书名原文：The Applied SQL Data Analytics Workshop, Second Edition
ISBN 978-7-302-62176-8

Ⅰ．①S… Ⅱ．①马… ②李… Ⅲ．①SQL 语言 Ⅳ．①TP311.132.3

中国版本图书馆 CIP 数据核字（2022）第 214326 号

责任编辑：贾小红
封面设计：刘　超
版式设计：文森时代
责任校对：马军令
责任印制：沈　露

出版发行：清华大学出版社
　　　　网　　　址：http://www.tup.com.cn，http://www.wqbook.com
　　　　地　　　址：北京清华大学学研大厦 A 座　　　邮　　编：100084
　　　　社 总 机：010-83470000　　　　邮　　购：010-62786544
　　　　投稿与读者服务：010-62776969，c-service@tup.tsinghua.edu.cn
　　　　质量反馈：010-62772015，zhiliang@tup.tsinghua.edu.cn
印 装 者：保定市中画美凯印刷有限公司
经　　销：全国新华书店
开　　本：185mm×230mm　　　印　　张：23.25　　　字　　数：489 千字
版　　次：2022 年 12 月第 1 版　　　印　　次：2022 年 12 月第 1 次印刷
定　　价：119.00 元

产品编号：088509-01

译 者 序

2022年春节期间，译者因故造访了一趟某四线城市，发现该市最繁华地段的商厦里面门庭冷落，在本应该是人潮涌动、熙熙攘攘的周末黄金时段，除商场服务员外，竟然无一顾客，这真是一个令人震惊而又忧心的场景。造成这一现象的原因是什么？有人说是因为疫情并未过去，人们因为忌惮而拒绝出门；也有人说是因为网络购物的发达、便利挤压了传统商场的生存环境；还有人说是因为大的经济环境遇冷，人们的消费能力和意愿降低……凡此种种，究竟谁的解释是对的？

如果你是该商厦的数据分析人员，你的上司要求你对这一现象做出最符合事实的解释，并提出最具可行性的解决方案，你该怎么办呢？这不是一个能够凭借想象就可以做出回答的简单问题，我们应该用数据说话。具体来说，就是遵循科学方法，使用客观收集的数据来检验上述假设（或者还有更多假设）。

本书从实用性出发，介绍了数据收集、清洗、提取和准备等操作，以及如何通过描述性统计等方法将数据转换为信息，进而转换为知识，提取出合理的见解。本书详细介绍了SQL和关系数据库的基础知识，阐释了如何通过SQL读写数据、组合数据和转换数据等，讨论了聚合函数和窗口函数的应用，以及如何使用Python分析数据等。

最后，本书还提供了一个产品销量下降的具体案例研究，演示了具体的数据分析过程和技术，这对于数据分析人员解决具体问题有很好的启示。

在翻译本书的过程中，为了更好地帮助读者理解和学习，本书对术语以中英文对照的形式给出，这样不但方便读者理解书中的代码，而且也有助于读者通过网络查找和利用相关资源。

本书由李庆良翻译。此外，黄进青也参与了部分内容的翻译工作。由于译者水平有限，疏漏之处在所难免，在此诚挚欢迎读者提出宝贵意见和建议。

译　者

前　　言

关于本书

现代企业每天都在运营，并快速生成大量数据。隐藏在这些数据中的是关键模式和行为，它们可以帮助企业从根本上深入了解自己的客户。作为一名数据分析师，最令人兴奋的莫过于像淘金一样，从海量数据分析中获取有用的见解。

本书由一个专业数据科学家团队撰写，该团队曾经利用自己的数据分析技能为各种形式和规模的企业提供服务，因此拥有非常丰富的实践经验。本书是读者开始学习数据分析的入门宝典，它向读者展示了如何有效地筛选和处理来自原始数据的信息。即使你是一个没有任何经验的新人，也可以从本书的学习中获益良多。

本书首先向读者展示了如何形成假设并生成描述性统计数据，这些统计数据可以为读者现有的数据提供关键见解。跟随本书，读者将学习如何编写 SQL 查询来聚合、计算和组合来自当前数据集之外的 SQL 数据。读者还将了解如何使用不同的数据类型，如 JSON。通过探索高级技术，如地理空间分析和文本分析，读者最终将能够更深入地了解自己的业务。最后，本书还能让读者了解如何使用分析和自动化等高级技术以更快、更有效地获取信息。

通读完本书，读者将获得识别数据中的模式和提取见解所需的技能。读者将能够以专业数据分析师的眼光来查看和评估数据。

本书读者

如果读者是一名正在寻求过渡到分析业务的数据库工程师，或者是具有 SQL 基础知识但不知道如何通过它来挖掘数据见解的人，那么本书正适合你。

内容介绍

第 1 章 "SQL 数据分析导论"，介绍了有关数据分析和 SQL 的基础知识。读者将学习如何使用数学和图形技术，通过 Excel 分析数据。此外，读者还将了解到 SQL 在数据世界中的作用，以及如何使用基础 SQL 来操作关系数据库中的数据。

第 2 章 "SQL 和数据准备"，详细展示了如何使用 SQL 技术清洗和准备数据以进行分析。首先读者将学习如何将多个表和查询组合成一个数据集，然后学习更高级的内容。

第 3 章 "聚合和窗口函数"，介绍了 SQL 的聚合函数和窗口函数，它们是汇总数据的强大技术。读者将能够应用这些函数来获得对数据的新见解并了解数据集的属性，如数据质量。

第 4 章 "导入和导出数据"，为读者提供了利用其他软件工具（如 Excel、R 和 Python）与数据库交互的必要技能。

第 5 章 "使用复合数据类型进行分析"，让读者深入了解 SQL 中可用的各种数据类型，并演示如何从日期时间数据、地理空间数据、数组、JSON 和文本中提取见解。

第 6 章 "高性能 SQL"，详细介绍了如何优化查询，使它们运行得更快。除如何分析查询性能之外，读者还将学习到如何使用其他 SQL 功能（如函数和触发器），以扩展其默认功能。

第 7 章 "科学方法和应用问题求解"，将强化读者已经获得的技能，以帮助读者解决除本书描述的问题外的其他实际问题。使用科学方法和批判性思维，读者将能够分析数据并将其转换为可操作的任务和信息。

本书约定

本书中使用了许多文本约定。

（1）有关代码块的设置如下：

```
SELECT *
FROM products
WHERE production_end_date IS NULL;
```

（2）要突出代码块时，相关内容将加粗显示：

```
(
SELECT
    street_address, city, state, postal_code
FROM
```

```
    customers
WHERE
    street_address IS NOT NULL
)
UNION
(
SELECT
    street_address, city, state, postal_code
FROM
    dealerships
WHERE
    street_address IS NOT NULL
)
ORDER BY
    1;
```

（3）术语或重要单词采用中英文对照形式，在括号内保留其英文原文。示例如下：

异常值（outlier）也称为离群值，是与数据的其余值明显不同且很少出现的数据点。异常值通常可以使用图形技术（如散点图和箱形图）找出来，因为它与其余数据相距甚远，非常容易识别。

（4）对于界面词汇或专有名词，将保留英文原文，在括号内添加其中文译名。示例如下：

接下来还需要在 R 中安装 RPostgreSQL 包。可以在 RStudio 中通过导航到 Packages（包）选项卡并单击 Install（安装）图标来执行此操作。

设置环境

在进入本书的具体学习之前，需要先设置一下特定的软件和工具。请按下文介绍的详细步骤操作。

安装 PostgreSQL 12

要在 Windows、Linux 和 MacOS 上安装和设置 PostgreSQL 12，请按下述步骤操作。

在 Windows 系统上下载和安装 PostgreSQL

在 Windows 上下载并安装 PostgreSQL 的具体操作如下。

（1）打开 Web 浏览器，导航到以下网址：

https://www.postgresql.org/download/

从 Package and Installers（包和安装程序）列表中选择 Windows，如图 P1 所示。

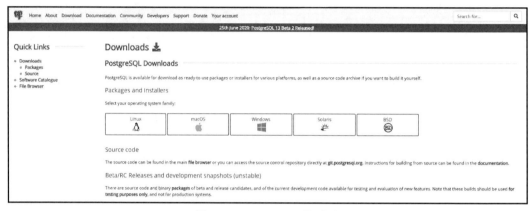

图 P1　PostgreSQL 下载页面

（2）单击 Download the installer（下载安装程序），如图 P2 所示。

图 P2　PostgreSQL Interactive 安装程序下载

（3）选择 Version（版本）为 12.x，因为这是本书使用的版本，如图 P3 所示。

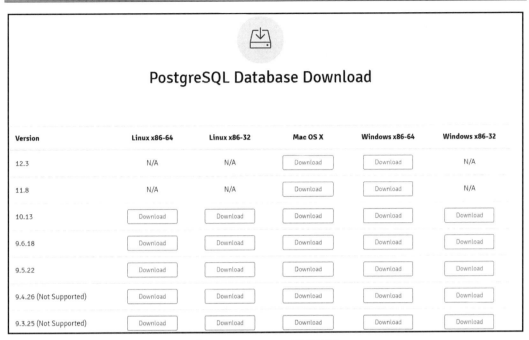

图 P3　PostgreSQL 下载页面

（4）大部分安装步骤只需要单击 Next（下一步）按钮即可。期间你将被要求指定一个数据目录。建议指定一个可轻松记住的路径，如图 P4 所示。

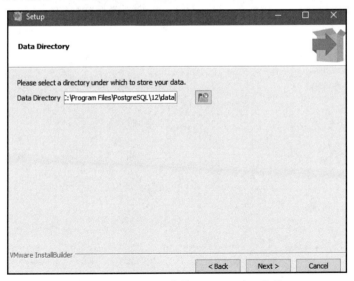

图 P4　PostgreSQL 安装——Windows 路径

（5）为 postgres 超级用户指定密码，如图 P5 所示。

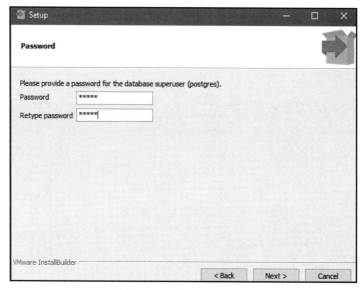

图 P5　设置超级用户密码

（6）不要更改默认指定的 Port（端口）号，除非它与系统上已安装的应用程序冲突，如图 P6 所示。

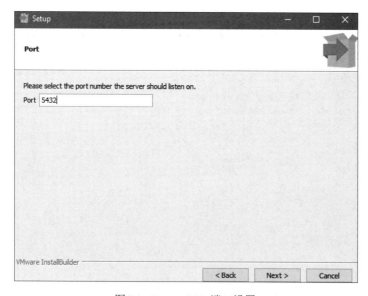

图 P6　PostgreSQL 端口设置

（7）单击 Next（下一步）按钮继续执行其余步骤并等待安装完成。

设置 PATH 变量

要验证当前系统的 PATH 变量是否设置正确，请打开命令行，键入或粘贴以下命令，然后按 Enter 键执行：

```
psql -U postgres
```

如果你收到如图 P7 所示的错误，则需要将 PostgreSQL bin 目录添加到 PATH 变量。

```
C:\Users\abhis>psql
'psql' is not recognized as an internal or external command,
operable program or batch file.
```

图 P7　错误——未设置路径变量

请按以下步骤操作以将 PostgreSQL bin 目录添加到 PATH 变量。

（1）右击 Windows 桌面上的"此电脑"图标，在快捷菜单中选择"属性"，打开"控制面板\系统和安全\系统"窗口，然后单击左侧列表中的"高级系统设置"，如图 P8 所示。

图 P8　Windows 高级系统设置

（2）在出现的"系统属性"对话框中，应该已经自动定位到"高级"选项卡，单击右下角的"环境变量"按钮，如图 P9 所示。

图 P9　Windows 系统属性

（3）单击"系统变量"中的 Path，然后单击"编辑"按钮，如图 P10 所示。

图 P10　设置 PATH 变量

（4）在出现的"编辑环境变量"对话框中，单击"新建"按钮，如图 P11 所示。

图 P11　新建变量

（5）单击"浏览"按钮，定位到 PostgreSQL 的安装路径（默认为 C:\Program Files\PostgreSQL\12\），别忘记在末尾添加 bin 文件夹，如图 P12 所示。

图 P12　输入路径

单击"确定"按钮并重新启动系统。

（6）重启完成后，现在打开命令行，在其中键入或粘贴以下命令，按 Enter 键执行：

```
psql -U postgres
```

输入你在前面"在 Windows 系统上下载和安装 PostgreSQL"部分步骤（5）中设置的密码，然后按 Enter 键。此时你应该能够登录到 PostgreSQL 控制台，如图 P13 所示。

```
C:\Users\abhis>psql -U postgres
Password for user postgres:
psql (12.3)
WARNING: Console code page (850) differs from Windows code page (1252)
         8-bit characters might not work correctly. See psql reference
         page "Notes for Windows users" for details.
Type "help" for help.

postgres=#
```

图 P13　PostgreSQL Shell

（7）输入"\q"并按 Enter 键退出 PostgreSQL Shell，如图 P14 所示。

```
sqlda=# \q

C:\Users\abhis>
```

图 P14　退出 PostgreSQL Shell

在 Linux 上安装 PostgreSQL

以下步骤将帮助你在基于 Ubuntu 或 Debian 的 Linux 系统上安装 PostgreSQL。

（1）打开终端。在新行上键入或粘贴以下命令，然后按 Enter 键：

```
sudo apt-get install postgresql-12
```

（2）安装后，PostgreSQL 将创建一个名为 postgres 的用户。你需要以该用户身份登录才能访问 PostgreSQL Shell：

```
sudo su postgres
```

此时你看到的 Shell 提示如图 P15 所示。

图 P15　在 Linux 上访问 PostgreSQL Shell

（3）键入以下命令将带你进入 PostgreSQL Shell：

```
psql
```

你可以键入"\l"（这是一个反斜杠和一个小写字母 l）来查看默认加载的所有数据库的列表，如图 P16 所示。

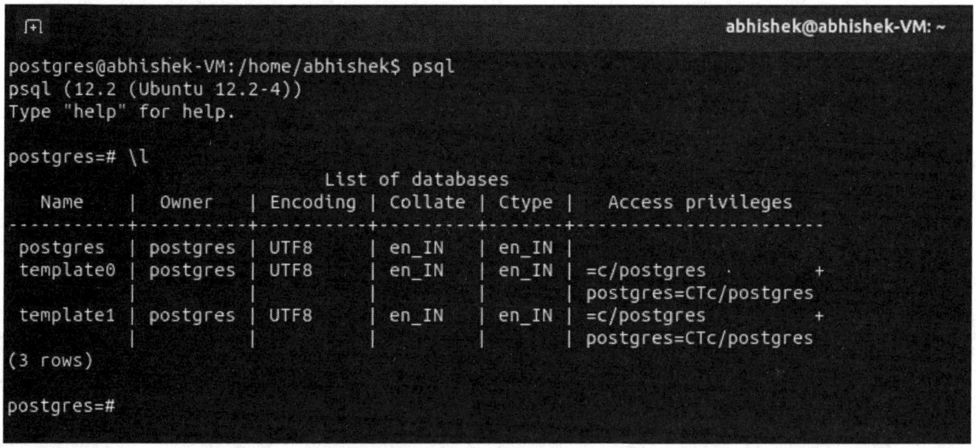

图 P16　Linux 上的数据库列表

ⓘ **注意：**

在此我们仅介绍了如何在基于 Ubuntu 和 Debian 的系统上安装 PostgreSQL。有关在其他发行版上安装的说明，请参阅发行版的说明文档。

Linux 的 PostgreSQL 下载页面如下：

https://www.postgresql.org/download/linux/

在 MacOS 上安装 PostgreSQL

在 MacOS 上安装 PostgreSQL 之前，请确保你的系统上安装了 Homebrew 包管理器。如果尚未安装，请转到 https://brew.sh/ 并将该网页上提供的脚本粘贴到 MacOS 终端（Terminal 应用程序）中，然后按 Enter 键。按照出现的提示操作并等待脚本完成安装。

ⓘ 注意：

以下说明是基于MacOS Catalina版本10.15.6编写的，这是本书撰写时的最新版本。有关使用Terminal的更多帮助，请访问以下链接：

https://support.apple.com/en-in/guide/terminal/apd5265185d-f365-44cb-8b09-71a064a42125/mac

Homebrew 包管理器安装页面如图 P17 所示。

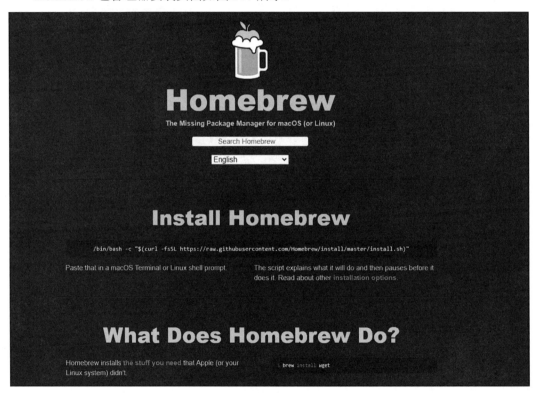

图 P17　安装 Homebrew

安装 Homebrew 后，请按照以下步骤安装 PostgreSQL。

（1）打开一个新的 Terminal 终端窗口。依次键入以下 3 个命令，然后按 Enter 键安装 PostgreSQL 包：

```
brew doctor
brew update
brew install postgres
```

等待安装完成。根据你的本地设置和连接速度，你将看到类似于如图 P18 所示的消息（请注意，图 P18 仅显示了部分安装日志）。

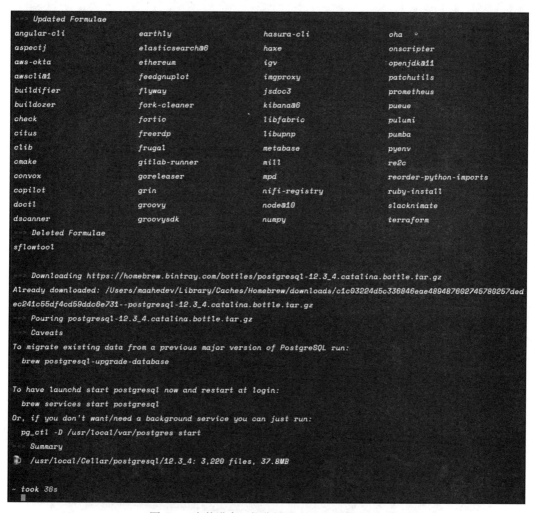

图 P18　安装进度（部分显示）——PostgreSQL

（2）安装完成后，可通过在终端中键入以下命令并按 Enter 键来启动 PostgreSQL 进程：

```
pg_ctl -D /usr/local/var/postgres start
```

此时你会看到类似于如图 P19 所示的输出。

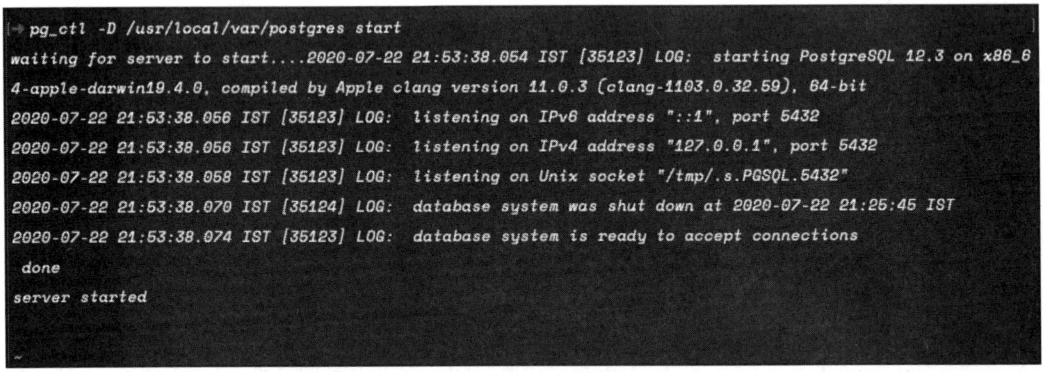

```
pg_ctl -D /usr/local/var/postgres start
waiting for server to start....2020-07-22 21:53:38.054 IST [35123] LOG:  starting PostgreSQL 12.3 on x86_64-apple-darwin19.4.0, compiled by Apple clang version 11.0.3 (clang-1103.0.32.59), 64-bit
2020-07-22 21:53:38.056 IST [35123] LOG:  listening on IPv6 address "::1", port 5432
2020-07-22 21:53:38.056 IST [35123] LOG:  listening on IPv4 address "127.0.0.1", port 5432
2020-07-22 21:53:38.058 IST [35123] LOG:  listening on Unix socket "/tmp/.s.PGSQL.5432"
2020-07-22 21:53:38.070 IST [35124] LOG:  database system was shut down at 2020-07-22 21:25:45 IST
2020-07-22 21:53:38.074 IST [35123] LOG:  database system is ready to accept connections
 done
server started
```

图 P19　启动 PostgreSQL 进程

（3）进程启动后，可使用名为 postgres 的默认超级用户登录 PostgreSQL Shell，如下所示（按 Enter 键执行命令）：

```
psql postgres
```

（4）你可以键入“\l”（这是一个反斜杠和一个小写字母 l），然后按 Enter 键以查看默认加载的所有数据库的列表，如图 P20 所示。

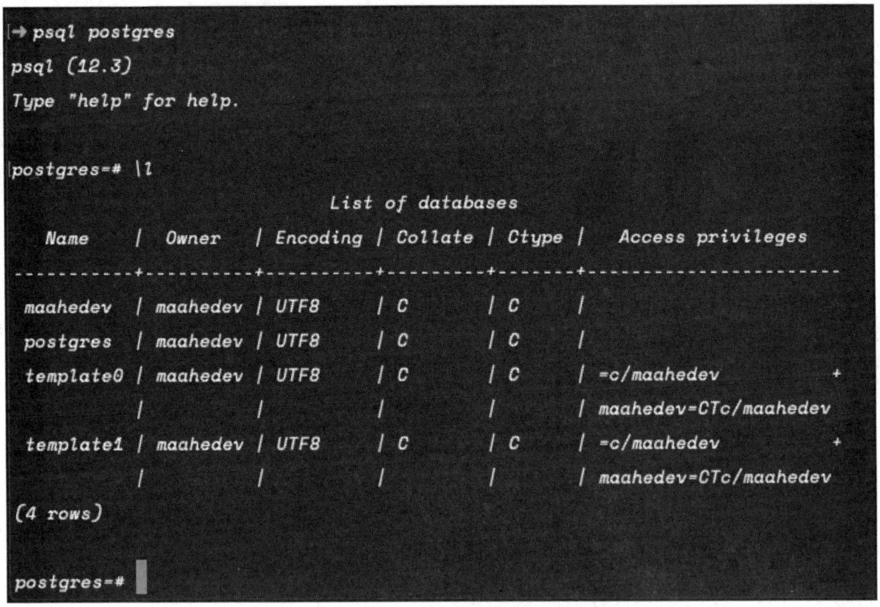

```
psql postgres
psql (12.3)
Type "help" for help.

postgres=# \l
                              List of databases
   Name    |  Owner   | Encoding | Collate | Ctype |   Access privileges
-----------+----------+----------+---------+-------+-----------------------
 maahedev  | maahedev | UTF8     | C       | C     |
 postgres  | maahedev | UTF8     | C       | C     |
 template0 | maahedev | UTF8     | C       | C     | =c/maahedev          +
           |          |          |         |       | maahedev=CTc/maahedev
 template1 | maahedev | UTF8     | C       | C     | =c/maahedev          +
           |          |          |         |       | maahedev=CTc/maahedev
(4 rows)

postgres=#
```

图 P20　默认加载的数据库列表

输入"\q"然后按 Enter 键退出 PostgreSQL Shell。

ⓘ 注意:

pgAdmin将与PostgreSQL 12一起自动安装。

安装 Python

在 Windows 上安装 Python

（1）访问以下官方网址，找到你想要的 Python 版本。

https://www.anaconda.com/distribution/#windows

（2）确保从下载页面选择 Python 3.7。

（3）确保安装的版本匹配你的计算机系统架构（即 32 位或 64 位）。你可以在操作系统的"系统属性"窗口中找到此信息。

（4）下载安装程序后，只需双击文件并按照屏幕上的提示进行操作即可。

在 Linux 上安装 Python

要在 Linux 上安装 Python，请按以下步骤操作。

（1）打开命令提示符并运行：

```
python3 --version
```

这可以验证是否已安装 Python 3。

（2）要安装 Python 3，请运行以下命令：

```
sudo apt-get update
sudo apt-get install python3.7
```

（3）也可以通过以下网址下载 Anaconda Linux 安装程序并按照说明安装 Python：

https://www.anaconda.com/distribution/#linux

在 MacOS 上安装 Python

与 Linux 类似，你有多种在 Mac 上安装 Python 的方法。要在 MacOS 上安装 Python，请执行以下操作。

（1）按 CMD + 空格键打开 Mac 终端，在打开的搜索框中键入"terminal"，然后按 Enter 键进入命令行界面。

（2）通过命令行运行以下命令以安装 Xcode：

```
xcode-select --install
```

（3）安装 Python 3 最简单的方法是使用 Homebrew，通过命令行运行：

```
ruby -e "$(curl -fsSL https://raw.githubusercontent.com/Homebrew/
install/master/install)"
```

（4）将 Homebrew 添加到你的 $PATH 环境变量中。

在命令行中运行以下命令以打开你的配置文件：

```
sudo nano ~/.profile
```

在底部插入以下命令：

```
export PATH="/usr/local/opt/python/libexec/bin:$PATH"
```

（5）最后一步是安装 Python。在命令行中，运行以下命令：

```
brew install python
```

（6）同样，也可以通过以下网址提供的 Anaconda 安装程序安装 Python。

https://www.anaconda.com/distribution/#macos

安装 Git

在 Windows 或 MacOS X 上安装 Git

可通过访问以下网页下载和安装适用于 Windows/MacOS 的 Git：

https://git-scm.com/

当然，为了改善用户体验，建议通过 GitKraken 等高级客户端安装 Git。其网址如下：

https://www.gitkraken.com/

在 Linux 上安装 Git

Git 可以通过以下命令行轻松安装：

```
sudo apt-get install git
```

如果你更喜欢图形用户界面，则 GitKraken 也可用于 Linux。其网址如下：

https://www.gitkraken.com/

加载示例数据集

在 Windows 系统上加载示例数据集

本书中的大多数练习都使用示例数据库 sqlda，其中包含一家名为 ZoomZoom 的虚构电动汽车公司伪造的数据。请执行以下步骤来设置它。

首先，创建一个名为 sqlda 的数据库。打开命令行并键入或粘贴以下命令，然后按 Enter 键执行：

```
createdb -U postgres sqlda
```

系统将提示你输入在安装过程中为 postgres 超级用户设置的密码，如图 P21 所示。

```
C:\Users\abhis\Documents\Packt Work\Applied SQL>createdb -U postgres sqlda
Password:
```

图 P21　PostgreSQL Shell 密码请求

要检查数据库是否已成功创建，可通过键入或粘贴以下命令并按 Enter 键登录到 Shell：

```
psql -U postgres
```

出现提示时输入你的密码。按 Enter 键继续。

输入 "\l"（这是一个反斜杠和一个小写字母 l），然后按 Enter 键检查是否创建了数据库。此时 sqlda 数据库应与默认数据库列表一起出现，如图 P22 所示。

```
postgres=# \l
                                     List of databases
    Name    |  Owner   | Encoding |       Collate       |        Ctype        |   Access privileges
------------+----------+----------+---------------------+---------------------+-----------------------
 postgres   | postgres | UTF8     | English_India.1252  | English_India.1252  |
 sqlda      | postgres | UTF8     | English_India.1252  | English_India.1252  |
 template0  | postgres | UTF8     | English_India.1252  | English_India.1252  | =c/postgres          +
            |          |          |                     |                     | postgres=CTc/postgres
 template1  | postgres | UTF8     | English_India.1252  | English_India.1252  | =c/postgres          +
            |          |          |                     |                     | postgres=CTc/postgres
(4 rows)
```

图 P22　PostgreSQL 数据库列表

访问以下链接，从本书 GitHub 存储库中的 Datasets 文件夹下载 data.dump 文件：

https://packt.live/30UhcfI

根据文件在系统上的位置，修改以下命令行中显示的\<path>路径。在命令行中键入或粘贴命令，然后按 Enter 键执行：

```
psql -U postgres -d sqlda -f C:\<path>\data.dump
```

ⓘ **注意：**

或者，你也可以使用命令行导航到下载文件所在的本地文件夹（使用cd命令）。例如，如果已将data.dump文件下载到计算机的"下载"文件夹中，则可以使用以下命令导航到它：

```
cd C:\Users\<你的 Windows 用户名>\Downloads
```

在导航到下载文件所在的本地文件夹之后，即可删除上述步骤中显示的\<path>前缀。该命令此时如下所示：

```
psql -U postgres -d sqlda -f data.dump
```

此时你可以得到类似于图 P23 的输出。

现在来检查一下该数据库是否加载正确。通过键入或粘贴以下命令登录到 PostgreSQL 控制台，按 Enter 键执行：

```
psql -U postgres
```

在 Shell 中，键入以下命令以连接到 sqlda 数据库：

```
\c sqlda
```

然后键入"\dt"。此命令可以列出数据库中的所有表，如图 P24 所示。

ⓘ **注意：**

我们使用超级用户postgres导入数据库仅用于演示目的。在实际生产环境中，建议使用单独的账户。

```
C:\Users\abhis\Documents\Packt Work\Applied SQL>psql -U postgres -d sqlda -f data.dump
Password for user postgres:
SET
SET
SET
SET
SET
 set_config
------------

(1 row)


SET
SET
SET
SET
CREATE EXTENSION
COMMENT
CREATE EXTENSION
COMMENT
CREATE TEXT SEARCH DICTIONARY
SET
SET
CREATE TABLE
CREATE TABLE
CREATE TABLE
CREATE MATERIALIZED VIEW
CREATE TABLE
CREATE MATERIALIZED VIEW
CREATE TABLE
CREATE TABLE
CREATE TABLE
CREATE TABLE
CREATE TABLE
CREATE TABLE
CREATE TABLE
CREATE TABLE
COPY 44533
COPY 0
COPY 50000
COPY 32
COPY 50000
COPY 20
COPY 418158
COPY 12
COPY 15412
COPY 37711
COPY 300
COPY 20
ALTER TABLE
ALTER TABLE
CREATE INDEX
CREATE INDEX
CREATE INDEX
CREATE INDEX
CREATE INDEX
CREATE INDEX
CREATE INDEX
CREATE INDEX
REVOKE
GRANT
REFRESH MATERIALIZED VIEW
REFRESH MATERIALIZED VIEW

C:\Users\abhis\Documents\Packt Work\Applied SQL>  _
```

图 P23　PostgreSQL 数据库导入

```
C:\Users\abhis>psql -U postgres
Password for user postgres:
psql (12.3)
WARNING: Console code page (850) differs from Windows code page (1252)
         8-bit characters might not work correctly. See psql reference
         page "Notes for Windows users" for details.
Type "help" for help.

postgres=# \c sqlda
You are now connected to database "sqlda" as user "postgres".
sqlda=# \dt
               List of relations
 Schema |           Name            | Type  |  Owner
--------+---------------------------+-------+----------
 public | closest_dealerships       | table | postgres
 public | countries                 | table | postgres
 public | customer_sales            | table | postgres
 public | customer_survey           | table | postgres
 public | customers                 | table | postgres
 public | dealerships               | table | postgres
 public | emails                    | table | postgres
 public | products                  | table | postgres
 public | public_transportation_by_zip | table | postgres
 public | sales                     | table | postgres
 public | salespeople               | table | postgres
 public | top_cities_data           | table | postgres
(12 rows)

sqlda=# _
```

图 P24　验证数据库是否已导入

在 Linux 系统上加载示例数据集

在 Linux 系统上加载的示例数据集和 Windows 系统上的一样，都是 sqlda，可通过执行以下步骤来设置它。

（1）在终端输入以下命令切换到 postgres 用户，按 Enter 键执行：

```
sudo su postgres
```

此时你可以看到 Shell 更改如图 P25 所示。

```
abhishek@abhishek-VM:~$ sudo su postgres
postgres@abhishek-VM:/home/abhishek$
```

图 P25　在 Linux 上加载样本数据集

（2）键入或粘贴以下命令以创建一个名为 sqlda 的新数据库，按 Enter 键执行：

```
createdb sqlda
```

现在你可以键入"psql"命令进入 PostgreSQL Shell，然后输入"\l"（即反斜杠后跟小写字母 l）来检查数据库是否创建成功，如图 P26 所示。

```
postgres@abhishek-VM:/home/abhishek$ createdb sqlda
postgres@abhishek-VM:/home/abhishek$ psql
psql (12.2 (Ubuntu 12.2-4))
Type "help" for help.

postgres=# \l
                                  List of databases
    Name   |  Owner   | Encoding | Collate | Ctype |    Access privileges
-----------+----------+----------+---------+-------+-----------------------
 postgres  | postgres | UTF8     | en_IN   | en_IN |
 sqlda     | postgres | UTF8     | en_IN   | en_IN |
 template0 | postgres | UTF8     | en_IN   | en_IN | =c/postgres          +
           |          |          |         |       | postgres=CTc/postgres
 template1 | postgres | UTF8     | en_IN   | en_IN | =c/postgres          +
           |          |          |         |       | postgres=CTc/postgres
(4 rows)

postgres=#
```

图 P26　在 Linux 上访问 PostgreSQL Shell

输入"\q"，然后按 Enter 键退出 PostgreSQL Shell。

（3）访问以下链接，从本书 GitHub 存储库中的 Datasets 文件夹下载 data.dump 文件：

https://packt.live/30UhcfI

使用 cd 命令导航到下载文件所在的文件夹，然后键入以下命令：

```
psql -d sqlda data.dump
```

（4）然后等待示例数据集导入，如图 P27 所示。

（5）要测试数据集是否正确导入，先键入"psql"，然后按 Enter 键进入 PostgreSQL Shell。在运行\c sqlda 命令后再运行\dt 命令以查看数据库中表的列表，如图 P28 所示。

🛈 注意：

我们使用超级用户 postgres 导入数据库仅用于演示目的。在实际生产环境中，建议使用单独的账户。

```
postgres@abhishek-VM:/home/abhishek/Downloads$ psql -U postgres -d sqlda < data.dump
SET
SET
SET
SET
SET
 set_config
-----------

(1 row)

SET
SET
SET
SET
CREATE EXTENSION
COMMENT
CREATE EXTENSION
COMMENT
CREATE TEXT SEARCH DICTIONARY
SET
SET
CREATE TABLE
CREATE TABLE
CREATE TABLE
CREATE MATERIALIZED VIEW
CREATE TABLE
CREATE MATERIALIZED VIEW
```

图 P27　在 Linux 上导入数据集

```
                                            abhishek@abhishek-VM: ~
postgres=# \c sqlda
You are now connected to database "sqlda" as user "postgres".
sqlda=# \dt
                    List of relations
 Schema |           Name              | Type  | Owner
--------+-----------------------------+-------+----------
 public | closest_dealerships         | table | postgres
 public | countries                   | table | postgres
 public | customer_sales              | table | postgres
 public | customer_survey             | table | postgres
 public | customers                   | table | postgres
 public | dealerships                 | table | postgres
 public | emails                      | table | postgres
 public | products                    | table | postgres
 public | public_transportation_by_zip| table | postgres
 public | sales                       | table | postgres
 public | salespeople                 | table | postgres
 public | top_cities_data             | table | postgres
(12 rows)

sqlda=#
```

图 P28　在 Linux 上验证导入

在 MacOS 系统上加载示例数据集

在 MacOS 系统上加载的示例数据集同样是 sqlda，可通过执行以下步骤来设置它。

（1）通过在终端键入以下命令进入 PostgreSQL Shell，按 Enter 键执行：

```
psql postgres
```

（2）现在可通过键入以下命令并按 Enter 键创建一个名为 sqlda 的新数据库（不要忽略末尾的分号）：

```
create database sqlda;
```

（3）此时你可以看到以下输出。在终端键入"\l"（即反斜杠后跟小写字母 l），然后按 Enter 键，以检查数据库是否已成功创建（你应该会看到列出的 sqlda 数据库），如图 P29 所示。

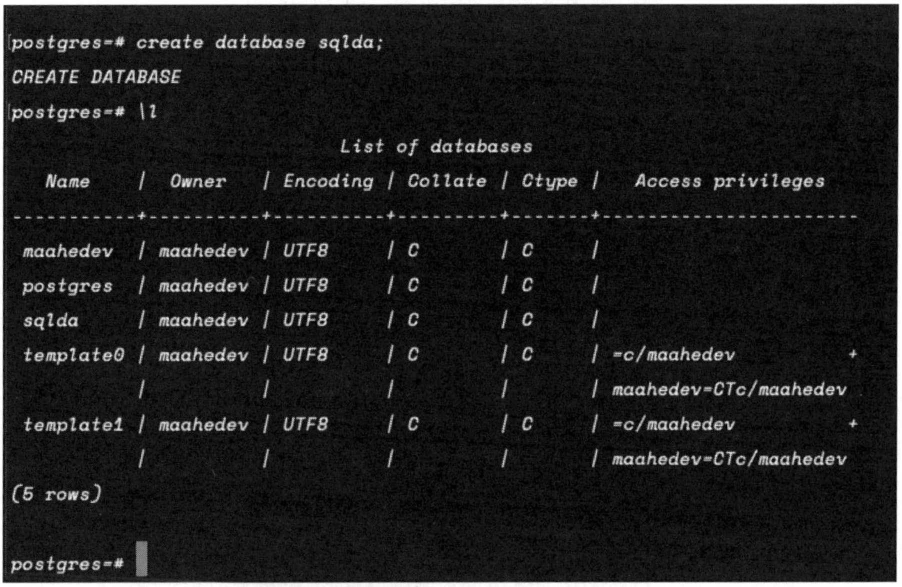

图 P29　检查新数据库是否创建成功

（4）在 PostgreSQL Shell 中键入或粘贴"\q"，然后按 Enter 键退出。

（5）访问以下链接，从本书 GitHub 存储库中的 Datasets 文件夹下载 data.dump 文件：

https://packt.live/30UhcfI

使用 cd 命令导航到下载文件所在的文件夹，然后键入以下命令：

```
psql sqlda < ~/Downloads/data.dump
```

ⓘ 注意:

　　上述命令假定文件保存在 Downloads 目录中。请确保根据系统上 data.dump 文件的位置更改上述突出显示的路径。

　　然后，等待数据集被导入，如图 P30 所示。

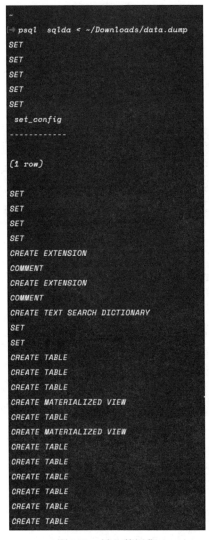

图 P30　导入数据集

　　（6）要测试数据集是否正确导入，请键入"psql"，然后按 Enter 键进入 PostgreSQL Shell。运行\c sqlda 命令后再运行\dt 命令以查看数据库中表的列表，如图 P31 所示。

```
[postgres=# \c sqlda
You are now connected to database "sqlda" as user "maahedev".
[sqlda=# \dt
                           List of relations
 Schema |             Name              | Type  |  Owner
--------+-------------------------------+-------+----------
 public | closest_dealerships           | table | maahedev
 public | countries                     | table | maahedev
 public | customer_sales                | table | maahedev
 public | customer_survey               | table | maahedev
 public | customers                     | table | maahedev
 public | dealerships                   | table | maahedev
 public | emails                        | table | maahedev
 public | products                      | table | maahedev
 public | public_transportation_by_zip  | table | maahedev
 public | sales                         | table | maahedev
 public | salespeople                   | table | maahedev
 public | top_cities_data               | table | maahedev
(12 rows)

sqlda=#
```

图 P31　sqlda 数据库中表的列表

运行 SQL 文件

　　可以从命令行使用以下命令，通过*.sql 文件执行命令和语句：

```
psql -d your_database_name -U your_username < commands.sql
```

　　也可以通过 SQL 解释器执行：

```
database=#
```

　　要访问交互式解释器，请键入以下命令：

```
psql -d your_database_name -U your_username
```

安装库

Anaconda 是一个环境容器，其中可配置各种不同版本的开发环境，这些开发环境互不干扰。pip 是一个通用的 Python 包管理工具，如果在你的计算机上已经安装了 Anaconda，则应该也已经预装了 pip，这样就可以使用 pip 安装所有必需的库，例如：

```
pip install numpy
```

或者，你也可以使用以下命令安装所有必需的库：

```
pip install -r requirements.txt
```

如果你没有 requirements.txt 文件，则可在以下网址找到它：

https://packt.live/330I2FI

本书的练习和活动将在 Jupyter Notebook 中执行。Jupyter 是一个 Python 库，可以像其他 Python 库一样安装，其命令如下：

```
pip install jupyter
```

但一般来说，它应该已经随 Anaconda 一起预装。要打开 Jupyter Notebook，只需在终端或命令提示符中运行以下命令：

```
jupyter notebook
```

访问代码文件

可在以下网址找到本书的完整代码文件：

https://packt.live/2UCHVer

本书 GitHub 存储库网址如下：

https://github.com/PacktWorkshops/The-SQL-Workshop

本书中使用的高质量彩色图像可在以下网址找到：

https://packt.live/2HZVdLs

目　　录

第 1 章　SQL 数据分析导论

学习目标

到本章结束时，数据分析人员将能够：

- ❑ 解释数据及其类型，并根据其特征对数据进行分类。
- ❑ 计算有关数据的基本单变量统计并识别异常值。
- ❑ 使用双变量分析来了解两个变量之间的关系。
- ❑ 探索 SQL 的用途并了解如何在分析工作流中使用它。
- ❑ 掌握解释关系数据库的基础知识。
- ❑ 执行创建、读取、更新和删除（CRUD）表的操作。

1.1　本章主题简介

数据从根本上改变了 21 世纪。由于可以轻松使用计算机，许多公司和组织都已经改变他们处理更大和更复杂数据集的方式。通过大数据分析，在 50 年前几乎不可能得出的见解现在只需寥寥几行计算机代码就可以获得。这场革命中最重要的两个工具是关系数据库及其主要语言——结构化查询语言（structured query language，SQL）。

虽然理论上我们人类也可以手动分析所有数据，但显然，计算机在这项任务上表现优秀得多，并且计算机是存储、组织和处理数据的首选工具。这些数据工具中最关键的是关系数据库和用于访问它的语言 SQL。这两种技术一直是数据处理的基石，并且仍然是大多数处理大量数据的公司的支柱。

许多公司都使用 SQL 作为存储数据的主要方法。此外，还有一些公司现在将大部分数据放入被称为数据仓库（data warehouse）和数据湖（data lake）的专用数据库中，以便他们可以对其数据执行高级分析。几乎所有的这些数据仓库和数据湖都是使用 SQL 访问的。本书将研究使用数据仓库等分析平台来处理 SQL。

我们假设本章读者对 SQL 有过一些基本的了解。但是，如果你从未接触过 SQL，或者只是学习过一段时间但几乎没有使用经验，也不必担心，因为本章将提供有关 SQL 和关系数据库基础知识的一些复习资料，以及对 SQL 操作和语法的基本介绍。我们还将通过练习帮助你强化这些概念。

接下来，我们将首先介绍数据及其类型。

1.2　数　据　世　界

我们将从一个简单的问题开始：什么是数据？数据可以被认为是对现实世界中某事物的记录测量。例如，某个班级学生的身高列表就是数据，而身高是通过测量每个学生的头顶和脚底之间的距离获得的。

数据要描述的对象是一个观察单位（unit of observation）。例如，在班级学生身高列表示例中，每个学生就是一个观察单位。

可见，我们可以收集很多数据来描述一个人——包括这个人的年龄、体重、是否吸烟等。用于描述一个特定观察单位的一个或多个测量值称为数据点（data point），数据点中的每个测量值称为变量（variable），通常也称为特征（feature）。当你将若干个数据点组合在一起时，就获得了一个数据集（dataset）。

1.2.1　数据类型

数据也可以分为两大类，即定量（quantitative）数据和定性（qualitative）数据，如图 1.1 所示。

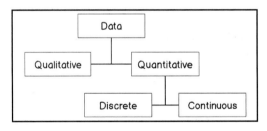

图 1.1　数据类型的分类

原　　文	译　　文	原　　文	译　　文
Data	数据	Discrete	离散数据
Qualitative	定性数据	Continuous	连续数据
Quantitative	定量数据		

定量数据是一种可以用数字来描述的度量；定性数据是用非数值描述的数据，如文本。在前面的示例中，身高就是定量数据。但是，将学生划分为"吸烟者"或"非吸烟者"则可视为定性数据。

定量数据可以进一步分为两个子类别：离散数据和连续数据。离散定量值是可以采用固定精度级别的值——通常是整数。例如，某个人一生中接受过手术的次数就是一个离散值；你可以进行 0 次、1 次或多次手术，但不能进行 1.5 次手术。连续变量是理论上可以划分为任意精度的值。例如，人的体重可以按任意精度描述为 55kg、55.3kg、55.32kg 等。当然，在实践中，测量仪器限制了可以获得的数据的精度。但是，如果一个值可以用更高的精度来描述，那么它通常被认为是连续的。

需要注意的是，定性数据一般可以转化为定量数据，定量数据也可以转化为定性数据。

让我们以"吸烟者"与"非吸烟者"的例子来思考这个问题。虽然可以将自己描述为"吸烟者"或"非吸烟者"类别，但你也可以将这些类别重新想象为对"你是否经常吸烟"这一问题的回应，然后使用布尔值 0 和 1 来分别表示"否"和"是"。

同样，定量数据（如身高）也可以转换为定性数据。例如，我们未必将成年人的身高视为以厘米（cm）为单位的数字，而是将其分组。在分为 3 组的情况下，可以将大于 183cm 的值归为"高"，将 160～183cm 之间的值称为"中等"，而小于 160cm 的值则称为"矮"。

1.2.2　数据分析和统计

原始数据本身就是一组值。但是，这种形式的数据可能是很无趣的。只有当我们开始在数据中发现模式并解释它们时，才能做一些有趣的事情，例如，预测未来并识别出意外的变化。

数据中的这些模式称为信息（information）。可用于描述和预测现实世界中的现象，收集大量持久且广泛的信息和经验的有组织的集合称为知识（knowledge）。所谓数据分析（data analysis），就是将数据转化为信息，进而转化为知识的过程。将数据分析和预测结合起来，就是数据分析师的工作。

有很多工具可以用来理解数据。最强大的数据分析工具之一是在数据集上使用数学技术。其中一种数学技术就是统计（statistics）。

1.2.3　统计类型

统计可以进一步分为两个子类别：描述性统计（descriptive statistics）和推论统计（inferential statistics，也称为推断统计）。

描述性统计用于描述数据。对数据集中单个变量的描述性统计称为单变量分析（univariate analysis），而同时查看两个或多个变量的描述性统计则称为多变量分析（multivariate analysis）。

相比之下，推论统计将数据集视为样本（sample）或来自称为总体（population）的较大群体中的一小部分测量值。例如，在全国选举中对 10000 名选民进行调查，该国的全部选民就是总体，而这 10000 名选民就是样本。因此，推论统计可用于尝试根据样本的属性推断总体的属性。

ⓘ 注意：

本书将主要关注描述性统计。有关推论统计的更多信息，请参阅统计教科书，如 David Freedman、Robert Pisani 和 Roger Purves 所著的 *Statistics*（《统计学》）。

假设你是一名医疗保健政策分析师，并获得如图 1.2 所示包含患者信息的数据集。

Year of Birth	Country of Birth	Height (cm)	Eye Color	Number of Doctor Visits in the Year 2018
1997	Egypt	182	Blue	1
1988	China	196	Hazel	2
1986	USA	180	Brown	2
1990	USA	166	Brown	1
1975	India	181	Green	3
1951	Germany	184	Brown	1
2000	Australia	174	Gray	5
1995	India	183	Brown	1
1992	China	187	Brown	2
1987	USA	169	Blue	2

图 1.2　医疗保健数据

给定数据集时，对基础数据进行分类通常很有帮助。在本示例中，数据集的观察单位是个体患者，因为每一行代表一个个体的观察结果，这是一个独立的患者。本示例数据集有 10 个数据点，每个数据点有 5 个变量。其中 3 列数据，即 Year of Birth（出生年份）、Height（身高）和 Number of Doctor Visits in the Year 2018（2018 年就诊次数）是定量的，因为它们用数字表示。另外两列数据，即 Eye Color（眼睛颜色）和 Country of Birth（出生国家）则是定性的。

1.2.4　作业 1.01：分类新数据集

在本次作业中，我们将对数据集中的数据进行分类。

假设你即将前往一个大城市工作。在出发之前，你想卖掉现有的一些资产以轻装上阵，其中就包括你的汽车。你不确定以什么价格出售它，因此决定收集一些数据。你询问了一些最近卖掉汽车的朋友和家人，他们的汽车是什么牌子的、卖了多少钱等。基于此信息，你现在拥有了一个数据集。具体数据如图 1.3 所示。

Date	Make	Sales Amount (Thousands of $)
2/1/18	Ford	12
2/2/18	Honda	15
2/2/18	Mazda	19
2/3/18	Ford	20
2/4/18	Toyota	10
2/4/18	Toyota	10
2/4/18	Mercedes	30
2/5/18	Ford	11
2/6/18	Chevy	12.5
2/6/18	Chevy	19

图 1.3　二手车销售数据

以下是要执行的步骤。

（1）确定观察单位。

（2）将 3 列数据分为定量或定性。

（3）将 Make（品牌）列转换为定量数据列。

ℹ️ **注意：**

本次作业的答案见本书附录。

在本次作业中，我们学习了如何对数据进行分类。接下来，将介绍描述性统计的各种方法。

1.3　描述性统计方法

如前文所述，描述性统计是我们分析数据以理解数据的方法之一。单变量分析和多变量分析都可以让我们深入了解现有情况，以及可能发生的变化。本节将仔细研究可以用来更好地理解和描述数据集的基本数学技术。

1.3.1　单变量分析

统计的主要分支之一是单变量分析。这些方法可用于理解数据集中的单个变量。下面我们将介绍一些最常见的单变量分析技术。具体包括以下 4 种。

❑　数据频率分布。

❑　分位数。
❑　集中趋势的度量。
❑　数据散布的度量。

1.3.2　数据频率分布

数据的分布只是对数据集中的值的数量的计数。例如，假设我们有一个包含 1000 条医疗记录的数据集，数据集中的变量之一是眼睛颜色，如果我们查看数据集，发现有 700 人是棕色眼睛，200 人是绿色眼睛，100 人是蓝色眼睛，这描述的就是数据集的分布。具体来说，就是描述了它的绝对频率分布（absolute frequency distribution）。

如果我们不是通过数据集中的实际出现次数来描述计数，而是通过数据点总数的比例来描述计数，那么就是在描述它的相对频率分布（relative frequency distribution）。

在上述眼睛颜色示例中，相对频率分布是 70%的棕色眼睛、20%的绿色眼睛和 10%的蓝色眼睛。

当变量可以取少量固定值（如眼睛颜色）时，很容易计算分布。但是，如果一个定量变量（如身高）可以取许多不同的值，则又该如何计算分布呢？

要为这些类型的变量计算分布时，一般方法是制作可以分配这些值的区间桶（bucket），然后使用这些桶计算分布。例如，可以将身高分解为 5cm 间隔的桶，将变量值划分到桶中，以获得其绝对分布。然后，将绝对分布表每个桶中变量值的计数除以数据点的总数即可得到相对分布。

与分布有关的另一个很有用的处理方式是给分布绘图。接下来，我们将创建一个直方图，它是使用区间桶的连续分布的图形表示。

1.3.3　练习 1.01：创建直方图

本练习将使用 Microsoft Excel 创建直方图（histogram）。

想象一下，作为一名医疗保健政策分析师，你希望查看身高分布以发现任何模式。为了完成这个任务，可以创建一个直方图。

ⓘ 注意：

可以使用 Excel、Python 或 R 等软件来创建直方图。为方便起见，我们将使用 Excel。此外，本章中使用的所有数据集都可以在本书 GitHub 存储库中找到，其网址如下：

https://packt.live/2B1apb3

执行以下步骤创建直方图。

（1）打开 Microsoft Excel，创建一个空白工作簿，如图 1.4 所示。

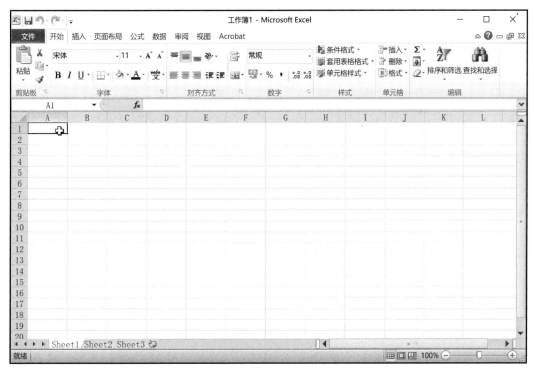

图 1.4　空白 Excel 工作簿

（2）转到"数据"选项卡并选择"自文本"选项。

（3）在 GitHub 存储库的 Datasets 文件夹中找到 heights.csv 数据集文件。找到它之后，单击"导入"按钮。

（4）在"文本导入向导"对话框中选择"分隔符号"选项，并确保"导入起始行"为 1，然后单击"下一步"按钮，如图 1.5 所示。

（5）在"文本导入向导"第 2 步中选择文件的分隔符。由于此文件只有一列，因此它没有分隔符（CSV 传统上使用逗号作为分隔符）。直接单击"下一步"按钮即可。

（6）在"文本导入向导"第 3 步中为"列数据格式"字段选择"常规"选项，然后单击"完成"按钮。

（7）在出现"数据的放置位置"选项时，选择"现有工作表"并将其旁边的文本框中的内容保持原样（即=$A$1）。然后单击"确定"按钮导入数据。

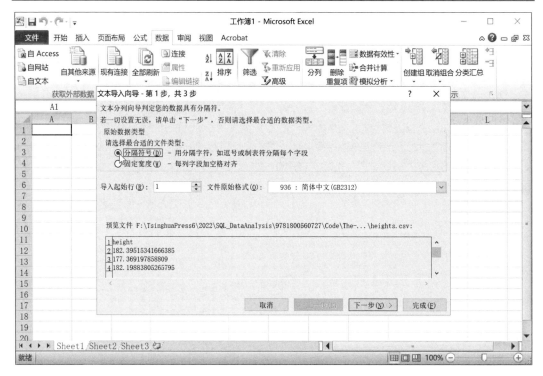

图 1.5　选择分隔符选项

（8）在 C 列中，将数字 140、145、150 等以 5 为增量写到 220，填入单元格 C2 到 C18 中，如图 1.6 所示。

（9）在"数据"选项卡中单击"数据分析"按钮。

如果你没有看到"数据分析"按钮，请按照以下说明操作。

❑　选择"文件"选项卡，然后选择"选项"选项。

❑　在出现的"Excel 选项"对话框中，单击左侧列表中的"加载项"按钮。

❑　在右侧窗格的"管理"中，选择"Excel 加载项"，然后单击"转到"按钮。

❑　在出现的"加载宏"对话框中，选中"分析工具库"复选框，然后单击"确定"按钮。

（10）在弹出的"数据分析"对话框中，选择"分析工具"内的"直方图"选项，然后单击"确定"按钮。

（11）打开"直方图"对话框之后，对于"输入区域"，单击文本框最右侧的选择按钮。此时你会返回到 Sheet1 工作表，同时返回一个带有红色箭头按钮的空白框。将

Sheet1 中从 A2 到 A10001 的数据都选中（先单击 A2 单元格，按住 Shift 键，再单击 A10001 单元格），然后单击带有红色按钮的箭头返回"直方图"对话框。此时在"输入区域"中应该已经自动输入了"$A$2:$A$10001"。

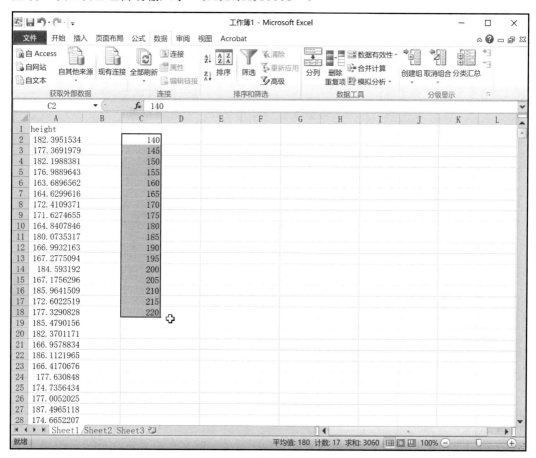

图 1.6　将数据输入 Excel 工作表

（12）对于"接收区域"，单击文本框最右侧的选择按钮。此时你会返回到 Sheet1 工作表，同时返回一个带有红色箭头按钮的空白框。将 Sheet1 中从 C2 到 C18 的数据都选中，然后单击带有红色按钮的箭头返回"直方图"对话框。

（13）在"输出选项"选项下，选择"新工作表组"选项，并确保选中"图表输出"复选框，如图 1.7 所示。最后单击"确定"按钮。

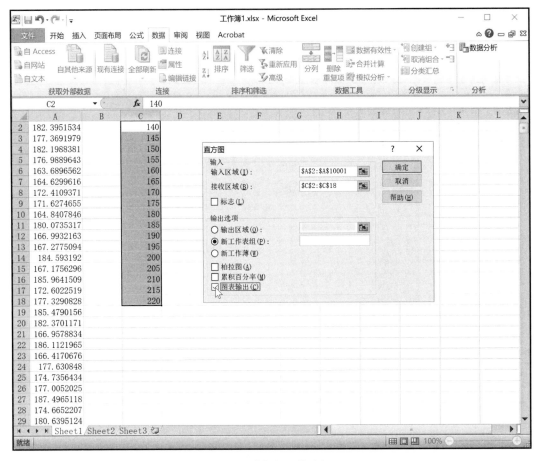

图 1.7　选择新工作表组

🛈 **注意：**

如图 1.7 所示"直方图"对话框中，"接收区域"的英文原文为 Bin Range，表示用于对"输入区域"的数据进行分箱或分组的区域。在本示例中，C2:C18 区域中包含的 140～220 数字以 5 为步长递增，正是对身高进行分组的依据。

（14）单击自动生成的工作表 Sheet4。找到图表并双击显示为"直方图"的标题，将它修改为"成年男性的身高分布"。此时生成的图表如图 1.8 所示。

查看分布的形状可以帮助你找到一些有趣的模式。例如，在本示例中可以看到一种对称钟形分布。这种分布出现在许多数据集中，被称为正态分布（normal distribution）。本书不会详细介绍此分布，但在数据分析中它会经常出现。

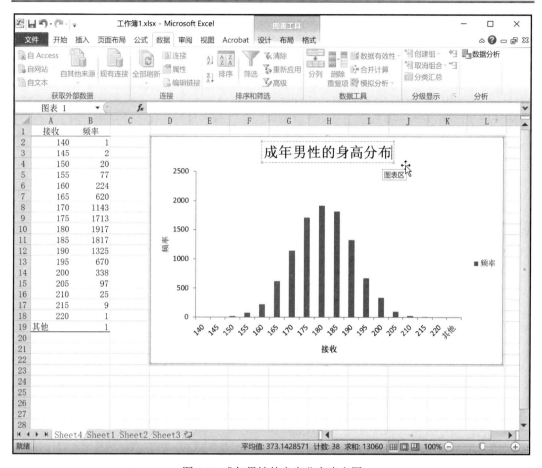

图 1.8 成年男性的身高分布直方图

1.3.4 分位数

以数字方式量化数据分布的一种方法是使用分位数（quantile）。N 分位数是一个包含 $n-1$ 个点的集合，用于将变量分成 n 组。这些点通常称为分割点（cut point）。例如，四分位数（quartile）就是一个包含 3 个点的集合，用于将某个变量分成 4 个大致相等的数字组。常用的分位数有一些惯用名称，如图 1.9 所示。

计算分位数的过程实际上因数据而异。我们将使用以下过程来计算单个变量的 d 个数据点的 n 分位数。

（1）将数据点从低到高排序。

N	英文惯用名称	中文名称
3	tercile	三分位数
4	quartile	四分位数
5	quintile	五分位数
10	decile	十分位数
20	ventile	廿分位数
100	percentile	百分位数

图 1.9　N 分位数的常用名称

（2）确定要计算的 n 分位数中的 n 和分割点数 n-1。

（3）确定要计算的 k 个切点，即 1 到 n-1 的数。如果要开始计算，则可以将 k 值设置为 1。

（4）使用如图 1.10 所示方法找到第 k 个分割点的索引 i。

$$i = \left[\frac{k}{n}(d-1) \right] + 1$$

图 1.10　索引值计算公式

（5）如果计算的 i 是一个整数，则只需从有序数据点中选择该编号的项目。如果第 k 个切点不是整数，则找到编号小于 i 的项以及它之后的项。将编号项与其后一项之间的差值乘以索引的小数部分，再将此数字添加到编号较小的项目的值中。

（6）使用不同的 k 值重复步骤（2）到步骤（5），直到计算出所有分割点。

这些步骤本身理解起来有点复杂，所以接下来我们将通过一个练习来进行演示，这样你就可以轻松理解了。实际上，在使用包括 SQL 在内的大多数现代工具时，计算机可以使用内置功能快速计算分位数。

1.3.5　练习 1.02：计算附加销售额的四分位数

本练习将使用 Excel 对数据进行分类并计算汽车购买的四分位数。你的老板希望你在周一开始工作之前查看一些数据，以便更好地了解将要解决的问题之一，即如何提升汽车购买中的附加配件和升级之类的销售额。

你的老板给你发送了一份包含 11 辆汽车购买情况的清单，其中显示了客户在附加配件和升级到新 ZoomZoom Model Chi 型号上花了多少钱。

以下是附加销售额的值（以美元为单位）：

5000、1700、8200、1500、3300、9000、2000、0、0、2300 和 4700。

ⓘ **注意：**

本章使用的所有数据集都可以在本书 GitHub 存储库中找到，其网址如下：

https://packt.live/2B1apb3

请执行以下步骤以完成练习。

（1）打开 Microsoft Excel，创建一个空白工作簿。

（2）转到"数据"选项卡并选择"自文本"选项。

（3）在 GitHub 存储库的 Datasets 文件夹中找到 auto_upgrades.csv 数据集文件，然后单击"导入"按钮。

（4）在"文本导入向导"对话框中选择"分隔符号"选项，并确保"导入起始行"为 1，然后单击"下一步"按钮。

（5）在"文本导入向导"第 2 步中选择文件的分隔符。由于此文件只有 1 列，因此它没有分隔符（CSV 传统上使用逗号作为分隔符）。直接单击"下一步"按钮即可。

（6）在"文本导入向导"第 3 步中为"列数据格式"字段选择"常规"选项，然后单击"完成"按钮。

（7）在出现"数据的放置位置"选项时，选择"现有工作表"并将其旁边的文本框中的内容保持原样（即=$A$1）。然后单击"确定"按钮导入数据。

（8）单击单元格 A1——该单元格中的 Add-on Sales ($)表示该列包含的数据即附加销售额，然后直接单击"数据"选项卡中"排序和筛选"工具组中的"排序"按钮。

（9）此时将弹出一个"排序"对话框。由于此处默认为"升序"排序，所以单击"确定"按钮即可。现在单元格中的值将从最低到最高排序，图 1.11 中的列表显示了排序后的值。

（10）现在确定需要计算的 n 分位数和分割点的数量。如果要计算四分位数，则因为分割点的数量仅比 n 分位数的数量少 1，所以我们知道会有 3 个分割点。

（11）计算第一个分割点的索引。

对于第一个分割点来说，$k = 1$；

d 是总体中值的数量，等于 11；

n 是 n 分位数的数量，等于 4。

将上述值代入公式计算，如图 1.12 所示，可得到 i 为 3.5。

（12）因为索引 3.5 是非整数，所以我们首先找到第 3 项和第 4 项（其值分别为 1500 和 1700），并计算它们之间的差值，即 200，然后将其乘以索引的小数部分，即 0.5，得到 100。将其与第 3 个编号项目的值 1500 相加，得到 1600。

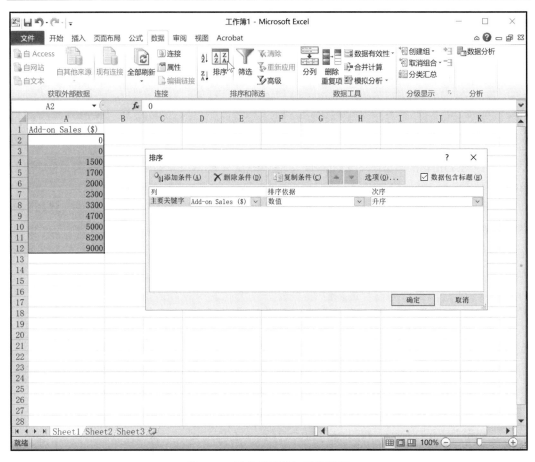

图 1.11　已排序的附加销售数据

$$i = \left[\frac{k}{n}(d-1)\right] + 1$$

$$i = \left[\frac{1}{4}(11-1)\right] + 1$$

$$i = \frac{10}{4} + 1$$

$$i = 2.5 + 1 = 3.5$$

图 1.12　计算第一个分割点的索引

（13）对于 $k = 2$ 和 $k = 3$，重复 1.3.4 节"分位数"所描述的过程中的步骤（2）到步骤（5），计算第 2 个和第 3 个四分位数。你应该分别得到 2300 和 4850。

在本练习中，我们学习了如何使用 Excel 计算四分位数。

1.3.6　集中趋势的度量

对数据集中的变量提出的常见问题之一：该变量的典型值是什么？该值通常被描述为变量的集中趋势（central tendency）。从一个数据集中计算出的许多数字通常用于描述其集中趋势，每个数字都有其优点和缺点。衡量集中趋势的一些常见值包括如下 4 种。

❏　众数（mode）：众数就是变量分布中最常出现的值。在图 1.2 所示的眼睛颜色示例中，众数是 brown eyes（棕色眼睛），因为它在该数据集中出现的频率最高。

➢　如果有多个值都是最常见的变量值，则该变量称为多峰分布（multimodal distribution），并报告所有最高值。

➢　如果没有重复的值，则该组值没有众数。

➢　当变量可以采用少量固定数量的值时，众数往往很有用。

➢　但是，当某个变量是一个连续的定量变量时（如在身高问题示例中），众数的效果不佳，其他计算（如均值或中位数等）更适合确定集中趋势。

❏　均值/平均值（average/mean）：所谓平均值，就是将变量的所有值相加并除以数据点数量时获得的值。例如，假设有一个包含年龄值的小数据集：26、25、31、35 和 29。这些年龄的平均值为（26+25+31+35+29）/5 = 29.2，其中的 5 即数据点的数量。

➢　平均值很容易计算，并且通常可以很好地描述变量的典型值。它是文献中最常用的描述性统计数据之一。

➢　但是，平均值作为一种集中趋势度量存在一个主要缺点：它对异常值很敏感。

❏　异常值（outlier）也称为离群值，是与数据的其余值明显不同且很少出现的数据点。异常值通常可以使用图形技术（如散点图和箱形图）找出来，因为它与其余数据相距甚远，非常容易识别。

➢　当数据集中有异常值时，它被称为偏态数据集（skewed dataset）。

➢　出现异常值的一些常见原因包括：未清洗的数据、罕见的事件以及测量仪器的问题。当异常值不再代表数据中的典型值时，它们通常会使平均值偏斜。例如，一名亿万富翁的财富值足以拉高一个村的人均收入。

❏　中位数（median，也称为中值）：与均值不同，中位数能有效排除异常值的影响。以我国人均收入为例，前 1% 的人口收入远高于其他人口收入，因此这会使平均值偏高并扭曲对普通人收入的看法。然而，中位数将更能代表平均收入，因为它是数据中的第 50 个百分位数；这意味着样本中有 50% 的值大于中位数，

50%的值小于中位数。要计算中位数，可以取某一变量的数字并将它们从最低到最高排序，然后确定中间数。对于奇数个数据点，中位数只是有序数据的中间值。如果有偶数个数据点，则取中间两个数字的平均值。

> 中位数的特点就是受异常值的影响较小。为了说明这一点，仍以 26、25、31、35 和 29 这个包含年龄的小数据集为例，这次我们再添加一个离群值 82，以此数据集计算中位数时，可得其值为 30，显然，该值是比 38（平均值）更接近数据集的典型值。这种对异常值的鲁棒性是计算中位数的主要原因之一。

作为一般性规则，最好同时计算变量的平均值和中位数。如果平均值和中位数的值存在显著差异，则说明该数据集可能存在异常值。

接下来，我们将在练习中演示如何执行集中趋势计算。

1.3.7　练习 1.03：计算附加销售额的集中趋势

本练习将使用 Excel 计算给定数据的集中趋势。

为了更好地理解附加销售数据（所谓"附加销售"，就是指除主要购买的商品之外销售的商品，如附加配件或升级等），你需要了解该变量的典型值是什么，因此需要计算附加销售额数据的众数、平均值和中位数。

你的老板给你发送了一份包含 11 辆汽车购买情况的清单，其中显示了客户在附加配件和升级到新 ZoomZoom Model Chi 型号上花了多少钱。

以下是附加销售额的值（以美元为单位）：

5000、1700、8200、1500、3300、9000、2000、0、0、2300 和 4700。

请按以下步骤操作。

（1）首先，计算众数，以找到最常见的值。因为 0 是该数据集中最常见的值（重复了 2 次），所以众数为 0。

（2）其次，计算平均值。将 Add-on Sales（附加销售额）中的数字相加，等于 37700。然后，除以值的数量（11），得到平均值为 3427.27。

（3）最后，计算出中位数。先对数据进行排序，如图 1.13 所示。

确定中间值。因为有 11 个值，所以中间值将在列表中排在第 6 位。现在取有序数据中的第 6 个元素，得到中位数为 2300。

在了解了集中趋势的度量之后，接下来我们将讨论数据的另一个属性：散布。

🛈 **注意：**

当我们比较平均值（3427.27）和中位数（2300）时，可以看到两者之间存在显著差异。如前文所述，这表明数据集中存在异常值。下文将讨论如何确定哪些值是异常值。

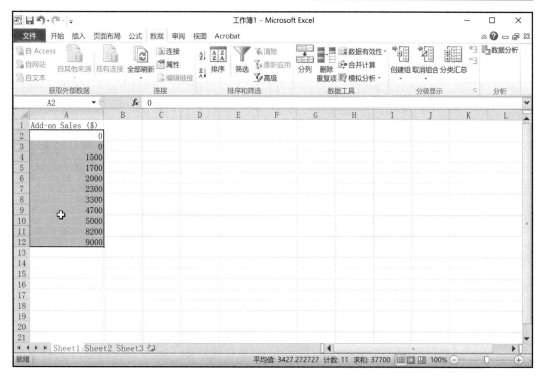

图 1.13　已排序的附加销售额数据

1.3.8　数据散布的度量

数据分析人员感兴趣的另一个数据集属性是查看变量中的数据点有多接近。例如，数字集[100, 100, 100]和[50, 100, 150]的均值均为 100，但第二组中的数字比第一组明显更分散。这种描述数据如何分散的特性称为散布（dispersion，也称为离散）。

有很多方法可以测量变量的散布程度。以下是一些评估散布程度的最常用方法。

❑　全距（range）也称为极差，它是最小值（minimum）和最大值（maximum）之间的距离。它的计算方法非常简便：

$$range = \max(X) - \min(X)$$

仅从全距的定义，即可知道它并不总是衡量数据散布情况的最佳方式。它虽然提供了数据内容的上限和下限，但是如果数据中包含任何异常值，则该全距将变得毫无作用。

全距的另一个问题是它没有告诉我们数据是如何围绕其中心分散的。它实际上只告诉了我们整个数据集的分散程度。因此，要更好地了解数据的散布情况，可以考虑使用方差。

❑ 标准差（standard deviation）/方差（variance）：标准差也称为标准偏差，在计算上，标准差其实就是方差的平方根。方差则描述了观察值与其平均值之间的距离，它计算的是与平均值的平方距离。请注意，距离值必须以平方计算，以便低于均值的距离不会抵消高于均值的距离。

标准差的取值范围从 0 一直到正无穷大。标准差越接近 0，则数据集中的数字变化越小。如果标准差为 0，则表示数据集变量的所有值都相同。

需要注意的一个细微差别是标准差有两种不同的公式，如图 1.14 所示。

$$\sqrt{\dfrac{\sum_{i=1}^{n}(x_i - u_x)^2}{n}} \qquad \sqrt{\dfrac{\sum_{i=1}^{n}(x_i - u_x)^2}{n-1}}$$

（A）   （B）

图 1.14　总体标准差（A）和样本标准差（B）公式

➢ 当数据集代表整个总体时，应该使用图 1.14 中的公式 A 计算总体标准差。

➢ 如果你的样本代表部分观察值，则应该使用图 1.14 中的公式 B 作为样本标准差。

➢ 当有疑问时，请使用样本标准差，因为它被认为更保守。

此外，在实践中，当有很多数据点时，两个公式之间的差异非常小。

标准差通常是用于描述散布程度的量。但是，与全距一样，它也可能受到异常值的影响，尽管不像全距那样极端。很多工具都可以轻松计算标准偏差。

最后再强调一下，方差其实就是标准差的平方。

❑ 四分位距（interquartile range，IQR），即第三四分位数（Q_3）和第一四分位数（Q_1）之间的差值。第一四分位也称为下四分位（lower quartile），第三四分位也称为上四分位（upper quartile），四分位距的计算公式如下：

$$IQR = Q_3 - Q_1$$

ℹ️ 注意：

有关分位数和四分位数计算的更多信息，请参阅 1.3.4 节 "分位数"。

与全距和标准差不同，IQR 对异常值具有鲁棒性（也就是说，即使在包含异常值的情况下，该指标也很可靠，受到的影响很小），因此，虽然它是最复杂的计算函数之一，但它提供了一种更稳定、可靠的方法来衡量数据集的分布。

事实上，IQR 常用于定义异常值。如果数据集中的值小于 Q_1-1.5×IQR 或大于 Q_3+1.5×IQR，则该值被视为异常值。

为了更好地说明数据散布的度量，我们将通过一个练习来进行演示操作。

1.3.9　练习 1.04：附加销售额的散布程度

本练习将计算全距、标准差和四分位数（IQR）。

为了更好地了解附加配件和升级的销售情况，你需要仔细观察数据的分散情况。

以下是附加销售额的值（以美元为单位）：

5000、1700、8200、1500、3300、9000、2000、0、0、2300 和 4700。

请按以下步骤操作。

（1）该数据集的最小值为 0，最大值为 9000，用最大值减去最小值即可获得全距，即 9000。

（2）标准差计算时首先需要确定是要计算样本标准差还是总体标准差。由于这 11 个数据点仅代表所有购买情况的一小部分，因此我们将计算样本标准差。

（3）接下来，找到我们在 1.3.7 节"练习 1.03：计算附加销售额的集中趋势"中计算的数据集的平均值，即 3427.27。

（4）现在使用每个数据点减去平均值，结果填入 Difference with Mean（与均值的差）列，再将结果取平方，结果填入 Difference with Mean Squared（与均值的差的平方）列，如图 1.15 所示。

Add-on Sales ($)	Difference with Mean	Difference with Mean Squared
5000	1572.727273	2473471.074
1700	-1727.272727	2983471.074
8200	4772.727273	22778925.62
1500	-1927.272727	3714380.165
3300	-127.2727273	16198.34711
9000	5572.727273	31055289.26
2000	-1427.272727	2037107.438
0	-3427.272727	11746198.35
0	-3427.272727	11746198.35
2300	-1127.272727	1270743.802
4700	1272.727273	1619834.711

图 1.15　先使用数据点减去平均值，再将结果取平方

（5）将 Difference with Mean Squared（与均值的差的平方）一列的值相加求和，得出总和为 91441818。

（6）将总和除以数据点数减 1（在本例中为 10），然后取其平方根。此计算应得出样本标准差为 3023.93。

（7）要计算 IQR，请找到第一四分位数（Q_1）和第三四分位数（Q_3）。详细计算过程可以参考 1.3.5 节"练习 1.02：计算附加销售额的四分位数"，得到 Q_1 为 1600，Q_3 为 4850。然后，将两者相减得到 IQR 为 3250。

接下来，我们将学习如何使用双变量分析来寻找模式。

1.3.10　双变量分析

到目前为止，我们已经讨论了描述单个变量的方法。接下来我们将讨论如何使用双变量分析（bivariate analysis，也称为二元变量分析）找到具有两个变量的模式。常见的双变量分析包括以下 3 种。

- ❑　散点图。
- ❑　皮尔逊相关系数（Pearson Correlation Coefficient）。
- ❑　时间序列。

1.3.11　散点图

在分析过程中，人们很容易发现的一般性原则：图表对于发现模式非常有帮助。正如直方图可以帮助你理解单个变量一样，散点图（scatter plot）可以帮助你理解两个变量。

常见的电子表格软件（如 Excel）可以轻松生成散点图。

ⓘ 注意：

当只有少量数据点（通常在 30～500 之间）时，散点图特别有用。如果有大量的数据点并且绘制它们似乎会在散点图中产生一个巨大的斑点时，则可以考虑从这些数据点中随机抽取 200 个样本，然后进行绘图，以帮助识别其中有趣的趋势。

在散点图中可以发现许多不同的模式。人们寻找到的最常见的模式是两个变量之间的上升或下降趋势；也就是说，随着一个变量的增加，另一个变量会同步增加或减少，这种趋势表明两个变量之间可能存在着可预测的数学关系。例如，一个人的年龄和收入之间的关系也许就存在着上升趋势。图 1.16 是一个线性趋势的示例。

还有许多值得关注的非线性趋势，包括二次曲线（quadratic）、指数曲线（power）、逆曲线（inverse）和生长曲线（logistic）趋势等。图 1.17 显示了其中一些趋势的外观：

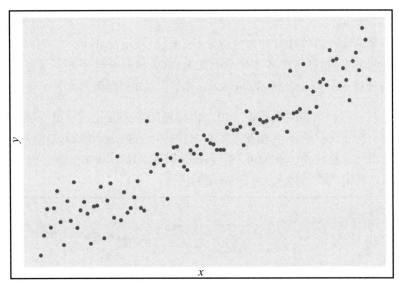

图 1.16　一个人的年龄和收入这两个变量之间呈现着线性上升趋势

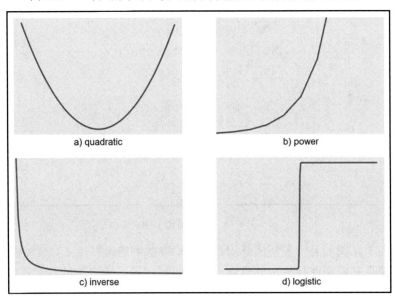

图 1.17　其他常见趋势

原　　文	译　　文	原　　文	译　　文
quadratic	二次曲线	inverse	逆曲线
power	指数曲线	logistic	生长曲线

ⓘ 注意：

用数学函数逼近趋势的过程称为回归分析（regression analysis）。回归分析在分析中起着至关重要的作用，但超出了本书的讨论范围。有关回归分析的更多信息，可参阅 Frank E. Harrell Jr.所著的 *Regression Modeling Strategies*（《回归建模策略》）等图书。

虽然趋势对于理解和预测模式很有用，但检测趋势的变化通常更为重要。趋势的变化通常表明你所测量的任何东西都发生了重大变化，值得进一步研究以寻求解释。这种变化的一个真实例子是，当一家公司的股票在长时间上涨后开始下跌。图 1.18 显示了趋势变化的示例，其中线性趋势在 $x = 50$ 后逐渐消失。

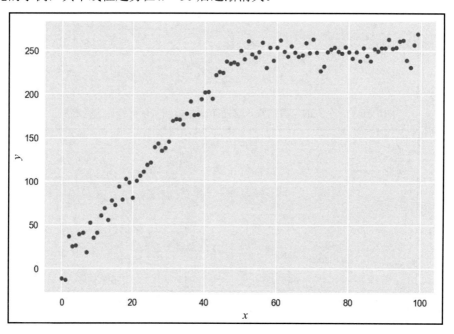

图 1.18　趋势变化示例

人们倾向于寻找的另一种模式是周期性，即数据中的重复模式。这种模式可以表明两个变量可能具有周期性行为，并且可以用于进行预测。图 1.19 显示了周期性行为的示例。

散点图也可用于检测异常值。当图表中的大多数点看起来都在图表的特定区域中，但有些点的距离很远时，这可能表明这些点对于这两个变量来说属于异常值。在进行进一步的双变量分析时，删除这些点以减少任何噪声并产生更好的见解可能是明智的。图 1.20 显示了一些可能被视为异常值的点。

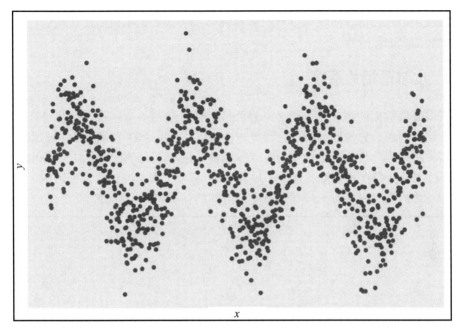

图 1.19　周期性行为的示例

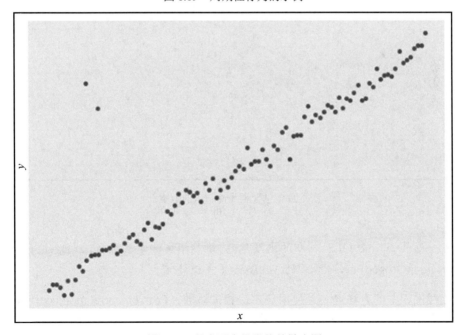

图 1.20　具有两个异常值的散点图

这些使用散点图的技术使数据分析人员能够了解其数据中更广泛的趋势，并迈出将数据转化为信息的第一步。

1.3.12　皮尔逊相关系数

分析双变量数据的最常见趋势之一是线性趋势。但是，有些线性趋势可能很弱，而有些线性趋势则在趋势与数据的拟合程度方面很强。在图 1.21 和图 1.22 中，就可以看到包含强相关和弱相关最佳拟合直线的散点图示例。这是使用普通最小二乘（ordinary least squares，OLS）回归技术计算的直线。尽管 OLS 超出了本书的讨论范围，但了解二元数据与线性趋势的匹配程度对于理解两个变量之间的关系是一个有价值的工具。

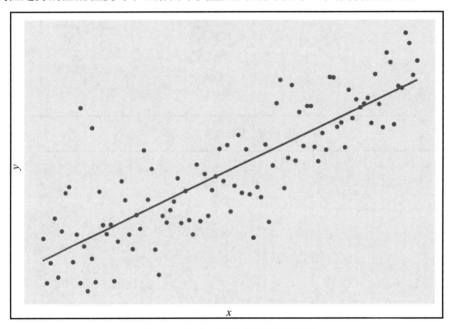

图 1.21　包含强线性趋势的散点图

🛈 注意：

有关普通最小二乘(OLS)回归的更多信息，请参阅统计学教科书，如 David Freedman、Robert Pisani 和 Roger Purves 合著的 *Statistics*（《统计学》）。

量化线性相关的方法之一是使用皮尔逊相关系数（Pearson correlation coefficient，也称为皮尔森相关系数）。Pearson 相关系数通常用字母 r 表示，是一个 -1～1 之间的数字，表示散点图与线性趋势的拟合程度。

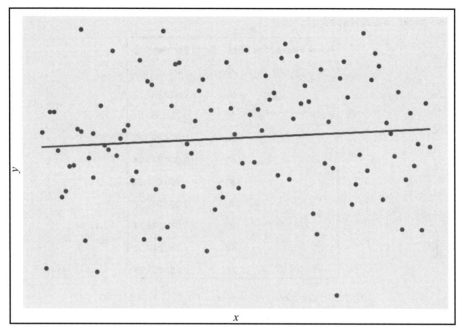

图 1.22　包含弱线性趋势的散点图

为计算 Pearson 相关系数 r，可使用如图 1.23 所示公式。

$$r = \frac{\sum_{i=1}^{n}(x_i - \overline{x})(y - \overline{y})}{\sqrt{\sum_{i=1}^{n}(x_i - \overline{x})^2}\sqrt{\sum_{i=1}^{n}(y_i - \overline{y})^2}}$$

图 1.23　计算 Pearson 相关系数的公式

这个公式也许会让你觉得有点难搞，因此，接下来我们将通过一个练习把该公式变成具体的操作步骤。

1.3.13　练习 1.05：计算两个变量的 Pearson 相关系数

本练习将计算 Hours Worked Per Week（每周工作时间）和以美元为单位的 Sales Per Week（每周销售额）之间关系的皮尔逊相关系数。

在图 1.24 中列出了美国休斯敦市一家 ZoomZoom 经销商的 10 名销售人员的一些数据，以及他们当周的净销售额。

你可以直接从本书 GitHub 存储库 Datasets 文件夹下载 salesman.csv 数据集来执行此练习。其链接地址如下：

https://packt.live/2B1apb3

Hours Worked Per Week	Sales Per Week ($)
40	179,480.58
56	2,495,037.73
50	2,285,369.51
82	2,367,896.33
41	1,309,745.16
51	623,013.69
45	2,989,943.37
90	1,970,316.24
47	1,845,840.39
72	2,553,231.33

图 1.24　ZoomZoom 经销商的 10 名销售人员的数据

请按以下步骤操作。

（1）首先，使用上述数据在 Excel 中创建两个变量的散点图（见图 1.25）。这将帮助我们粗略估计皮尔逊相关系数的预期。

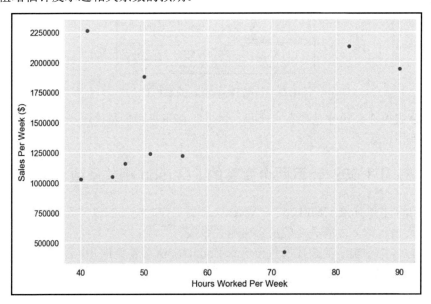

图 1.25　每周工作时间和每周销售额的散点图

　　大致来看，两个变量似乎并没有很强的线性关系，但是大多数销售人员的每周销售额确实会随着每周工作时间的增加而提高。

　　（2）现在计算每个变量的平均值。Hours Worker Per Week（每周工作时间）的均值应该是 57.40，Sales Per Week（每周销售额）的均值应该是 1861987.397。如果你不确定如何计算平均值，请参阅 1.3.7 节"练习 1.03：计算附加销售额的集中趋势"。

　　（3）现在，对于每一行计算以下 4 个值并填入相应的列中。

❑　　x-mean(x)列：每周工作时间与其平均值（57.40）之间的差值。

❑　　(x-mean(x))^2 列：每周工作时间与均值的差的平方。

❑　　y-mean(y)列：每周销售额与其平均值（1861987.397）之间的差值。

❑　　(y-mean(y))^2 列：每周销售额与均值的差的平方。

　　然后计算 x-mean(x)列和 y-mean(y)列这 2 个差值之间的乘积，并填入[x-mean(x)][y-mean(y)]列中。此时你得到的值表如图 1.26 所示。

Hours Worked Per Week	Sales Per Week ($)	x-mean(x)	(x-mean(x))^2	y-mean(y)	(y-mean(y))^2	[x-mean(x)][y-mean(y)]
40	179,480.58	-17.40	302.76	-1,682,506.85	2,830,829,303,631.31	29,275,619.21
56	2,495,037.73	-1.40	1.96	633,050.29	400,752,674,381.30	-886,270.41
50	2,285,369.51	-7.40	54.76	423,382.07	179,252,379,435.48	-3,133,027.34
82	2,367,896.33	24.60	605.16	505,908.90	255,943,812,657.79	12,445,358.88
41	1,309,745.16	-16.40	268.96	-552,242.27	304,971,527,314.18	9,056,773.27
51	623,013.69	-6.40	40.96	-1,238,973.75	1,535,055,945,620.25	7,929,431.98
45	2,989,943.37	-12.40	153.76	1,127,955.94	1,272,284,593,638.99	-13,986,653.61
90	1,970,316.24	32.60	1,062.76	108,328.81	11,735,131,115.82	3,531,519.21
47	1,845,840.39	-10.40	108.16	-16,147.04	260,726,862.48	167,929.20
72	2,553,231.33	14.60	213.16	691,243.90	477,818,127,736.76	10,092,160.92

图 1.26　皮尔逊相关系数的计算

　　（4）求平方项之和以及差值之积的总和，此时应该得到以下数据。

❑　　(x-mean(x))^2 列：总和为 2812.40。

❑　　(y-mean(y))^2 列：总和为 7268904222394.36。

❑　　[x-mean(x)] [y-mean(y)]列：总和为 54492841.32。

　　（5）取差值总和的平方根，得出每周工作小时数（x）标准差为 53.03，每周销售额（y）标准差为 2696090.54。

　　（6）将上述值输入如图 1.27 所示的公式中，得到皮尔逊相关系数约为 0.38。

　　接下来，让我们来看看如何解释这个结果。

$$r = \frac{\sum_{i=1}^{n}(x_i - \overline{x})(y - \overline{y})}{\sqrt{\sum_{i=1}^{n}(x_i - \overline{x})^2}\sqrt{\sum_{i=1}^{n}(y_i - \overline{y})^2}} = \frac{54492841.32}{(53.03) \times (2696090.54)} \approx 0.38$$

图 1.27　皮尔逊相关系数的最终计算结果

1.3.14　解释和分析相关系数

手动计算相关系数可能非常复杂，因此最好在计算机上进行计算。在本书第 2 章"SQL 和数据准备"中，将介绍如何使用 SQL 计算皮尔逊相关系数。

要解释皮尔逊相关系数，可将其值与图 1.28 中的表格进行比较。系数越接近 0，相关性越弱。皮尔逊相关系数的绝对值越大，则数据点拟合直线的可能性就越大。

相关系数的值	解　释
$-1.0 \leqslant r \leqslant -0.7$	强烈负相关
$-0.7 \leqslant r \leqslant -0.4$	显著负相关
$-0.4 < r < -0.2$	中度负相关
$-0.2 < r < 0.2$	弱相关或不相关
$0.2 < r < 0.4$	中度正相关
$0.4 < r < 0.7$	显著正相关
$0.7 < r < 1.0$	强烈正相关

图 1.28　对于皮尔逊相关系数的解释

在检查相关系数时，有几件事需要注意。

首先要注意的是，相关系数衡量两个变量与线性趋势的拟合程度。两个变量之间可能具有很强的趋势，但皮尔逊相关系数相对较低。

以图 1.29 中的数据点为例，如果计算这两个变量的相关系数，会发现该值是-0.08。但是，该曲线具有非常清晰的二次关系。因此，当你查看双变量数据的相关系数时，请注意可能描述两个变量之间关系的非线性关系。

另一个要点是用于计算相关性的点的数量。定义一条完美的直线只需要两点，因此，当点的数量较少时，你也许能够计算出较高的相关系数。然而，当提供更多的双变量数据时，该相关系数可能并不成立。

根据经验，用少于 30 个数据点计算相关系数时应该加一点"盐"（即增加一些人工伪造的数据）。理想情况下，你应该拥有尽可能多的良好数据点来计算相关性。

请注意"良好数据点"一词的使用。本章反复出现的主题之一是异常值对各种统计数据的负面影响。事实上，对于双变量数据分析而言，异常值同样会影响相关系数。

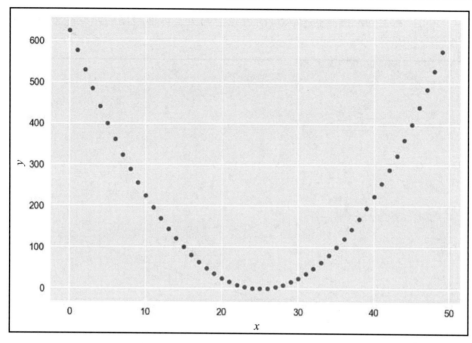

图 1.29　具有低相关系数的强非线性关系

以图 1.30 中的图表为例，它有 11 个数据点，其中一个是异常值。由于该异常值的出现，数据集的皮尔逊相关系数 r 降至 0.59；但是，如果没有它，则 r 等于 1.0。因此，数据分析人员应注意删除异常值，尤其是在有限的数据中。

最后，与计算相关系数有关的主要问题之一是相关性暗示因果关系的逻辑谬误。也就是说，仅仅因为 x 和 y 具有很强的相关性，并不意味着 x 会导致 y。

仍以上面的每周工作小时数与每周销售额为例。想象一下，添加更多数据点后，这两个变量之间的相关系数也许会变为 0.5。此时许多数据分析人员或经验不足的企业高管也许会得出结论：更多的工作时间必然会导致更多的销售额，并开始让他们的销售团队不间断地工作。虽然更长的工作时间可能会带来更多的销售额，但高相关系数并不能证明这一点。

另一种可能性甚至是一组相反的因果关系。例如，可能是因为你产生了更多的销售额，因此有更多的文书工作，你需要在办公室待更长的时间才能完成它。在这种情况下，工作更多时间可能并不会带来更多销售额。

还有一种可能性是有第三项负责这两个变量之间的关联。例如，实际上可能是有经验的销售人员工作时间越长，其销售额越高，而没有经验的销售人员即使再努力也是做无用功。因此，真正的原因是拥有大量销售经验的员工，你给出的建议应该是聘用更有经验的销售专业人员。

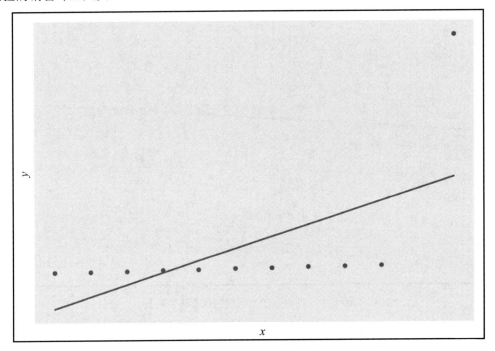

图 1.30　包含异常值的散点图

作为一名数据分析专业人士，你应该避免陷入诸如混淆相关性和因果关系之类的陷阱，并且你需要批判性地思考可能导致你所见结果的所有可能性。

1.3.15　时间序列数据

双变量分析的最重要类型之一是时间序列（time series）。

时间序列是典型的双变量关系，其中 x 轴是时间。图 1.31 就是时间序列的一个示例，它显示了从 2010 年 1 月到 2012 年年末的时间序列。了解事物如何随时间变化是组织中最重要的分析类型之一，它提供了大量有关业务环境的信息。

前文讨论的所有模式也可以在时间序列数据中找到。时间序列在组织中也很重要，因为它们可以指示特定更改发生的时间。这些时间点可用于确定导致这些变化的原因。

接下来，我们将通过一个小数据集演示如何执行基本的统计分析。

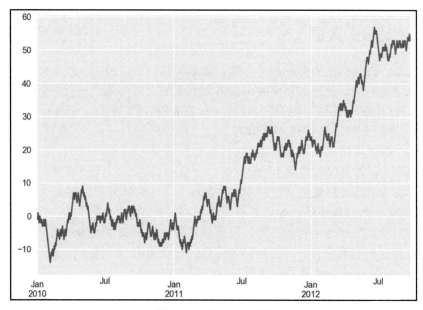

图 1.31　时间序列示例

1.3.16　作业 1.02：探索经销商销售数据

本次作业将使用统计数据全面探索数据集。

作为电动汽车公司 ZoomZoom 的数据分析师，你正在使用 CSV 文件对全国经销商的年销售额进行一些高级分析。

（1）在电子表格或文本编辑器中打开 dealerships.csv 文档。可以在本书 GitHub 存储库的 Datasets 文件夹中找到该文档。

（2）对经销商的女性员工人数执行频率分布分析。

（3）确定经销商的平均年销售额和中位数。

（4）确定销售额的标准差。

（5）是否有任何经销商看起来像异常值？解释你的推理。

（6）计算年销售额的分位数。

（7）计算年销售额与女性员工的相关系数并解释结果。

🛈 注意：

本次作业的答案见本书附录。

在经过上述探索作业之后，我们获得了完整的数据。但如果数据不全，又该怎么办呢？换句话说，如何处理缺失的数据？

1.3.17　处理缺失数据

目前为止，在我们的所有示例中，数据集都非常干净。然而，现实世界中的数据集几乎不可能这么完美。处理数据集时可能需要处理的众多问题之一就是缺失值。在本书第 2 章 "SQL 和数据准备" 中将进一步讨论有关准备数据的细节。因此，在这里我们将简单讨论一些可用于处理缺失数据的策略。

可行的一些选项包括以下 4 方面。

❑ 删除行：如果仅有非常少的行（即少于数据集的 5%）缺失数据，那么最简单的解决方案就是从数据集中删除这些数据点。这对结果不会有太大的影响。

❑ 均值/中值/众数插补：如果某个变量有 5%～25% 的数据缺失，则全部删除可能会对结果有较为不利的影响，因此另一种选择是取该列的均值、中值或众数，并用这些值填充空白。它也许会给你的计算带来一个很小的偏差，但它可以让你在不删除有价值数据的情况下完成更多的分析。

❑ 回归插补：如果可能的话，也可以建立并使用模型来插补缺失值。这项技能可能超出了大多数数据分析师的能力范围，但如果你是与数据科学家一起工作，那么这个选项应该是可行的。

❑ 删除变量：你无法分析不存在的数据，因此，如果你没有大量可用数据，并且某个变量缺少大部分数据，则删除该变量可能比做出太多假设并得出错误结论更好。

你还会发现，相当一部分数据分析与其说是科学，不如说是艺术。处理缺失数据就是这样一个领域。凭借经验，你会发现适用于不同场景的策略组合。

1.4　统计显著性检验

在数据分析中很实用的另一项分析方法是统计显著性检验（statistical significance test）。一般来说，分析人员会对比较两组的统计特性感兴趣，或者可能只是一组更改前后的统计特性。当然，这两组之间的差异也可能只是偶然结果。

1.4.1　统计显著性检验的组成

统计显著性是 A/B 测试结果分析中的一个重要指标。所谓 A/B 测试，是指公司通常会为产品制作两种不同类型的页面并衡量点击率（click-through rate，CTR）。你可能会发现网页版本 A 的点击率为 10%，版本 B 的点击率为 11%。那么，这是否意味着版本 B

比版本 A 好 10%，或者这只是日常变化的偶然结果？统计显著性检验可帮助我们确定这一点。

ⓘ注意:

点击率的计算方式是点击次数/展现量，这里的点击次数与展现量是在同一个时间维度内的数据，例如，如果网页 A 出现了 10000 次，而网页上内容的点击次数为 500 次，则点击率为 5%。

在统计显著性检验中，有以下 4 个主要部分。

❑　首先，要有正在检查的检验统计量（test statistic）。它可以是比例、平均值、两组之间的差值或分布等。

❑　另一个必要部分是零假设（null hypothesis，也称为原假设），记为 H_0，即假设观察到的结果是偶然的产物，两个样本集之间不存在任何区别。

❑　然后，还需要一个备择假设（alternative hypothesis），记为 H_1，它与 H_0 相反，即假设观察的结果不能仅靠偶然性来解释。

❑　最后，该检验还需要一个显著性水平（significance level），即检验统计量在确定零假设无法解释差异之前需要采用的值。

所有的统计显著性检验都需要如图 1.32 所示的这 4 个部分，区别在于如何计算显著性检验的分量。

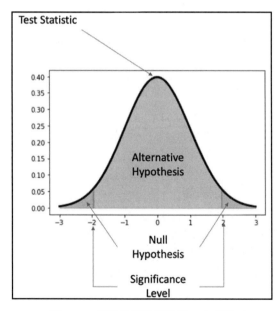

图 1.32　统计显著性检验的 4 个部分

原　　文	译　　文	原　　文	译　　文
Test Statistic	检验统计量	Null Hypothesis	零假设
Alternative Hypothesis	备择假设	Significance Level	显著性水平

1.4.2　常见的统计显著性检验

一些常见的统计显著性检验包括以下 3 种。

❑　双样本 Z 检验（two-sample Z-test）：确定两个样本的平均值是否不同。该检验假设两个样本均来自具有已知总体标准偏差的正态分布。

❑　双样本 T 检验（two-sample T-test）：当样本集太小（即每个样本少于 30 个数据点）或总体标准差未知时，可用该检验确定两个样本的平均值是否不同。这两个样本通常也是从假设为正态分布的分布中提取的。

❑　Pearson 卡方检验（Pearson's chi-squared test）：确定不同类别的数据点分布差异是否由于偶然性而产生。这是确定测试中的比例（如 A/B 测试中的比例）是否超出预期的主要测试。

🛈 注意：

要了解有关统计显著性检验的更多信息，请参阅统计教科书，如 David Freedman、Robert Pisani 和 Roger Purves 合著的 *Statistics*（《统计学》）。

接下来，我们将学习关系数据库和 SQL 方面的基础知识。

1.5　关系数据库和 SQL

所谓关系数据库（relational database），就是利用数据的关系模型（relational model）建立的数据库。

1.5.1　关系数据库的基础概念

关系模型由 Edgar F. Codd 在 1970 年发明，它将数据组织为关系或元组的集合。每个元组（tuple）由一系列概括描述元组的属性组成。例如，我们可以想象一个客户关系，其中每个元组代表一个客户。然后，每个元组将包含描述单个客户的属性，提供姓氏、名字和年龄等信息，可能采用的格式：（Smith, John, 27）。

在关系中，有一个或多个属性用于唯一标识元组，这称为关系键（relational key）。

关系模型允许在关系之间执行逻辑操作。

在关系数据库中，关系通常以表的形式实现，就像在 Excel 电子表格中一样。表的每一行都是一个元组，属性表示为表的列。虽然技术上没有要求，但关系数据库中的大多数表都有一个称为主键（primary key）的列，它可以唯一标识数据库的一行。每列还有一个数据类型，它描述了该列中数据的类型。

表通常收集在称为模式（schema）的数据库的公共集合中。如果将数据库看作一个仓库，则这个仓库中有很多房间，一个模式就代表一个房间，而表可以看作每个房间中的储物柜，因此，它们之间的层级关系：Database.Schema.Table。

模式是数据库对象的集合，在这个集合中包含了各种数据库对象，如表、字段、关系模型、视图、队列、存储过程、触发器和索引等。

表的加载通常有一个处理过程，这个过程称为提取、转换、加载（extract/transform/load，ETL）作业。

表在查询中通常以[schema].[table]格式引用。例如，在 analytics 模式中的 products 表通常称为 analytics.products。当然，还有一种特殊的模式，称为 public 模式。这是默认模式，如果你没有明确提及模式，则数据库将使用 public 模式。例如，public.products 表和 products 表实际上是一样的。

用于在计算机上管理关系数据库的软件称为关系数据库管理系统（relational database management system，RDBMS），而 SQL 就是 RDBMS 用户用来访问关系数据库并与之交互的语言。

注意：

几乎所有使用 SQL 的关系数据库都以某种基本方式偏离了关系模型。例如，并非每个表都有指定的关系键。在 MySQL 中 Schema 和 Database 是等效的，而 PostgreSQL、Oracle、SQL Server 对于 Schema 的含义也略有区别。此外，关系模型在技术上不允许有重复行，但在关系数据库中却可以有重复行。

当然，这些差异很小，对本书的绝大多数读者来说都无关紧要。

1.5.2　SQL 数据库的优缺点

自 1979 年 Oracle 数据库发布以来，SQL 已成为几乎所有计算机应用程序中数据的行业标准，这是因为 SQL 数据库具有大量优点，使其成为许多应用程序的实际选择。

❑　直观：以表格形式表示的关系是一种几乎每个人都能理解的通用数据结构。因此，使用和推理关系数据库比使用其他模型要容易得多。

❑ 高效：关系数据库使用了一种称为规范化（normalization）的技术来进行数据的表示，而避免不必要的重复。因此，关系数据库可以在使用较少空间的同时表示大量信息。这不仅可以减少存储占用空间，还可以使数据库降低运营成本，从而使设计良好的关系数据库能够快速处理。

❑ 声明式语言：SQL 是一种声明式语言，这意味着当你编写代码时，只需告诉计算机你想要什么数据，RDBMS 负责确定如何执行 SQL 代码。你永远不必担心告诉计算机如何访问和提取表中的数据。

❑ 稳定可靠：大多数流行的 SQL 数据库都具有称为原子性、一致性、隔离性和持久性（atomicity/consistency/isolation/durability，ACID）的属性规约，即使硬件出现故障，它也能保证数据的有效性。

当然，SQL 数据库也存在一些缺点，具体如下。

❑ 相对较低的特定性：虽然 SQL 是声明式的，但它的功能通常仅限于已经编程到其中的内容。尽管大多数流行的 RDBMS 软件都在不断更新，并且一直在构建新功能，但处理和使用未编程到 RDBMS 中的数据结构和算法可能很困难。

❑ 有限的可扩展性：SQL 数据库非常稳定可靠，但这种可靠性是有代价的。如果信息量翻倍，则资源成本也将翻倍。当涉及大量信息时，其他数据存储（如 NoSQL 数据库）的表现实际上可能会更好。

❑ 对象-关系不匹配问题：虽然表是一种非常直观的数据结构，但它们不一定是表示计算机中对象的最佳格式。这主要是因为对象通常包含具有多对多关系的属性。例如，公司的客户可能购买多个产品，而每个产品又可能有多个客户。对于计算机中的对象，我们可以轻松地将其表示为 customer 对象下的 list 属性。但是，在标准化数据库中，客户的产品可能必须使用三个不同的表来表示，每个表都必须针对每次新的购买、召回和退货进行更新。

1.6　SQL 的基本数据类型

如前文所述，表中的每一列都有一个数据类型。现在来看看主要的数据类型。

1.6.1　数值

数值（numeric）数据类型是表示数字的数据类型。图 1.33 描述了一些主要类型。

名　　称	存储大小	描　　述	范　　围
smallint	2 字节	小范围整数	−32768～+32767
integer	4 字节	整数的典型选择	−2147483648～+2147483647
bigint	8 字节	大范围整数	−9223372036854775808～+9223372036854775807
decimal	变量	用户指定的精度，精确	在小数点之前最高可达 131072 位数，在小数点之后最高可达 16383 位数
numeric	变量	用户指定的精度，精确	在小数点之前最高可达 131072 位数，在小数点之后最高可达 16383 位数
real	4 字节	变量精度，不精确	6 位小数精度
double precision	8 字节	变量精度，不精确	15 位小数精度
smallserial	2 字节	小的自动递增整数	1～32767
serial	4 字节	自动递增整数	1～2147483647
bigserial	8 字节	大的自动递增整数	1～9223372036854775807

图 1.33　主要的数值数据类型

1.6.2　字符

字符（character）数据类型存储的是文本信息。图 1.34 总结了字符数据类型。

名　　称	描　　述
character varying(n), varchar(n)	长度受到限制的变量
character(n), char(n)	固定长度，填充空格
text	长度不受限制的变量

图 1.34　主要的字符数据类型

在 PostgreSQL 和许多其他 SQL 数据库中，所有字符数据类型都使用相同的底层数据结构，并且大多数现代开发人员都不使用 char(n)。

1.6.3　布尔值

布尔（boolean）值是一种用于表示 True 或 False 的数据类型。图 1.35 总结了在查询时数据列类型为 boolean 的值。

布　尔　值	可接受的值
True	t, true, y, yes, on, 1
False	f, false, n, no, off, 0

图 1.35　可接受的布尔值

虽然所有这些值都可以被接受，但 True 和 False 被认为符合最佳实践。布尔值也可以采用 NULL 值。

1.6.4　日期时间值

日期时间（datetime）数据类型可用于存储基于时间的信息，如日期和时间。图 1.36 显示了日期时间数据类型的一些示例。

名　称	大　小	描　述
Timestamp without timezone	8 字节	包含日期和时间（无时区）
Timestamp with timezone	8 字节	包含日期和时间（含时区）
date	4 字节	日期（不含时间）
Time without timezone	8 字节	时间（无时区）
Time with timezone	12 字节	时间（含时区）
interval	16 字节	时间间隔

图 1.36　流行的日期时间数据类型

在第 5 章“使用复合数据类型进行分析”中将详细讨论这种数据类型。

1.6.5　数据结构：JSON 和数组

现代 SQL 的许多版本还支持数据结构，如 JavaScript 对象表示法（JavaScript object notation，JSON）和数组。

数组是简单的数据列表，通常写成方括号括起来成员的形式。例如，['cat', 'dog', 'horse'] 就是一个数组。

JSON 对象是一系列以逗号分隔并用大括号括起来的键值对。例如，{'name': 'Bob', 'age': 27, 'city': 'New York'}就是一个有效的 JSON 对象。

这些数据结构常出现在各种应用中，在数据库中使用它们时，可以使多种分析工作变得更加容易。

在第 5 章“使用复合数据类型进行分析”中将更详细地讨论数据结构。

接下来，我们将研究使用 SQL 的 RDBMS 中的基本操作。

1.7　读取表: SELECT 查询

数据库中最常见的操作是从数据库中读取数据。这几乎完全是通过使用 SELECT 关键字来完成的。

1.7.1　SELECT 查询的工作原理

一般来说，查询可以分为 5 个部分，具体如下。

❑ 操作：查询的第一部分将描述要执行的操作。对于 SELECT 查询来说，指的就是 SELECT，它后面跟着与函数组合的列名。

❑ 数据：查询的下一部分是数据，它是 FROM 关键字，后跟一个或多个表，这些表与保留关键字连接在一起，指示应扫描哪些数据以进行过滤、选择和计算。

❑ 条件：这是查询的一部分，可以使用 WHERE 指示的条件过滤行。

❑ 分组：这是一个特殊的子句，它将获取数据源的行并使用由 GROUP BY 子句创建的键将它们组合在一起，然后使用具有相同值的所有行来计算值。在本书第 3 章 "聚合和窗口函数" 中将详细讨论这一步。

❑ 后处理：这是查询的一部分，它将获取数据结果并通过对数据进行排序和限制来格式化它们，通常使用诸如 ORDER BY 和 LIMIT 之类的关键字。

SELECT 查询的步骤如下。

（1）通过获取一个或多个表并将它们组合成一个大表来创建数据源。

（2）根据步骤（1）中创建的大数据源筛选表，查看哪些行满足 WHERE 子句。

（3）根据步骤（1）中数据源的列计算值。如果有 GROUP BY 子句，则将行分组，然后为每个组计算聚合统计量。否则，返回通过对一列或多列一起执行函数计算得出的列或值。

（4）获取返回的行并根据查询重新组织它们。

为了分解这些步骤，不妨来看一个典型的查询示例：

```
SELECT
    first_name
FROM
    customers
WHERE
    state='AZ'
ORDER BY
    first_name;
```

此查询的操作遵循以下顺序。

（1）从 customers 表开始。

（2）customers 表被过滤，过滤的条件是 state 列等于'AZ'.

（3）从过滤后的表中捕获 first_name 列。

（4）first_name 列按字母顺序排列。

上述步骤就是将查询分解为数据库处理的一系列过程。

接下来，我们将仔细讨论在 SELECT 查询中使用的查询关键字和模式。

1.7.2　SELECT 查询中的基本关键字

在编写 SELECT 查询时会使用到许多关键字。具体包括以下几个。

- ❑　SELECT 和 FROM 语句
- ❑　WHERE 子句
- ❑　AND/OR 子句
- ❑　IN/NOT IN 子句
- ❑　ORDER BY 子句
- ❑　LIMIT 子句
- ❑　IS NULL/IS NOT NULL　子句

1.7.3　SELECT 和 FROM 语句

最基本的 SELECT 查询遵循以下模式：

```
SELECT…FROM <table_name>;
```

此查询是一种从单个表中提取数据的方法。例如，如果要从示例数据库的 products
表中提取所有数据，则只需使用以下查询即可：

```
SELECT
   *
FROM
  products;
```

此查询将从数据库中提取所有数据。这里看到的 * 符号是从数据库中返回所有列的
简写。分号运算符（;）用于告诉计算机它已经到达查询的末尾，就像普通句子要使用句
号结束一样。

需要注意的是，这些行将不按特定顺序返回。如果我们只想从查询中返回特定的列，
则可以简单地将星号（*）替换为我们想要按返回顺序分隔的列的名称。

例如，如果我们想要返回 product_id 列，然后是 products 表的 model 列，则可以编写
以下查询：

```
SELECT product_id, model
FROM products;
```

如果要先返回 model 列，然后再返回 product_id 列，则可以这样写：

```
SELECT model, product_id
FROM products;
```

接下来，让我们看看 WHERE 子句。

1.7.4　WHERE 子句

WHERE 子句是一个限制返回的数据量的条件逻辑。在带有 WHERE 子句的 SELECT 语句中，返回的所有行都需要满足 WHERE 子句的条件。WHERE 子句通常可以在单个 SELECT 语句的 FROM 子句之后找到。

WHERE 子句中的条件通常是一个布尔语句，每行可以判断为 True 或 False。对于数值列来说，这些布尔语句可以使用等于、大于或小于运算符来将列与值进行比较。

同样，我们也可以通过一个示例来进行说明。假设要从样本数据集中查看 2014 年的产品型号名称，则可以编写以下查询：

```
SELECT
  model
FROM
  products
WHERE
  year=2014;
```

接下来，让我们看看如何在查询中使用 AND/OR 子句。

1.7.5　AND/OR 子句

在前面的查询示例中只有一个条件（year = 2014），但我们经常对同时满足多个条件的查询感兴趣。要实现这一点，可以使用 AND/OR 子句将多个语句放在一起。

这也可以通过一个示例来说明。假设我们想要返回的产品型号不仅是 2014 年内置的，而且还是制造商建议零售价（manufacturer's suggested retail price，MSRP）低于 1000 美元的。该条件可以这样写：

```
SELECT
  model
FROM
```

```
  products
WHERE
  year=2014
  AND msrp<=1000;
```

现在假设我们要返回 2014 年发布的任何产品型号或产品类型为 automobile 的任何型号，则可以编写以下查询：

```
SELECT
  model
FROM
  products
WHERE
  year=2014
  OR product_type='automobile';
```

当使用多个 AND/OR 条件时，可使用括号将逻辑片段分隔并放在一起。这将确保你的查询按预期执行并且尽可能易读。例如，如果想要获取 2014 年至 2016 年间所有型号的产品，以及任何属于 scooter（小型摩托车）的产品，则可以编写以下查询：

```
SELECT
  *
FROM
  products
WHERE
  year>2014
  AND year<2016
  OR product_type='scooter';
```

当然，为了让 WHERE 子句更加简洁，最好编写以下查询：

```
SELECT
  *
FROM
  products
WHERE
  (year>2014 AND year<2016)
  OR product_type='scooter';
```

接下来，我们将了解 IN 和 NOT IN 子句。

1.7.6　IN/NOT IN 子句

如前文所述，布尔语句可以使用等号来指示列必须等于某个值。但是，如果你想让返回行中的列可以等于任何一组值，那该怎么办？例如，假设你想要返回 2014 年、2016 年或 2019 年的所有型号，则可以编写如下查询：

```
SELECT
  model
FROM
  products
WHERE
  year = 2014
  OR year = 2016
  OR year = 2019;
```

当然，这样写起来又长又乏味，因此可以使用 IN 来改编一下：

```
SELECT
  model
FROM
  products
WHERE
  year IN (2014, 2016, 2019);
```

显然，这样写起来更简洁，更容易理解。

反过来，你也可以使用 NOT IN 子句返回不在值列表中的所有值。例如，如果你想要返回 2014 年、2016 年和 2019 年未生产的所有产品信息，则可以编写以下查询：

```
SELECT
  model
FROM
  products
WHERE
  year NOT IN (2014, 2016, 2019);
```

接下来，我们将学习如何在查询中使用 ORDER BY 子句。

1.7.7　ORDER BY 子句

如前文所述，如果没有给出更具体的指示，则 SQL 查询将在数据库找到它们时对行进行排序。对于许多用例，这是可以接受的。但是，你也可能希望以特定顺序查看行。

假设你想要查看按首次生产日期列出的所有产品，并且生产日期从最早到最晚排序，则在 SQL 中执行此操作的方法是使用 ORDER BY 子句，具体如下所示：

```
SELECT
  model
```

```
FROM
  products
ORDER BY
  production_start_date;
```

如果未明确提及排序顺序，则将按升序返回行。升序意味着行将从所选列的最小值到最大值进行排序。对于文本等内容，这意味着按字母排序。

可以使用 ASC 关键字明确升序（ascend）排序。因此，对于上面的查询，也可以通过编写以下代码来实现：

```
SELECT
  model
FROM
  products
ORDER BY
  production_start_date ASC;
```

如果要按降序（descend）提取数据，则可以使用 DESC 关键字。例如，如果要获取从最新到最旧排序的制造型号，可编写以下查询：

```
SELECT
  model
FROM
  products
ORDER BY
  production_start_date DESC;
```

此外，也可以引用表格的数字列中的自然顺序，而不是编写你要排序的列的名称。例如，假设要返回按产品 ID 排序的 products 表中的所有型号，则可以编写以下查询：

```
SELECT
  model
FROM
  products
ORDER BY
  product_id;
```

当然，由于 product_id 是表中的第一列，因此可以改为编写以下查询：

```
SELECT
  model
FROM
  products
ORDER BY
  1;
```

最后，还可以通过在 ORDER BY 之后以逗号分隔添加其他列来按多列排序。例如，假设想要首先按照型号的年份从最新到最旧对表中的所有行进行排序，然后按照建议零售价从最小到最大排序，则可以编写以下查询：

```
SELECT
  *
FROM
  products
ORDER BY
  year DESC,
  base_msrp ASC;
```

图 1.37 显示了上述代码的输出。

product_id bigint	model text	year bigint	product_type text	base_msrp numeric	production_start_date timestamp without time zone	production_end_date timestamp without time zone
12	Lemon ...	2019	scooter	349.99	2019-02-04 00:00:00	[null]
11	Model ...	2019	automobile	95000.00	2019-02-04 00:00:00	[null]
8	Bat Limi...	2017	scooter	699.99	2017-02-15 00:00:00	[null]
9	Model E...	2017	automobile	35000.00	2017-02-15 00:00:00	[null]
10	Model ...	2017	automobile	85750.00	2017-02-15 00:00:00	[null]
7	Bat	2016	scooter	599.99	2016-10-10 00:00:00	[null]
6	Model S...	2015	automobile	65500.00	2015-04-15 00:00:00	2018-10-01 00:00:00
5	Blade	2014	scooter	699.99	2014-06-23 00:00:00	2015-01-27 00:00:00
4	Model ...	2014	automobile	115000.00	2014-06-23 00:00:00	2018-12-28 00:00:00
3	Lemon	2013	scooter	499.99	2013-05-01 00:00:00	2018-12-28 00:00:00
2	Lemon ...	2011	scooter	799.99	2011-01-03 00:00:00	2011-03-30 00:00:00

图 1.37　使用 ORDER BY 对多列进行排序

接下来，让我们认识一下 SQL 中的 LIMIT 关键字。

1.7.8　LIMIT 子句

SQL 数据库中的大多数表往往非常大，因此没有必要返回每一行信息。有时，你可能只需要前几行信息。对于这种情况，LIMIT 关键字就派上用场了。假设你只想获得公司生产的前 5 种产品，则可以使用以下查询获得此信息：

```
SELECT
  model
FROM
  products
```

```
ORDER BY
  production_start_date
LIMIT
  5;
```

图 1.38 显示了上述代码的输出。

model text
Lemon
Lemon Limited Edition
Lemon
Blade
Model Chi

图 1.38　带 LIMIT 子句的查询

作为一般性规则，你可能希望对未使用过的表或查询使用 LIMIT 关键字。

1.7.9　IS NULL/IS NOT NULL 子句

一般来说，给定列中的某些条目可能会缺失。这可能有多种原因，例如，在收集数据时未能收集到数据，或者数据不可用，也可能是提取、转换、加载（ETL）作业未能收集数据并将其加载到列中。

值的缺失也可能代表行中的某个状态，并且实际上提供了有价值的信息。

不管是什么原因，我们经常对查找未填充特定数据值的行感兴趣。在 SQL 中，空白值通常由 NULL 值表示。例如，在 products 表中，production_end_date 列用 NULL 值表示该产品仍在生产中。在这种情况下，如果我们想要列出所有仍在生产过程中的产品，则可以使用以下查询：

```
SELECT
  *
FROM
  products
WHERE
  production_end_date IS NULL;
```

图 1.39 显示了上述代码的输出。

product_id bigint	model text	year bigint	product_type text	base_msrp text	production_start_date timestamp without time zone	production_end_date timestamp without time zone
7	Bat	2016	scooter	599.99	2016-10-10 00:00:00	[null]
8	Bat Limi...	2017	scooter	699.99	2017-02-15 00:00:00	[null]
9	Model E...	2017	automobile	35,000.00	2017-02-15 00:00:00	[null]
10	Model ...	2017	automobile	85,750.00	2017-02-15 00:00:00	[null]
11	Model ...	2019	automobile	95,000.00	2019-02-04 00:00:00	[null]
12	Lemon ...	2019	scooter	349.99	2019-02-04 00:00:00	[null]

图 1.39　production_end_date 列为空的产品

如果我们只对不在生产过程中的产品感兴趣，则可以使用 IS NOT NULL 子句，具体查询示例如下：

```
SELECT *
FROM products
WHERE production_end_date IS NOT NULL;
```

图 1.40 显示了上述代码的输出。

product_id bigint	model text	year bigint	product_type text	base_msrp text	production_start_date timestamp without time zone	production_end_date timestamp without time zone
1	Lemon	2010	scooter	399.99	2010-03-03 00:00:00	2012-06-08 00:00:00
2	Lemon ...	2011	scooter	799.99	2011-01-03 00:00:00	2011-03-30 00:00:00
3	Lemon	2013	scooter	499.99	2013-05-01 00:00:00	2018-12-28 00:00:00
4	Model ...	2014	automobile	115,000.00	2014-06-23 00:00:00	2018-12-28 00:00:00
5	Blade	2014	scooter	699.99	2014-06-23 00:00:00	2015-01-27 00:00:00
6	Model S...	2015	automobile	65,500.00	2015-04-15 00:00:00	2018-10-01 00:00:00

图 1.40　production_end_date 列不为空的产品

接下来，我们将通过练习研究如何使用这些新关键字。

1.7.10　练习 1.06：在 SELECT 查询中使用基本关键字

本练习将使用 SELECT 查询中的基本关键字创建各种查询。

假设在新公司工作几天后，你终于可以访问公司数据库。今天，你的老板让你帮助一个不太懂 SQL 的销售经理。销售经理想要一个销售人员名单，他要求你创建一个女性销售人员的在线用户名列表（取前 10 个最早入职的女性销售人员），并按照 hire_date（雇佣日期）的先后顺序排列。

🛈 注意：

对于本书后续所有练习，我们将使用 pgAdmin 4 软件。

请按以下步骤操作。

（1）打开你喜欢的 SQL 客户端，连接到 sqlda 数据库。

（2）从模式下拉列表中找到 salespeople 表。请注意图 1.41 中各列的名称。

（3）执行以下查询以获取按其 hire_date 值排序的女性销售人员的用户名，然后将 LIMIT 设置为 10：

```sql
SELECT
  username
FROM
  salespeople
WHERE
  gender= 'Female'
ORDER BY
  hire_date
  LIMIT 10;
```

图 1.42 显示了上述代码的输出。

图 1.41　salespeople 表的模式　　　图 1.42　按入职日期排序的女性销售人员用户名

现在我们已经获得了一个按入职日期排序的女性销售人员的用户名列表。

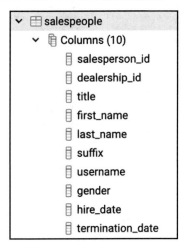 注意：

要获得本小节源代码，请访问以下网址：

https://packt.live/2B4qMUk

本练习在 SELECT 查询中使用了不同的基本关键字，以帮助销售经理根据他的要求获取销售人员列表。

1.7.11　作业 1.03：在 SELECT 查询中使用基本关键字查询客户表

市场营销部门决定要进行一系列营销活动来促进销售。为此，他们需要纽约市所有客户的详细信息。以下是完成该作业的步骤。

（1）打开你喜欢的 SQL 客户端，连接到 sqlda 数据库，然后从模式下拉列表中找到 customers 表。

（2）编写一个查询，提取 Florida（佛罗里达州）所有 ZoomZoom 客户的电子邮件，以字母顺序排序。

（3）编写一个查询，提取纽约州纽约市所有 ZoomZoom 客户的名字、姓氏和电子邮件详细信息。客户按字母顺序排列，并且姓氏在先，名字在后。

（4）编写一个查询，返回所有客户的电话号码，按客户添加到数据库的日期排序。

ⓘ 注意：

本次作业的答案见本书附录。

本次作业在 SELECT 查询中使用了各种基本关键字，并帮助销售经理获取了开展市场营销活动所需的数据。

1.8　创　建　表

现在我们已经掌握了如何从表中读取数据，接下来看看如何创建新表。有两种方法可以做到这一点：创建空白表或使用 SELECT 查询。

1.8.1　创建空白表

要创建一个新的空白表，可以使用 CREATE TABLE 语句。该语句采用以下结构：

```
CREATE TABLE {table_name} (
{column_name_1} {data_type_1} {column_constraint_1},
{column_name_2} {data_type_2} {column_constraint_2},
{column_name_3} {data_type_3} {column_constraint_3},
…
{column_name_last} {data_type_last} {column_constraint_last},
);
```

其中：

- ❑　{table_name}是表名；
- ❑　{column_name}是列名；
- ❑　{data_type}是列的数据类型；
- ❑　{column_constraint}是一个或多个可选关键字，为列赋予特殊属性。

在讨论如何使用 CREATE TABLE 查询之前，先来看看列约束。

1.8.2　列约束

列约束是赋予列特殊属性的关键字。一些主要的列约束如下。

- ❑　NOT NULL：此约束保证列中的任何值都不能为 NULL。
- ❑　UNIQUE：此约束保证列的每一行都具有唯一值，并且没有重复值。
- ❑　PRIMARY KEY：这是一个特殊的约束，对每一行都是唯一的，可以帮助你更快地找到该行。表中只有一列可以是主键。

假设要创建一个名为 state_populations 的表，其中包含州的主键和 populations（人口总数）列。则该查询如下所示：

```
CREATE TABLE state_populations (
  state VARCHAR(2) PRIMARY KEY,
  population NUMERIC
);
```

此查询产生以下结果：

```
Query returned successfully in 122 msec.
```

🛈 注意：

有时，在运行 CREATE TABLE 查询时可能会产生以下错误：

```
relation {table_name} already exists
```

这意味着已经存在同名表。可以删除具有相同名称的表或更改表的名称。

接下来我们将讨论创建表的第二种方法，即使用 SQL 查询。但在此之前，让我们完成一项练习以在 SQL 中创建一个表。

1.8.3　练习 1.07：在 SQL 中创建表

本练习将使用 CREATE TABLE 语句创建一个表。

ZoomZoom 的营销团队想创建一个名为 countries 的表来分析不同国家或地区的数据。它应该有 4 列：整数主键列、唯一名称列、建立年份列和州的首府列。

请按以下步骤操作。

（1）打开你喜欢的 SQL 客户端，连接到 sqlda 数据库。

（2）如果 countries 表已经存在于数据库中，则执行以下查询删除该表：

```
DROP TABLE IF EXISTS countries;
```

（3）运行以下查询以创建 countries 表：

```
CREATE TABLE countries (
    key INT PRIMARY KEY,
    name text UNIQUE,
    founding_year INT,
    capital text
);
```

此时你应该得到一个空白表，如图 1.43 所示。

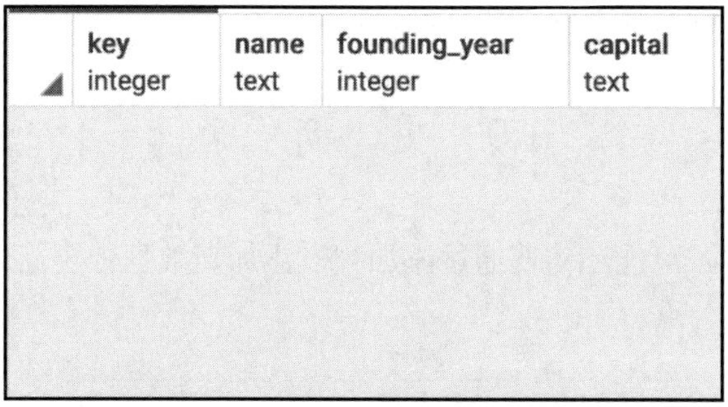

key integer	name text	founding_year integer	capital text

图 1.43　带有列名称的空白 countries 表

ℹ️ **注意：**

要获得本小节源代码，请访问以下网址：

https://packt.live/3cWFoSE

本练习学习了如何使用不同的列约束和 CREATE TABLE 语句来创建表。接下来，我们将使用 SELECT 查询创建表。

1.8.4　使用 SELECT 创建表

我们已经知道了如何创建一个表。但是，假设你想使用现有表中的数据创建一个表，则可以通过修改 CREATE TABLE 语句来完成：

```
CREATE TABLE {table_name} AS (
{select_query}
);
```

其中，{select_query}是可以在数据库中运行的任何 SELECT 查询。

例如，假设你想基于 products 表创建一个仅包含 2014 年产品的表。我们将此表称为 products_2014。然后，可以编写以下查询：

```
CREATE TABLE products_2014 AS (
SELECT
    *
FROM
    products
WHERE
    year=2014
);
```

这可以通过任何查询来完成，并且该表将继承输出查询的所有属性。

1.9　更　新　表

随着时间的推移，可能还需要通过添加列、添加新数据或更新现有行来修改表。本节将讨论如何做到这一点。

1.9.1　添加和删除列

要将新列添加到现有表中，可以使用 ADD COLUMN 语句，其用法如下：

```
ALTER TABLE {table_name}
ADD COLUMN {column_name} {data_type};
```

例如，假设我们想在 products 表中添加一个新列，使用它来存储产品的质量（以千克为单位，列名称为 weight）数据，则可以通过使用以下查询来做到这一点：

```
ALTER TABLE products
ADD COLUMN weight INT;
```

此查询将在 products 表中创建一个名为 weight 的新列，并为其提供整数数据类型，以便只能在其中存储数字。

如果要从表中删除列，则可以使用 DROP COLUMN 语句，其用法如下：

```
ALTER TABLE {table_name}
DROP COLUMN {column_name};
```

其中：

❑　{table_name}是要更改的表的名称；

❑　{column_name}则是要删除的列的名称。

假设你决定删除刚刚创建的 weight 列，则可以使用以下查询：

```
ALTER TABLE products
DROP COLUMN weight;
```

1.9.2　添加新数据

在 SQL 中，可以使用多种方法将新数据添加到表中。

一种方法是使用 INSERT INTO…VALUES 语句简单地将值直接插入表中。它具有以下结构：

```
INSERT INTO {table_name} (
    {column_1}, {column_2}, …{column_last}
)
VALUES (
    {column_value_1}, {column_value_2},
    …{column_value_last}
);
```

其中：

❑　{table_name}是要插入数据的表的名称；

❑　{column_1}, {column_2}, … {column_last}是要插入值的列的列表；

❑　{column_value_1}, {column_value_2}, … {column_value_last}是要插入表中的行值的列表。如果表中的列未放入 INSERT 语句，则假定该列具有 NULL 值。

例如，假设要在 products 表中插入一个新的 scooter（小型摩托车）产品数据，则可以通过以下查询来完成：

```
INSERT INTO products (
    product_id, model, year,
    product_type, base_msrp,
    production_start_date, production_end_date
)
VALUES (
```

```
13, 'Nimbus 5000', 2019,
'scooter', 500.00,
'2019-03-03', '2020-03-03'
);
```

此查询可相应地更改 products 表，如图 1.44 所示。

product_id bigint	model text	year bigint	product_type text	base_msrp text	production_start_date timestamp without time zone	production_end_date timestamp without time zone
1	Lemon	2010	scooter	399.99	2010-03-03 00:00:00	2012-06-08 00:00:00
2	Lemon ...	2011	scooter	799.99	2011-01-03 00:00:00	2011-03-30 00:00:00
3	Lemon	2013	scooter	499.99	2013-05-01 00:00:00	2018-12-28 00:00:00
4	Model ...	2014	automobile	115,000.00	2014-06-23 00:00:00	2018-12-28 00:00:00
5	Blade	2014	scooter	699.99	2014-06-23 00:00:00	2015-01-27 00:00:00
6	Model S...	2015	automobile	65,500.00	2015-04-15 00:00:00	2018-10-01 00:00:00
7	Bat	2016	scooter	599.99	2016-10-10 00:00:00	[null]
8	Bat Limi...	2017	scooter	699.99	2017-02-15 00:00:00	[null]
9	Model E...	2017	automobile	35,000.00	2017-02-15 00:00:00	[null]
10	Model ...	2017	automobile	85,750.00	2017-02-15 00:00:00	[null]
11	Model ...	2019	automobile	95,000.00	2019-02-04 00:00:00	[null]
12	Lemon ...	2019	scooter	349.99	2019-02-04 00:00:00	[null]
13	Nimbus...	2019	scooter	500.00	2019-03-03 00:00:00	2020-03-03 00:00:00

图 1.44　单次 INSERT 查询成功后的 products 表

将数据插入表的另一种方法是将 INSERT 语句与 SELECT 查询一起使用，语法如下：

```
INSERT INTO {table_name} ({column_1}, {column_2}, …{column_last})
{select_query};
```

其中：

❑ {table_name}是要插入数据的表的名称；

❑ {column_1}, {column_2}, … {column_last}是要插入值的列的列表；

❑ {select query}则是与要插入表中的值具有相同结构的查询。

以我们之前讨论的 products_2014 表为例。想象一下，我们不是使用 SELECT 查询创建它，而是将它创建为一个与 products 表具有相同结构的空白表。如果要插入与之前相同的数据，则可以使用以下查询：

```
INSERT INTO products_2014(
    product_id, model, year,
    product_type, base_msrp,
    production_start_date, production_end_date
)
```

```
SELECT
  *
FROM
  products
WHERE
  year=2014;
```

此查询将产生如图 1.45 所示的结果。

product_id bigint	model text	year bigint	product_type text	base_msrp text	production_start_date timestamp without time zone	production_end_date timestamp without time zone
4	Model ...	2014	automobile	115,000.00	2014-06-23 00:00:00	2018-12-28 00:00:00
5	Blade	2014	scooter	699.99	2014-06-23 00:00:00	2015-01-27 00:00:00

图 1.45　INSERT INTO 查询成功后的 products_2014 表

接下来，我们将学习如何更新行中的内容。

1.9.3　更新现有行

有时，你可能需要更新表中数据的值。为此可使用 UPDATE 语句：

```
UPDATE {table_name}
SET {column_1} = {column_value_1},
    {column_2} = {column_value_2},
    …
    {column_last} = {{column_value_last}}
WHERE
    {conditional};
```

其中：

❑　{table_name}是要更改数据的表的名称；

❑　{column_1}, {column_2}, ... {column_last}是要更改值的列的列表；

❑　{column_value_1}, {column_value_2}, ... {column_value_last}是要插入列的新值的列表；

❑　{conditional}是一个条件语句，就像在前面的 WHERE 子句中看到的一样。

为了说明其对 UPDATE 语句的使用，假设该公司已决定在 2018 年之前以 299.99 美元的价格出售所有小型摩托车，则可以使用以下查询更改 products 表中的数据：

```
UPDATE
  products
SET
  base_msrp = 299.99
```

```
WHERE
  product_type = 'scooter'
  AND year<2018;
```

此查询可产生如图 1.46 所示的输出。

product_id bigint	model text	year bigint	product_type text	base_msrp text	production_start_date timestamp without time zone	production_end_date timestamp without time zone
1	Lemon	2010	scooter	299.99	2010-03-03 00:00:00	2012-06-08 00:00:00
2	Lemon ...	2011	scooter	299.99	2011-01-03 00:00:00	2011-03-30 00:00:00
3	Lemon	2013	scooter	299.99	2013-05-01 00:00:00	2018-12-28 00:00:00
4	Model ...	2014	automobile	115,000.00	2014-06-23 00:00:00	2018-12-28 00:00:00
5	Blade	2014	scooter	299.99	2014-06-23 00:00:00	2015-01-27 00:00:00
6	Model S...	2015	automobile	65,500.00	2015-04-15 00:00:00	2018-10-01 00:00:00
7	Bat	2016	scooter	299.99	2016-10-10 00:00:00	[null]
8	Bat Limi...	2017	scooter	299.99	2017-02-15 00:00:00	[null]
9	Model E...	2017	automobile	35,000.00	2017-02-15 00:00:00	[null]
10	Model ...	2017	automobile	85,750.00	2017-02-15 00:00:00	[null]
11	Model ...	2019	automobile	95,000.00	2019-02-04 00:00:00	[null]
12	Lemon	2019	scooter	349.99	2019-02-04 00:00:00	[null]
13	Nimbus...	2019	scooter	500.00	2019-03-03 00:00:00	2020-03-03 00:00:00

图 1.46　products 表更新成功

接下来，我们将在一个练习中仔细研究如何在 SQL 数据库中使用 UPDATE 语句。

1.9.4　练习 1.08：更新表格以提高车辆的价格

本练习将使用 UPDATE 语句更新表中的数据。

由于制造电动汽车所需的稀有金属成本较高，新的 2019 款 Chi 需要提价 10%，目前其价格为 95000 美元，故需更新 products 表以提高该产品的价格。

请执行以下步骤以完成练习。

（1）打开你喜欢的 SQL 客户端，连接到 sqlda 数据库。

（2）运行以下查询以更新 products 表中 Model Chi 的价格：

```
UPDATE
  products
SET
  base_msrp = base_msrp*1.10
WHERE
  model='Model Chi'
  AND year=2019;
```

（3）现在编写 SELECT 查询以查看 Model Chi 2019 年的价格是否更新：

```
SELECT
    *
FROM
    products
WHERE
    model='Model Chi'
    AND year=2019;
```

上述代码的输出如图 1.47 所示。

product_id	model	year	product_type	base_msrp	production_start_date	production_end_date
11	Model Chi	2019	automobile	104500	2019-02-04 00:00:00	NULL

图 1.47　2019 年 Model Chi 的更新价格

从该输出结果可以看出，Model Chi 现在的价格是 104500 美元，之前是 95000 美元。

🛈 注意：

要获得本小节源代码，请访问以下网址：

https://packt.live/2XRJVl7

本练习演示了如何使用 UPDATE 语句更新表。

接下来，我们将讨论如何删除数据和表。

1.10　删除数据和表

数据分析人员经常会发现表中的数据不正确，因此无法使用。在这种情况下，可以考虑从表中删除数据。

1.10.1　从行中删除值

分析人员经常需要删除行中的值。完成此任务的最简单方法是使用我们已经讨论过的 UPDATE 结构并将列值设置为 NULL，其用法如下所示：

```
UPDATE {table_name}
SET {column_1} = NULL,
    {column_2} = NULL,
```

```
   ...
   {column_last} = NULL
WHERE
  {conditional};
```

其中：

❑ {table_name}是需要更改数据的表的名称；

❑ {column_1}, {column_2}, ... {column_last}是要删除值的列的列表；

❑ {conditional}是条件语句，和前面的 WHERE 子句一样。

例如，假设我们为 customer_id 等于 3 的客户存档了错误的电子邮件。要解决此问题，可以使用以下查询：

```
UPDATE
  customers
SET
  email = NULL
WHERE
  customer_id=3;
```

接下来，我们将学习如何从表中删除行。

1.10.2　从表中删除行

可以使用 DELETE 语句从表中删除一行，如下所示：

```
DELETE FROM {table_name}
WHERE {conditional};
```

例如，假设我们必须删除电子邮件为 bjordan2@geocities.com 的客户的详细信息，为此，可以使用以下查询：

```
DELETE FROM
  customers
WHERE
  email='bjordan2@geocities.com';
```

如果要在不删除表的情况下删除 customers 表中的所有数据，则可以编写以下查询：

```
DELETE FROM customers;
```

或者，如果想删除查询中的所有数据而不删除表，则可以使用 TRUNCATE 关键字，如下所示：

```
TRUNCATE TABLE customers;
```

1.10.3　删除表

要删除表中的所有数据和表本身，只需使用 DROP TABLE 语句，其语法如下：

```
DROP TABLE {table_name};
```

其中，{table_name}是要删除的表的名称。如果要删除 customers 表中的所有数据以及表本身，可编写以下查询：

```
DROP TABLE customers;
```

接下来，让我们通过一个练习来了解如何使用 DROP TABLE 语句删除表。

1.10.4　练习 1.09：删除不必要的表

本练习将演示如何使用 SQL 删除表。

市场营销团队已完成对每个州的潜在客户数量的分析，他们不再需要 state_populations 表。为节省数据库空间，请删除该表。

请执行以下步骤以完成练习。

（1）打开你喜欢的 SQL 客户端，连接到 sqlda 数据库。

（2）运行以下查询以删除 state_ populations 表：

```
DROP TABLE state_ populations;
```

state_ populations 表现在应该被从数据库中删除。

（3）由于 state_ populations 表刚刚被删除，所以对该表的 SELECT 查询会抛出错误。我们可以先编写以下查询：

```
SELECT
  *
FROM
  state_ populations;
```

果然，如图 1.48 所示显示了错误。

```
ERROR: relation "state_populations" does not exist
LINE 1: select * from state_populations;
                      ^
```

图 1.48　state_ populations 表被删除导致的错误

🛈 **注意：**

要获得本小节源代码，请访问以下网址：

https://packt.live/2XWLVZA

本练习演示了如何使用 DROP TABLE 语句删除表。

接下来，我们将使用 SQL 创建和修改表。

1.10.5　作业 1.04：为营销活动创建和修改表

本次作业将测试你使用 SQL 创建和修改表的能力。

你在为营销团队提取数据方面做得很好。但是，你所帮助的营销经理意识到他们犯了一个错误。事实证明，经理不仅需要查询一些数据，还需要在公司的分析数据库中创建一个新表。此外，他们需要对 customers 表中的数据进行一些更改。帮助营销经理处理表是你的工作，因此，你需要执行以下操作。

（1）创建一个名为 customers_nyc 的新表，从 customers 表中提取所有居住在纽约州纽约市的客户的行。

（2）从新表中删除所有邮政编码为 10014 的客户。根据当地法律，不能对他们开展市场营销活动。

（3）添加一个名为 event 的新文本列。

（4）将 event 列的值设置为 thank-you party。

图 1.49 显示了预期的输出。

customer_id bigint	title text	first_name text	last_name text	suffix text	email text	gender text	ip_address text	phone text	street_address text	city text	state text	postal_code text	latitude double precision	longitude double precision	date_added timestamp without time zone	event text
52	[null]	Giusto	Backe	[null]	gbacke...	M	26.56.68.189	212-959...	6 Onsgard Terrace	New ...	NY	10131	40.7808	-73.9772	2010-07-06 00:00:00	thank-you party
406	[null]	Rozina	Jeal	[null]	rjealb9...	F	50.235.32.29	917-610...	64653 Homewoo...	New ...	NY	10105	40.7628	-73.9785	2010-09-15 00:00:00	thank-you party
456	Rev	Cybil	Noke	[null]	cnokec...	F	5.31.139.106	212-306...	88 Sycamore Park...	New ...	NY	10260	40.7808	-73.9772	2017-01-21 00:00:00	thank-you party
472	[null]	Rawley	Yegorov	[null]	ryegor...	M	183.199.243...	212-560...	872 Old Shore Par...	New ...	NY	10034	40.8662	-73.9221	2014-11-24 00:00:00	thank-you party
496	[null]	Layton	Spolton	[null]	lspolto...	M	108.112.8.165	646-900...	7 Old Gate Drive	New ...	NY	10024	40.7864	-73.9764	2013-12-20 00:00:00	thank-you party
1028	[null]	Issy	Andrieux	[null]	iandrie...	F	199.50.5.37	212-206...	33337 Dahle Way	New ...	NY	10115	40.8111	-73.9642	2017-11-27 00:00:00	thank-you party
1037	[null]	Magdalene	Veryard	[null]	mverya...	F	93.201.129.2...	212-660...	41028 Katie Junct...	New ...	NY	10039	40.8265	-73.9383	2014-03-04 00:00:00	thank-you party
1063	[null]	Juliet	Beadles	[null]	jbeadle...	F	47.96.88.226	212-645...	34984 Goodland ...	New ...	NY	10120	40.7506	-73.9894	2014-08-17 00:00:00	thank-you party
1211	[null]	Gwyneth	McCobb	[null]	gmcco...	F	38.182.151.2...	212-560...	4 Jana Park	New ...	NY	10160	40.7808	-73.9772	2014-01-08 00:00:00	thank-you party
1262	[null]	Conrado	Escoffier	[null]	cescoff...	M	23.120.12.44	646-523...	2 Atwood Court	New ...	NY	10060	40.7808	-73.9772	2015-02-17 00:00:00	thank-you party

图 1.49　customers_nyc 表（event 列的值设置为 thank-you party）

（5）当你告诉营销经理你已经完成了上述步骤后，他会通知营销运营团队开始使用这些数据发起营销活动。营销经理对你表示感谢，然后要求你删除 customers_nyc 表。

🛈 **注意：**

本次作业的答案见本书附录。

在此作业中，我们使用了不同的 CRUD 操作来根据营销经理的要求修改表。

接下来，我们将回到原点，讨论一下 SQL 和数据分析是如何联系在一起的。

1.11　SQL 和分析

在本章中，你可能已经注意到 SQL 表和数据集之间的一些相似之处。更具体地说，你应该清楚地看到，SQL 表可以被认为是一个数据集，行可以被认为是单独的观察单元，而列则可以被认为是特征。如果以这种方式看待 SQL 表，则可以明白 SQL 是在计算机中存储数据集的一种自然方式。

当然，SQL 还可以走得更远，而不仅仅是提供一种方便的存储数据集的方式。现代 SQL 实现还提供了通过各种函数处理和分析数据的工具。使用 SQL 时，分析人员可以清洗数据，将数据转换为更有用的格式，并使用统计技术分析数据以发现有趣的模式。本书的其余部分将致力于阐释如何高效地将 SQL 用于这些目的。

1.12　小　　结

数据分析是一种了解世界的强大方法。分析就是将数据转化为信息，进而转化为知识的过程。为了实现这一目标，可以使用统计技术来更好地理解数据，尤其是描述性统计和统计显著性检验。

描述性统计的一个分支（单变量分析）可用于理解单个数据变量。单变量分析可用于查找异常值；利用频率分布和分位数查看数据的分布；通过计算数据的平均值、中位数和众数来计算变量的集中趋势；以及使用全距、标准差和四分位距（IQR）来衡量数据的散布程度。

双变量分析可以用来理解数据之间的关系。例如，使用散点图，我们可以确定两个变量之间的趋势、趋势变化、周期性行为和异常点。还可以使用皮尔逊相关系数来衡量两个变量之间线性趋势的强度。当然，由于数据集中可能存在异常值或用于计算皮尔逊系数的数据点数量较少，对于该相关系数的解读应该慎重。此外，仅仅因为两个变量具有很强的相关系数并不意味着其中一个变量会导致另一个变量变化。

统计显著性检验还可以提供有关数据的重要信息。它使我们能够确定某些结果偶然发生的可能性，并有助于了解在组之间看到的变化是否具有后果。

关系数据库的强大功能可以进一步增强数据分析。关系数据库是一种成熟且无处不在的数据存储和查询技术。关系数据库以关系（也称为表）的形式存储数据，从而实现了性能、效率和易用性的完美结合。

    SQL 是用于访问关系数据库的语言。SQL 是一种声明式语言，它允许用户专注于要创建的内容而不必考虑如何创建这些内容。SQL 支持许多不同的数据类型，包括数值、字符、布尔值、日期时间值和数据结构等。

    查询数据时，SQL 允许用户选择要提取的字段、指定过滤数据的方式、对数据进行排序，并支持根据需要指定要提取的数据的数量。此外，创建、读取、更新和删除数据的操作也相当简单，即使是初学者也不难掌握。

    在简要介绍了有关数据分析和 SQL 的基础知识之后，下一章我们将讨论如何使用 SQL 来执行数据分析的第一步：数据的清洗和转换。

第 2 章　SQL 和数据准备

学习目标

到本章结束，数据分析人员将能够：

❑ 使用 JOIN 和 UNION 操作将多个表和查询组合成一个数据集。
❑ 使用子查询和公用表表达式。
❑ 使用 SQL 函数转换和清洗数据。
❑ 使用 DISTINCT 和 DISTINCT ON 命令删除重复数据。

2.1　本章主题简介

在第 1 章 "SQL 数据分析导论" 中，简要讨论了有关数据分析和 SQL 的基础知识。我们还介绍了有关表的创建、读取、更新和删除（create/read/update/delete，CRUD）操作。这些技巧是数据分析中所有工作的基础。

数据分析的第一项任务是创建干净的数据集。按照《福布斯》杂志的报道，据估计，数据分析专业人员将近 80% 的时间都花在了准备用于分析的数据上，这是因为使用不干净的数据构建模型会导致错误的结论，从而损害分析人员的努力。

SQL 可以通过提供有效的方法来构建干净的数据集，从而帮助分析人员完成这项烦琐但重要的任务。

本章将首先讨论如何使用 JOIN 和 UNION 组合数据，然后探索如何使用不同的函数，如 CASE WHEN、COALESCE、NULLIF 和 LEAST/GREATEST 来清洗数据，最后，我们还将介绍如何使用 DISTINCT 命令转换和删除查询中的重复数据。

2.2　组　合　数　据

我们之前讨论过如何对单个表执行操作。但是，如果你需要来自两个或更多表的数据，此时怎么办？本节将介绍如何使用 JOIN 和 UNION 操作将多个表的数据组合在一起。

2.2.1　使用 JOIN 连接表

在第 1 章"SQL 数据分析导论"中，讨论了如何从表中查询数据。但是，大多数时候，你感兴趣的数据可能分布在多个表中。幸运的是，SQL 提供了使用 JOIN 关键字将相关表组合在一起的方法。

为了说明这一点，让我们先来看一下数据库中的两个表——dealerships（经销商）和 salespeople（销售人员）。它们的结构分别如图 2.1 和图 2.2 所示。

```
     Column          |              Type
---------------------+--------------------------------
 dealership_id       | bigint
 street_address      | text
 city                | text
 state               | text
 postal_code         | text
 latitude            | double precision
 longitude           | double precision
 date_opened         | timestamp without time zone
 date_closed         | timestamp without time zone
```

图 2.1　dealerships（经销商）表的结构

```
     Column          |              Type
---------------------+--------------------------------
 salesperson_id      | bigint
 dealership_id       | bigint
 title               | text
 first_name          | text
 last_name           | text
 suffix              | text
 username            | text
 gender              | text
 hire_date           | timestamp without time zone
 termination_date    | timestamp without time zone
```

图 2.2　salespeople（销售人员）表的结构

可以看到，在 salespeople（销售人员）表中有一个名为 dealership_id 的列，这个 dealership_id 列是对 dealerships 表中 dealership_id 列的直接引用。当表 A 中有一个引用表 B 的主键的列时，该列被称为表 A 的外键（foreign key）。在本示例中，salespeople（销售人员）表中的 dealership_id 列就是 dealerships（经销商）表的外键。

🛈 注意：

外键也可以作为列约束添加到表中，通过确保外键永远不会包含在引用的表中找不到的值，即可增强数据的完整性。此数据属性称为引用完整性（referential integrity，也称为参照完整性）。添加外键约束也有助于提高某些数据库的性能。

　　大多数分析数据库中都没有使用外键约束，有关此内容的讨论也超出了本书的范围。如果你对此感兴趣，则可访问以下 PostgreSQL 文档以了解有关外键约束的更多信息：

https://www.postgresql.org/docs/9.4/tutorial-fk.html

　　由于这两个表是相关的，因此可以对它们进行一些有趣的分析。例如，你可能有兴趣确定哪些销售人员在加利福尼亚的经销商处工作。检索此信息的方法之一是首先查询哪些经销商位于加利福尼亚。你可以使用以下查询执行此操作：

```
SELECT
  *
FROM
  dealerships
WHERE
  state='CA';
```

此查询的结果如图 2.3 所示。

	dealership_id bigint	street_address text	city text	state text	postal_code text	latitude double precision	longitude double precision	date_opened timestamp without time zone	date_closed timestamp without time zone
1	2	808 South Hobart...	Los ...	CA	90005	34.057754	-118.305423	2014-06-01 00:00:00	[null]
2	5	2210 Bunker Hill ...	San ...	CA	94402	37.524487	-122.343609	2014-06-01 00:00:00	[null]

图 2.3　加利福尼亚的经销商

　　在知道了加利福尼亚仅有的两个经销商的 ID 分别为 2 和 5 之后，即可查询 salespeople表，如下所示：

```
SELECT
  *
FROM
  salespeople
WHERE
  dealership_id in (2, 5)
ORDER BY
  1;
```

上述代码的输出如图 2.4 所示。

　　虽然此方法提供了我们想要的结果，但需要执行两个查询才能获得这些结果，这有点烦琐。使这个查询更容易的方法是以某种方式将 dealerships 表中的信息添加到 salespeople 表中，然后筛选出加利福尼亚的用户。

　　SQL 通过 JOIN 子句提供了这样一个工具。JOIN 子句是一种 SQL 子句，它允许用户根据不同的条件将一个或多个表连接在一起。

salesperson_id bigint	dealership_id bigint	title text	first_name text	last_name text	suffix text	username text	gender text	hire_date timestamp without time zone	termination_date timestamp without time zone
23	2	[null]	Beauregard	Peschke	[null]	bpeschkem	Male	2018-09-12 00:00:00	[null]
51	5	[null]	Lanette	Gerriessen	[null]	lgerriessen1e	Female	2018-06-24 00:00:00	[null]
57	5	[null]	Spense	Pithcock	[null]	spithcock1k	Male	2017-12-15 00:00:00	[null]
61	5	[null]	Ludvig	Baynam	[null]	lbaynam1o	Male	2016-08-25 00:00:00	[null]
62	2	[null]	Carroll	Pudan	[null]	cpudan1p	Female	2016-05-17 00:00:00	[null]
63	2	[null]	Adrianne	Otham	[null]	aotham1q	Female	2014-12-20 00:00:00	[null]
71	2	[null]	Georgianna	Bastian	[null]	gbastian1y	Female	2018-12-23 00:00:00	[null]
75	2	[null]	Saundra	Shoebottom	[null]	sshoebotto...	Female	2018-03-18 00:00:00	[null]
108	2	[null]	Hale	Brigshaw	[null]	hbrigshaw2z	Male	2015-07-30 00:00:00	[null]

图 2.4　加利福尼亚的销售人员

2.2.2　连接类型

本章将讨论如图 2.5 所示的 3 种基本连接，即内连接（inner join）、外连接（outer join）和交叉连接（cross join）。

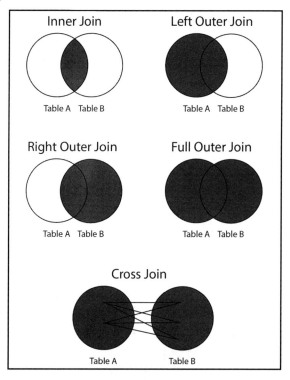

图 2.5　主要的连接类型

原　　文	译　　文	原　　文	译　　文
Inner Join	内连接	Right Outer Join	右外连接
Left Outer Join	左外连接	Full Outer Join	全外连接
Table A	表 A	Cross Join	交叉连接
Table B	表 B		

2.2.3　内连接

内连接根据称为连接谓词（join predicate）的条件将不同表中的行连接在一起。在许多情况下，这里的连接谓词就是表示相等的逻辑条件。第一个表中的每一行都与第二个表中的每隔一行进行比较。对于满足内连接谓词的行组合，该行将在查询中返回。否则，行组合将会被丢弃。

内连接通常写成以下形式：

```
SELECT {columns}
FROM {table1}
INNER JOIN {table2} ON {table1}.{common_key_1}={table2}.{common_key_2};
```

其中：

- ❑　{columns}是要从连接的表中获取的列；
- ❑　{table1}是第一个表；
- ❑　{table2}是第二个表；
- ❑　{common_key_1}是{table1}中要连接的列；
- ❑　{common_key_2}是{table2}中要连接的列。

现在，让我们回到之前讨论过的两张表——dealerships 表和 salespeople 表。如前文所述，如果可以将 dealerships 表中的信息附加到 salespeople 表中，即可知道每个销售人员在哪个州工作。我们可以假设所有 salespeople 的 ID 都有一个有效的 dealership_id 值。

ⓘ注意：

在目前阶段，你还没有学习必要的技能来验证每个经销商 ID 在 salespeople 表中是否有效，因此我们只能假设它。但是，在现实世界的应用场景中，验证这些数据对你来说很重要。一般来说，很少有数据集和系统可以保证数据干净。

可以在连接谓词中使用等于条件来连接两个表，如下所示：

```
SELECT
  *
```

```
FROM
  salespeople
INNER JOIN
  dealerships
  ON salespeople.dealership_id = dealerships.dealership_id
ORDER BY
  1;
```

此查询将产生如图 2.6 所示的输出。

salesperson_id bigint	dealership_id bigint	title text	first_name text	last_name text	suffix text	username text	gender text	hire_date timestamp without time zone	termination_date timestamp without time zone	dealership_id bigint	street_address text	city text	state text	postal_code text
1	17	[null]	Electra	Elleyne	[null]	eelleyne0	Female	2017-05-31 00:00:00	[null]	17	2120 Walnut Street	Phila...	PA	19092
2	6	[null]	Montague	Alcoran	[null]	malcoran1	Male	2018-12-31 00:00:00	[null]	6	7315 California A...	Seatt...	WA	98136
3	17	[null]	Ethyl	Sloss	IV	esloss2	Female	2016-08-10 00:00:00	[null]	17	2120 Walnut Street	Phila...	PA	19092
4	10	[null]	Nester	Dugood	[null]	ndugood3	Male	2017-06-03 00:00:00	[null]	10	7425 Wilson Aven...	Chic...	IL	60706
5	17	[null]	Cornall	Swanger	[null]	cswanger4	Male	2018-05-17 00:00:00	[null]	17	2120 Walnut Street	Phila...	PA	19092
6	8	[null]	Ellary	Nend	[null]	enend5	Male	2016-05-07 00:00:00	[null]	8	5938 Cornfoot Ro...	Portl...	OR	97218
7	1	[null]	Granville	Fidell	[null]	gfidell6	Male	2017-06-17 00:00:00	[null]	1	52 Hillside Terrace	Millb...	NJ	07039
8	18	[null]	Lanie	Tisun	[null]	ltisun7	Male	2017-12-12 00:00:00	[null]	18	1447 Hardesty Av...	Kans...	MO	64195
9	14	[null]	Lamar	Treleven	[null]	ltreleven8	Male	2018-05-08 00:00:00	[null]	14	800 North Mays S...	Roun...	TX	78664

图 2.6　连接到 dealerships 表的 salespeople 表

从图 2.6 中可以看到，该表是将 salespeople 表连接到 dealerships 表的结果。请注意，查询中列出的第一个表 salespeople 在结果的左侧，而 dealerships 表在结果的右侧。这对于接下来关于外连接的理解很重要。

更具体地说，salespeople 表中的 dealership_id 与 dealerships 表中的 dealership_id 匹配。这显示了如何满足连接谓词。

通过运行这个 JOIN 查询，我们有效地创建了一个新的"超级数据集"，它由两个表合并在一起，其中两个 dealership_id 列是相等的。

现在可以像使用 SQL 子句和关键字查询一个大表一样查询这个"超级数据集"。例如，回到此前的多查询问题，要确定哪个销售人员在加利福尼亚经销商处工作，现在可以通过一个简单的查询来解决它：

```
SELECT
  *
FROM
  salespeople
INNER JOIN
  dealerships
  ON salespeople.dealership_id = dealerships.dealership_id
WHERE
  dealerships.state = 'CA'
ORDER BY
  1;
```

其输出如图 2.7 所示。

	salesperson_id bigint	dealership_id bigint	title text	first_name text	last_name text	suffix text	username text	gender text	hire_date timestamp without time zone	termination_date timestamp without time zone	dealership_id bigint	street_address text	city text
1	23	2	[null]	Beauregard	Peschke	[null]	bpeschkem	Male	2018-09-12 00:00:00	[null]	2	808 South Hobart...	Los ...
2	51	5	[null]	Lanette	Gerriessen	[null]	lgerriessen1e	Female	2018-06-24 00:00:00	[null]	5	2210 Bunker Hill ...	San ...
3	57	5	[null]	Spense	Pithcock	[null]	spithcock1k	Male	2017-12-15 00:00:00	[null]	5	2210 Bunker Hill ...	San ...
4	61	5	[null]	Ludvig	Baynam	[null]	lbaynam1o	Male	2016-08-25 00:00:00	[null]	5	2210 Bunker Hill ...	San ...
5	62	2	[null]	Carroll	Pudan	[null]	cpudan1p	Female	2016-05-17 00:00:00	[null]	2	808 South Hobart...	Los ...
6	63	2	[null]	Adrianne	Otham	[null]	aotham1q	Female	2014-12-20 00:00:00	[null]	2	808 South Hobart...	Los ...
7	71	2	[null]	Georgianna	Bastian	[null]	gbastian1y	Female	2018-12-23 00:00:00	[null]	2	808 South Hobart...	Los ...
8	75	2	[null]	Saundra	Shoebottom	[null]	sshoebotto...	Female	2018-03-18 00:00:00	[null]	2	808 South Hobart...	Los ...
9	108	2	[null]	Hale	Brigshaw	[null]	hbrigshaw2z	Male	2015-07-30 00:00:00	[null]	2	808 South Hobart...	Los ...

图 2.7　查询在加利福尼亚经销商处工作的销售人员

可以看到，图 2.4 和图 2.7 中的输出几乎相同，区别在于图 2.7 中的表还附加了 dealerships 数据。如果我们只想检索其中属于 salespeople 表的部分，则可以使用以下星形语法选择 salespeople 列：

```
SELECT
  salespeople.*
FROM
  salespeople
INNER JOIN
  dealerships
  ON dealerships.dealership_id = salespeople.dealership_id
WHERE
  dealerships.state = 'CA'
ORDER BY
  1;
```

在编写带有多个连接子句的语句时，还有另一种快捷方式可以提供帮助。你可以为表名设置别名，这样就不必每次都输入表的完整名称，只需在 JOIN 子句后第一次提到表后写下别名的名称，即可节省大量的输入。

例如，对于上述查询，如果我们想用 s 作为 salespeople 的别名，用 d 作为 dealerships 的别名，则可以编写以下语句：

```
SELECT
  s.*
FROM
  salespeople s
INNER JOIN
  dealerships d
  ON d.dealership_id = s.dealership_id
WHERE
  d.state = 'CA'
```

```
ORDER BY
  1;
```

或者，你也可以将 AS 关键字放在表名和别名之间，以使别名更明确：

```
SELECT
  s.*
FROM
  salespeople AS s
INNER JOIN
  dealerships AS d
  ON d.dealership_id = s.dealership_id
WHERE
  d.state = 'CA'
ORDER BY
  1;
```

在理解了有关内连接的基础知识之后，接下来我们将讨论外连接。

2.2.4　外连接

本章前面我们已经看到，内连接只会返回来自两个表的行，并且只有当两个行都满足连接谓词时才会返回，否则不会返回任一个表中的任何行。

但是，有时我们希望从其中一个表中返回所有行，而不管连接谓词是否被满足。在这种情况下，如果连接谓词未被满足，则第二个表的行将返回 NULL，这样的连接称为外连接（outer join）。在外连接操作后，其中至少有一个表出现在结果的每一行中。

外连接可以分为三类：左外连接、右外连接和全外连接。

1．左外连接

在左外连接（left outer join）中，左表（即在 JOIN 子句中首先提到的表）将返回每一行。如果右表不满足 JOIN 条件，则返回 NULL 行。

左外连接是通过使用 LEFT OUTER JOIN 关键字执行的，后跟一个连接谓词。这也可以简写为 LEFT JOIN。

为了演示左外连接的工作原理，我们可以来看两个表：customers 表和 emails 表。假设不是每个客户都收到了邮件，我们希望给所有没有收到邮件的客户发送邮件。

我们可以使用左外连接来实现这一点，因为连接的左侧是 customers 表。为了帮助管理输出，我们将其限制为仅前 1000 行。使用以下代码片段：

```
SELECT
```

```
    *
FROM
    customers c
LEFT OUTER JOIN
    emails e ON e.customer_id=c.customer_id
ORDER BY
    c.customer_id
LIMIT
    1000;
```

上述代码的输出如图 2.8 所示。

customer_id	title	first_name	last_name	suffix	email	gender	ip_address	phone	street_address	city	state	postal_code	latitude	longitude	date_added	email_id
bigint	text	text	text	text	text	text	text	text	text	text	text	text	double precision	double precision	timestamp without time zone	bigint
1	[null]	Arlena	Riveles	[null]	arivele...	F	98.36.172.246	[null]	[null]	[null]	[null]	[null]	[null]		2017-04-23 00:00:00	282584
1	[null]	Arlena	Riveles	[null]	arivele...	F	98.36.172.246	[null]	[null]	[null]	[null]	[null]	[null]		2017-04-23 00:00:00	370722
1	[null]	Arlena	Riveles	[null]	arivele...	F	98.36.172.246	[null]	[null]	[null]	[null]	[null]	[null]		2017-04-23 00:00:00	323983
2	Dr	Ode	Stovin	[null]	ostovin...	M	16.97.59.186	314-534...	2573 Fordem Par...	Saint...	MO	63116	38.5814	-90.2625	2014-10-02 00:00:00	323984
2	Dr	Ode	Stovin	[null]	ostovin...	M	16.97.59.186	314-534...	2573 Fordem Par...	Saint...	MO	63116	38.5814	-90.2625	2014-10-02 00:00:00	245816
2	Dr	Ode	Stovin	[null]	ostovin...	M	16.97.59.186	314-534...	2573 Fordem Par...	Saint...	MO	63116	38.5814	-90.2625	2014-10-02 00:00:00	144183
2	Dr	Ode	Stovin	[null]	ostovin...	M	16.97.59.186	314-534...	2573 Fordem Par...	Saint...	MO	63116	38.5814	-90.2625	2014-10-02 00:00:00	370723
2	Dr	Ode	Stovin	[null]	ostovin...	M	16.97.59.186	314-534...	2573 Fordem Par...	Saint...	MO	63116	38.5814	-90.2625	2014-10-02 00:00:00	282585
2	Dr	Ode	Stovin	[null]	ostovin...	M	16.97.59.186	314-534...	2573 Fordem Par...	Saint...	MO	63116	38.5814	-90.2625	2014-10-02 00:00:00	117146
2	Dr	Ode	Stovin	[null]	ostovin...	M	16.97.59.186	314-534...	2573 Fordem Par...	Saint...	MO	63116	38.5814	-90.2625	2014-10-02 00:00:00	209804
2	Dr	Ode	Stovin	[null]	ostovin...	M	16.97.59.186	314-534...	2573 Fordem Par...	Saint...	MO	63116	38.5814	-90.2625	2014-10-02 00:00:00	174737
2	Dr	Ode	Stovin	[null]	ostovin...	M	16.97.59.186	314-534...	2573 Fordem Par...	Saint...	MO	63116	38.5814	-90.2625	2014-10-02 00:00:00	91913
3	[null]	Braden	Jordan	[null]	bjorda...	M	192.86.248.59	[null]	5651 Kennedy Park	Pens...	FL	32590	30.6143	-87.2758	2018-10-27 00:00:00	323985

图 2.8　customers 表和 emails 表的左外连接结果

在该查询的输出中，你应该能看到 customers 表中的条目存在。但是，对于某些行，例如 customers 表的行 27，属于 emails 表的列全部填充了 NULL 值。这样的结果解释了外连接与内连接的不同之处。如果使用内连接，则 customer_id 列就不会为空。

当然，这个查询仍然很有用，因为现在可以使用它来查找从未收到电子邮件的人。因为那些从未收到电子邮件的客户在 emails 表中有一个空的 customer_id 列，我们可以通过检查 emails 表中的 customer_id 列找到所有这些客户，示例如下：

```
SELECT
    c.customer_id,
    c.title,
    c.first_name,
    c.last_name,
    c.suffix,
    c.email,
    c.gender,
    c.ip_address,
    c.phone,
    c.street_address,
    c.city,
```

```
        c.state,
        c.postal_code,
        c.latitude,
        c.longitude,
        c.date_added,
        e.email_id,
        e.email_subject,
        e.opened,
        e.clicked,
        e.bounced,
        e.sent_date,
        e.opened_date,
        e.clicked_date
FROM
    customers c
LEFT OUTER JOIN
    emails e ON c.customer_id = e.customer_id
WHERE
    e.customer_id IS NULL
ORDER BY
    c.customer_id
LIMIT
    1000;
```

该查询的输出如图 2.9 所示。

customer_id bigint	title text	first_name text	last_name text	suffix text	email text	gender text	ip_address text	phone text	street_address text	city text	state text	postal_code text	latitude double preci	longitude double prec	date_added timestamp without time zone	email_id bigint	customer_id bigint	email text
27	[null]	Anson	Fellibrand	[null]	afellibr...	M	64.80.85.50	203-107...	65 Shelley Road	New ...	CT	06505	41.3057	-72.7799	2019-04-07 00:00:00	[null]	[null]	[null]
32	[null]	Hamnet	Purselowe	[null]	hpurse...	M	225.215.209...	239-462...	5 Johnson Way	Napl...	FL	34102	26.134	-81.7953	2019-02-07 00:00:00	[null]	[null]	[null]
70	[null]	Caty	Woolveridge	[null]	cwoolv...	F	104.21.118.34	757-238...	[null]	[null]	[null]	[null]	[null]	[null]	2019-04-09 00:00:00	[null]	[null]	[null]
77	[null]	Donal	Lattey	[null]	dlattey...	M	5.31.114.103	304-575...	48889 Laurel Pass	Charl...	WV	25326	38.2968	-81.5547	2019-05-25 00:00:00	[null]	[null]	[null]
112	[null]	Harcourt	Cripps	[null]	hcripp...	M	219.20.188.2...	951-922...	9 Hoard Place	San ...	CA	92410	34.1069	-117.2975	2019-02-21 00:00:00	[null]	[null]	[null]
113	[null]	Giffy	Bennington	Jr	gbenni...	M	181.117.182...	202-767...	7861 Michigan Po...	Was...	DC	20231	38.8933	-77.0146	2019-02-13 00:00:00	[null]	[null]	[null]
125	[null]	Bernard	Jirka	[null]	bjirka3...	M	124.68.237.8	112 Lunder Hill	Pitts...	PA	15215	40.5048	-79.9138	2019-03-17 00:00:00	[null]	[null]	[null]
192	[null]	Selina	Hearl	[null]	shearl...	F	174.136.106...	585-208...	842 Moulton Court	Roch...	NY	14646	43.286	-77.6843	2019-04-09 00:00:00	[null]	[null]	[null]
199	[null]	Mercy	Martschik	[null]	mmart...	F	63.73.23.98	352-750...	66667 Stone Corn...	Broo...	FL	34605	28.5059	-82.4226	2019-04-01 00:00:00	[null]	[null]	[null]
212	[null]	Norma	Goldis	[null]	ngoldi...	F	90.182.242.61	215-737...	4865 Sauthoff Cir...	Phila...	PA	19125	39.9788	-75.1262	2019-03-26 00:00:00	[null]	[null]	[null]

图 2.9　未收到过电子邮件的客户

可以看到，emails 表的 customer_id 列中所有条目都是空的，表示他们没有收到过任何电子邮件。我们可以通过简单地从这个连接操作中获取电子邮件来筛选出所有未收到过电子邮件的客户。

2. 右外连接

右外连接（right outer join）与左外连接非常相似，区别在于，现在右表（第二个列出的表）将显示每一行，如果 JOIN 条件未被满足，则现在左表将包含 NULL 值。

为了说明这一点，可使用以下查询将 emails 表右外连接到 customers 表，以此"翻转"上面的查询：

```
SELECT c.customer_id,
    c.title,
    c.first_name,
    c.last_name,
    c.suffix,
    c.email,
    c.gender,
    c.ip_address,
    c.phone,
    c.street_address,
    c.city,
    c.state,
    c.postal_code,
    c.latitude,
    c.longitude,
    c.date_added,
    e.email_id,
    e.email_subject,
    e.opened,
    e.clicked,
    e.bounced,
    e.sent_date,
    e.opened_date,
    e.clicked_date
FROM
  emails e
RIGHT OUTER JOIN
  customers c ON e.customer_id=c.customer_id
ORDER BY
  c.customer_id
LIMIT
  1000;
```

运行此查询时，将获得如图 2.10 所示的结果。

可以看到，这个输出类似于图 2.8 中的输出，只不过 emails 表中的数据现在是在左侧，而 customers 表中的数据现在位于右侧。同样，customer_id 为 27 的客户的电子邮件列的值为 NULL。这显示了右外连接和左外连接之间的对称性。

email_id bigint	customer_id bigint	email_subject text	opened text	clicked text	bounced text	sent_date timestamp without time zone	opened_date timestamp without time zone	clicked_date timestamp without time zone	customer_id bigint	title text	first_name text	last_name text	suffix text
282584	1	Black Friday. Gre...	t	f	f	2017-11-24 15:00:00	2017-11-26 01:12:32	[null]	1	[null]	Arlena	Riveles	[null]
370722	1	A New Year, And ...	f	f	f	2019-01-07 15:00:00	[null]	[null]	1	[null]	Arlena	Riveles	[null]
323983	1	Save the Planet ...	f	f	f	2018-11-23 15:00:00	[null]	[null]	1	[null]	Arlena	Riveles	[null]
323984	2	Save the Planet ...	f	f	f	2018-11-23 15:00:00	[null]	[null]	2	Dr	Ode	Stovin	[null]
245816	2	We Really Outdid...	t	f	f	2017-01-15 15:00:00	2017-01-16 09:23:16	[null]	2	Dr	Ode	Stovin	[null]
144183	2	'Tis' the Season f...	f	f	f	2015-11-26 15:00:00	[null]	[null]	2	Dr	Ode	Stovin	[null]
370723	2	A New Year, And ...	f	f	f	2019-01-07 15:00:00	[null]	[null]	2	Dr	Ode	Stovin	[null]
282585	2	Black Friday. Gre...	f	f	f	2017-11-24 15:00:00	[null]	[null]	2	Dr	Ode	Stovin	[null]
117146	2	An Electric Car f...	f	f	f	2015-04-01 15:00:00	[null]	[null]	2	Dr	Ode	Stovin	[null]
209804	2	25% off all EVs. I...	f	f	f	2016-11-25 15:00:00	[null]	[null]	2	Dr	Ode	Stovin	[null]
174737	2	Like a Bat out of ...	f	f	f	2016-09-21 15:00:00	[null]	[null]	2	Dr	Ode	Stovin	[null]
91913	2	Zoom Zoom Bla...	f	f	f	2014-11-28 15:00:00	[null]	[null]	2	Dr	Ode	Stovin	[null]
323985	3	Save the Planet ...	f	f	f	2018-11-23 15:00:00	[null]	[null]	3	[null]	Braden	Jordan	[null]
370724	3	A New Year, And ...	f	f	f	2019-01-07 15:00:00	[null]	[null]	3	[null]	Braden	Jordan	[null]
323986	4	Save the Planet ...	f	f	f	2018-11-23 15:00:00	[null]	[null]	4	[null]	Jessika	Nussen	[null]
282586	4	Black Friday. Gre...	f	f	f	2017-11-24 15:00:00	[null]	[null]	4	[null]	Jessika	Nussen	[null]
370725	4	A New Year, And ...	f	f	f	2019-01-07 15:00:00	[null]	[null]	4	[null]	Jessika	Nussen	[null]
323987	5	Save the Planet ...	t	f	f	2018-11-23 15:00:00	2018-11-25 04:31:57	[null]	5	[null]	Lonnie	Rembaud	[null]
174738	5	Like a Bat out of ...	t	f	f	2016-09-21 15:00:00	2016-09-22 10:12:21	[null]	5	[null]	Lonnie	Rembaud	[null]

图 2.10　将 emails 表右外连接到 customers 表

3. 全外连接

全外连接（full outer join）将返回左右表中的所有行，无论连接谓词是否匹配。对于满足连接谓词的行，将两行组合在一个组中；对于不满足的行，该行将填充 NULL。

使用 FULL OUTER JOIN 子句即可调用全外连接，后跟连接谓词。其语法如下：

```
SELECT
  *
FROM
  emails e
FULL OUTER JOIN
  customers c
  ON e.customer_id=c.customer_id;
```

该代码的输出如图 2.11 所示。

email_id bigint	customer_id bigint	email_subject text	opened text	clicked text	bounced text	sent_date timestamp without time zone	opened_date timestamp without time zone	clicked_date timestamp without time zone	customer_id bigint
1	18	Introducing A Li...	f	f	f	2011-01-03 15:00:00	[null]	[null]	18
2	30	Introducing A Li...	f	f	f	2011-01-03 15:00:00	[null]	[null]	30
4	52	Introducing A Li...	f	f	f	2011-01-03 15:00:00	[null]	[null]	52
9	103	Introducing A Li...	f	f	f	2011-01-03 15:00:00	[null]	[null]	103
14	137	Introducing A Li...	f	f	f	2011-01-03 15:00:00	[null]	[null]	137
20	215	Introducing A Li...	f	f	f	2011-01-03 15:00:00	[null]	[null]	215
25	311	Introducing A Li...	f	f	f	2011-01-03 15:00:00	[null]	[null]	311
26	315	Introducing A Li...	f	f	f	2011-01-03 15:00:00	[null]	[null]	315
27	338	Introducing A Li...	t	f	f	2011-01-03 15:00:00	2011-01-04 21:59:51	[null]	338
32	380	Introducing A Li...	f	f	f	2011-01-03 15:00:00	[null]	[null]	380
37	422	Introducing A Li...	f	f	f	2011-01-03 15:00:00	[null]	[null]	422
49	596	Introducing A Li...	t	f	f	2011-01-03 15:00:00	2011-01-04 23:29:26	[null]	596
56	673	Introducing A Li...	t	t	f	2011-01-03 15:00:00	2011-01-04 12:03:22	2011-01-04 12:06:54	673

图 2.11　将 emails 表全外连接到 customers 表

以上介绍了 3 种不同的外连接,接下来我们将介绍交叉连接。

2.2.5　交叉连接

交叉连接也称为笛卡尔积(Cartesian product),它将返回左表和右表中所有可能的行组合。可以使用 CROSS JOIN 子句调用它,后跟另一个表的名称。

以 products 表为例,假设我们想知道可以从一组给定的产品(如 products 表中的产品)中创建的两种产品的可能组合,以便创建 2 个月的随赠品用于营销目的。我们可以使用交叉连接来获得该问题的答案:

```
SELECT
  p.product_id, p.model,
  c.city, c.number_of_customers
FROM
  products p1
CROSS JOIN
  products p2;
```

此查询的输出如图 2.12 所示。

product_id bigint	model text	product_id bigint	model text
1	Lemon	1	Lemon
1	Lemon	2	Lemon Li...
1	Lemon	3	Lemon
1	Lemon	4	Model Chi
1	Lemon	5	Blade
1	Lemon	6	Model Sig...
1	Lemon	7	Bat
1	Lemon	8	Bat Limite...
1	Lemon	9	Model Ep...
1	Lemon	10	Model Ga...
1	Lemon	11	Model Chi
1	Lemon	12	Lemon Ze...
2	Lemon ...	1	Lemon

图 2.12　products 表与自身的交叉连接

可以看到,在这个特殊示例中,我们已将一个表中每个字段的每个值连接到另一个表中每个字段的每个值。查询结果有 240 行,相当于将 12 个产品乘以前 20 个城市(12×20)。

还可以看到的是，本示例不需要连接谓词；事实上，交叉连接可以被认为是一个没有连接条件的外连接。

一般来说，交叉连接在实践中较少使用，因为它非常危险。将两个大表交叉连接在一起时可能会产生数千亿行数据，从而可能导致数据库停止和崩溃，因此使用它时要小心。

ℹ️ **注意:**

要了解有关 JOIN 操作的更多信息，可参阅以下 PostgreSQL 文档:

https://www.postgresql.org/docs/9.1/queries-table-expressions.html

在了解了使用 JOIN 将表组合在一起的基础知识之后，接下来，我们将讨论在数据集中将查询连接在一起的方法。

2.2.6　练习 2.01：使用 JOIN 进行分析

本练习将使用 JOIN 将相关的表放在一起。

假如你所在公司的销售主管想要一份所有购买汽车的客户的名单，为此我们需要创建一个查询，以返回购买汽车的所有客户 ID、名字、姓氏和有效电话号码。

ℹ️ **注意:**

本书所有练习都将使用 pgAdmin 4 软件。

本章中练习和作业的所有代码文件可在以下网址找到:

https://packt.live/3hf91Ch

要解决此问题，请执行以下步骤。

（1）打开你喜欢的 SQL 客户端，连接到 sqlda 数据库。

（2）使用内连接将 sales 表和 customers 表组合在一起，这将返回以下数据: customer_id（客户 ID）、first_name（名字）、last_name（姓氏）和有效的 phone（电话号码）:

```
SELECT
  c.customer_id, c.first_name,
  c.last_name, c.phone
FROM
  sales s
INNER JOIN
```

```
  customers c ON c.customer_id=s.customer_id
INNER JOIN
  products p ON p.product_id=s.product_id
WHERE
  p.product_type='automobile'
  AND c.phone IS NOT NULL;
```

上述代码的输出如图 2.13 所示。

customer_id bigint	first_name text	last_name text	phone text
35824	Wyatan	Dickie	405-786...
13206	Stace	Tuison	810-769...
2958	Kirstyn	Draysay	208-534...
32636	Kile	Fishlee	937-207...
26730	Raina	Titterell	304-871...
23832	Harrietta	Leverette	803-298...
35844	Maura	Clyne	904-169...
43229	Field	Lopes	757-409...
6038	Carey	Swadling	727-426...

图 2.13　购买过汽车的客户

可以看到，在运行上述查询之后，即可连接 sales 表和 customers 表中的数据，获得已购买汽车的客户列表。

🛈 注意：

要获得本小节的源代码，可访问以下网址：

https://packt.live/2XTzNbr

本练习表明，使用 JOIN 连接可轻松有效地汇集相关数据。

2.2.7　子查询

到目前为止，我们一直在从表中提取数据。但是，你可能已经观察到，所有 SELECT 查询都会生成表作为输出。知道了这一点，你可能想知道：是否有某种方法可以使用由 SELECT 查询生成的表，而不是引用数据库中的现有表？答案是肯定的。你可以简单地获取一个查询，将其插入一对括号之间，然后给它一个别名。

例如，如果我们想查找在加利福尼亚经销商处工作的所有销售人员并获得与图 2.4 相同的结果，则可以使用以下方法编写查询：

```
SELECT
  *
FROM
  salespeople
INNER JOIN (
  SELECT
    *
  FROM
    dealerships
  WHERE
    dealerships.state = 'CA'
  ) d
ON d.dealership_id = salespeople.dealership_id
ORDER BY
  1;
```

在上述代码中，我们没有连接两个表并过滤 state（州）等于'CA'（表示加利福尼亚）的行，而是首先找到 dealerships 表 state 等于'CA'的行，然后将该查询中的行内连接到 salespeople 表。

如果查询只有一列，则可以在 WHERE 子句中使用带有 IN 关键字的子查询。例如，使用加利福尼亚州的经销商 ID 从 salespeople 表中提取详细信息的另一种方法如下：

```
SELECT
  *
FROM
  salespeople
WHERE dealership_id IN (
  SELECT dealership_id FROM dealerships
  WHERE dealerships.state = 'CA'
  )
ORDER BY
  1;
```

从这些示例可以看到，使用多种技术编写相同的查询非常容易。

接下来，我们将讨论 UNION 操作。

2.2.8 UNION

目前为止，我们讨论的都是如何水平连接数据。也就是说，通过 JOIN 操作，可以有效地水平添加新列。但是，分析人员也可能需要将多个查询垂直放在一起，即保持相同数量的列但添加多行。可以通过一个示例来演示该操作。

　　假设你想使用 Google 地图可视化经销商和客户的地址。为此，你首先需要获取客户和经销商的地址。你可以构建一个包含所有 customers 和 dealerships 地址的查询，如下所示：

```
SELECT
   street_address, city, state, postal_code
FROM
   customers
WHERE
   street_address IS NOT NULL;
```

还可以使用以下查询检索经销商地址：

```
SELECT
   street_address, city, state, postal_code
FROM
   dealerships
WHERE
   street_address IS NOT NULL;
```

　　当然，如果可以将两个查询组合成包含一个查询的列表，那就更好了。这是 UNION 关键字发挥作用的地方。使用上述两个查询，我们可以创建以下查询：

```
(
SELECT
   street_address, city, state, postal_code
FROM
   customers
WHERE
   street_address IS NOT NULL
)
UNION
(
SELECT
   street_address, city, state, postal_code
FROM
   dealerships
WHERE
   street_address IS NOT NULL
)
ORDER BY
   1;
```

这会产生如图 2.14 所示的输出。

street_address text	city text	state text	postal_code text
00003 Continenta...	Suff...	VA	23436
00003 Sullivan Ro...	Des ...	IA	50981
00006 Birchwood ...	Lake...	FL	33805
00006 Roth Plaza	Fort ...	AR	72916
00006 Vidon Place	Dallas	TX	75358
00027 Judy Place	Hou...	TX	77293
00031 Redwing D...	Minn...	MN	55446
0003 Novick Trail	Mont...	VT	05609
0004 Northport Al...	Boise	ID	83705
0004 Superior Alley	New ...	NJ	08922
0005 Eagle Crest ...	Ralei...	NC	27626

图 2.14　地址 UNION 操作结果

使用 UNION 有以下注意事项。

首先，UNION 要求子查询具有相同名称的列和相同的列数据类型。如果没有，则查询不会运行。

其次，从技术上讲，UNION 可能不会从其子查询中返回所有行。这是因为在默认情况下，UNION 会删除输出中的所有重复行。因此，如果要保留重复的行，则最好使用 UNION ALL 关键字。

在接下来的练习中，我们将实现 UNION 操作。

2.2.9　练习 2.02：使用 UNION 生成来宾名单

本练习将使用 UNION 组合两个查询。

为了帮助打开新 Model Chi 的市场，营销团队想为 ZoomZoom 在加利福尼亚州洛杉矶市的一些比较富有的客户举办派对。为了举办该派对，他们希望你帮助制作一份来宾名单，其中包含居住在加利福尼亚州洛杉矶市的 ZoomZoom 客户，以及在加利福尼亚州洛杉矶市的 ZoomZoom 经销商处工作的销售人员。来宾名单应该包括名字和姓氏等信息，并区分来宾是公司客户还是员工。

要解决此问题，请执行以下操作。

（1）打开你喜欢的 SQL 客户端，连接到 sqlda 数据库。

（2）编写一个查询，列出居住在加利福尼亚州洛杉矶市的 ZoomZoom 客户和公司员工。来宾名单应包含 first_name（名字）和 last_name（姓氏），并区分他们是 Customer（客户）还是 Employee（员工）：

```
(
SELECT
  first_name, last_name, 'Customer' as guest_type
FROM
  customers
WHERE
  city='Los Angeles'
  AND state='CA'
)
UNION
(
SELECT
  first_name, last_name,
  'Employee' as guest_type
FROM
  salespeople s
INNER JOIN
  dealerships d ON d.dealership_id=s.dealership_id
WHERE
  d.city='Los Angeles'
  AND d.state='CA'
)
```

其输出如图 2.15 所示。

在运行上述 UNION 查询后，即可看到来自加利福尼亚州洛杉矶市的客户和员工的来宾列表。

ℹ️ **注意：**

要获得本小节的源代码，可访问以下网址：

https://packt.live/3ffQq79

接下来，我们将学习公用表表达式。

first_name text	last_name text	guest_type text
Euell	MacWhirter	Customer
Martainn	Tordoff	Customer
Truman	Cutmore	Customer
Asher	Drogan	Customer
Kelley	Christley	Customer
Megan	McCourtie	Customer
Free	Errol	Customer
Dick	Steward	Customer
Bing	Connal	Customer
Rea	Arnason	Customer
Powell	Sendley	Customer
Alastair	Blacklawe	Customer
Ada	Beeze	Customer
Orran	Worrall	Customer
Hyman	Gabbitus	Customer
Brandise	Yude	Customer
Barron	Dawney	Customer
Bob	Adamolli	Customer
Carroll	Pudan	Employee
Abbott	Poupard	Customer

图 2.15　加利福尼亚州洛杉矶市的客户和员工来宾名单

2.2.10　公用表表达式

公用表表达式（common table expression，CTE）在某种意义上只是子查询的不同版本。公用表表达式使用 WITH 子句建立临时表。为了更好地理解该子句，不妨来看一下之前用于查找加利福尼亚销售人员的查询：

```
SELECT
  *
FROM
  salespeople
INNER JOIN (
  SELECT
    *
  FROM
    dealerships
```

```
WHERE
   dealerships.state = 'CA'
) d
ON d.dealership_id = salespeople.dealership_id
ORDER BY
   1;
```

这也可以使用公用表表达式来编写，如下所示：

```
WITH d as (
  SELECT
     *
  FROM
    dealerships
  WHERE
    dealerships.state = 'CA'
  )
SELECT
  *
FROM
  salespeople
INNER JOIN
  d ON d.dealership_id = salespeople.dealership_id
ORDER BY
  1;
```

公用表表达式的一个优点是它们是递归的。递归公用表表达式（recursive common table expression）可以引用自身。由于这个特性，我们可以使用它们来解决其他查询无法解决的问题。当然，有关递归公用表表达式的内容超出了本书的讨论范围。

在掌握了将数据连接在一起的多种方法之后，接下来，让我们看看如何从这些输出结果中转换数据。

2.3 转 换 数 据

通常而言，查询输出中呈现的原始数据可能并不是分析人员想要的形式，因此，可能需要进行删除值、替换值或将值映射到其他值等处理。为了完成这些任务，SQL 提供了各种各样的语句和函数。函数的作用是接收输入（如列或标量值）并将这些输入更改为某种形式的输出。本节将讨论一些非常有用的数据清洗函数。

2.3.1　CASE WHEN 函数

CASE　WHEN 是一个允许查询将列中的各种值映射到其他值的函数。CASE　WHEN 语句的一般格式如下：

```
CASE WHEN condition1 THEN value1
WHEN condition2 THEN value2
…
WHEN conditionX THEN valueX
ELSE else_value END;
```

其中，condition1,condition2, ... ,conditionX 都是布尔条件；value1,value2, ... ,valueX 都是映射布尔条件的值；else_value 是在不满足任何布尔条件时映射的值。

对于每一行，程序将从 CASE WHEN 语句的顶部开始评估第一个布尔条件，然后程序从第一个布尔条件开始运行。如果语句开头的第一个条件为 true，则该语句将返回与该条件关联的值。如果没有任何语句评估为 true，则将返回与 ELSE 语句关联的值。

例如，假设你想从 customers 表中返回客户的所有行，另外，你还想添加一列，如果客户的地址在邮政编码 33111 区域中，则将其标记为 Elite Customer（精英客户）类型；如果客户的地址在邮政编码 33124 区域中，则将其标记为 Premium Customer（高级客户）类型；否则，将客户标记为 Standard　Customer（标准客户）类型。此列的标题为 customer_type。可以使用 CASE WHEN 语句创建此表，如下所示：

```
SELECT
    *,
    CASE WHEN postal_code='33111' THEN 'Elite Customer'
    WHEN postal_code='33124' THEN 'Premium Customer'
    ELSE 'Standard Customer' END
  AS customer_type
FROM customers;
```

此查询将产生如图 2.16 所示的输出。

customer_id bigint	title text	first_name text	last_name text	suffix text	email text	gender text	ip_address text	phone text	street_address text	city text	state text	postal_code text	latitude double precision	longitude double precision	date_added timestamp without time zone	customer_type text
1	[null]	Arlena	Riveles	[null]	arivele...	F	98.36.172.246	[null]	[null]			[null]		[null]	2017-04-23 00:00:00	Standard Customer
2	Dr	Ode	Stovin	[null]	ostovin...	M	16.97.59.186	314-534...	2573 Fordem Par...	Saint...	MO	63116	38.5814	-90.2625	2014-10-02 00:00:00	Standard Customer
3	[null]	Braden	Jordan	[null]	bjorda...	M	192.86.248.59	[null]	5651 Kennedy Park	Pens...	FL	32590	30.6143	-87.2758	2018-10-27 00:00:00	Standard Customer
4	[null]	Jessika	Nussen	[null]	jnusse...	F	159.165.138...	615-824...	224 Village Circle	Nash...	TN	37215	36.0986	-86.8219	2017-09-03 00:00:00	Standard Customer
5	[null]	Lonnie	Rembaud	[null]	lremba...	F	18.131.58.65	786-499...	38 Lindbergh Way	Miami	FL	33124	25.5584	-80.4582	2014-03-06 00:00:00	Premium Customer
6	[null]	Cortie	Locksley	[null]	clocksl...	M	140.194.59.82	[null]	6537 Delladonna...	Miami	FL	33158	25.5364	-80.3187	2013-03-31 00:00:00	Standard Customer
7	[null]	Wood	Kennham	[null]	wkenn...	M	191.190.135...	407-552...	001 Onsgard Park	Orla...	FL	32891	28.5663	-81.2608	2011-08-25 00:00:00	Standard Customer
8	[null]	Rutger	Humblestone	[null]	rhumbl...	M	77.10.235.191	203-551...	21376 Esker Center	New ...	CT	06510	41.3087	-72.9271	2013-12-15 00:00:00	Standard Customer
9	[null]	Melantha	Tibb	[null]	mtibb8...	F	155.176.37.1...	913-590...	05915 Havey Hill	Sha...	KS	66225	38.8999	-94.832	2016-02-11 00:00:00	Standard Customer
10	Ms	Barbara-anne	Gowlett	Jr	bgowle...	F	67.110.52.119	915-714...	9 Kim Point	El Pa...	TX	79940	31.6948	-106.3	2012-06-28 00:00:00	Standard Customer

图 2.16　客户类型查询

可以看到，现在我们有一个名为 customer_type 的列，指示用户的客户类型。CASE WHEN 语句有效地将邮政编码映射到描述客户类型的字符串。使用 CASE WHEN 语句，你可以按你喜欢的任何方式映射值。

2.3.2 练习 2.03：使用 CASE WHEN 函数获取区域列表

本练习的目的是创建一个查询，将列中的各种值映射到其他值。

销售主管有一个想法，即尝试组建专门的区域销售团队，以便能够向特定地区的客户销售小型摩托车，而不使用普通销售团队。

为了使他的想法成为现实，他想要一个映射到区域的所有客户的列表。对于来自 MA（马萨诸塞州）、NH（新罕布什尔州）、VT（佛蒙特州）、ME（缅因州）、CT（康涅狄格州）或 RI（罗得岛州）的客户，他希望将其标记为 New England（新英格兰）。对于来自 GA（佐治亚州）、FL（佛罗里达州）、MS（密西西比州）、AL（阿拉巴马州）、LA（路易斯安那州）、KY（肯塔基州）、VA（弗吉尼亚州）、NC（北卡罗来纳州）、SC（南卡罗来纳州）、TN（田纳西州）、VI（美属维尔京群岛）、WV（西弗吉尼亚州）或 AR（阿肯色州）的客户，他希望将其标记为 Southeast（东南）。对于来自其他州的客户则标记为 Other（其他）。

要完成此练习，请执行以下步骤。

（1）打开你喜欢的 SQL 客户端，连接到 sqlda 数据库。

（2）创建一个查询，生成一个 customer_id 列和一个名为 region 的列，并且按以下方案对各州进行分类：

```
SELECT
  c.customer_id,
    CASE WHEN c.state in (
      'MA', 'NH', 'VT', 'ME',
      'CT', 'RI')
    THEN 'New England'
    WHEN c.state in (
      'GA', 'FL', 'MS',
      'AL', 'LA', 'KY', 'VA',
      'NC', 'SC', 'TN', 'VI',
      'WV', 'AR')
    THEN 'Southeast'
    ELSE 'Other' END as region
FROM
  customers c
```

```
ORDER BY
    1;
```

此查询将根据各州是否处于该行所列出的 CASE WHEN 条件中而将各州映射到区域之一。你可以得到如图 2.17 所示的输出。

customer_id bigint	region text
1	Other
2	Other
3	Southe…
4	Southe…
5	Southe…
6	Southe…
7	Southe…
8	New En…
9	Other
10	Other

图 2.17　区域查询输出

在上面的输出中，对于每个客户，已根据客户所在的州映射了一个区域。

ℹ️ 注意：

要获得本小节的源代码，可访问以下网址：

https://packt.live/3dW1ciN

在本练习中，我们学习了使用 CASE WHEN 函数将列中的各种值映射到其他值。接下来，我们将讨论一个有用的函数 COALESCE，它将帮助我们替换 NULL 值。

2.3.3　COALESCE 函数

另一种有用的技术是用标准值替换 NULL 值。这可以通过 COALESCE 函数轻松完成。COALESCE 允许你列出任意数量的列和标量值，如果列表中的第一个值为 NULL，那么它将尝试用第二个值进行填充。COALESCE 函数将继续沿着值列表向下移动，直至它遇到一个非 NULL 值。如果 COALESCE 函数中的所有值都是 NULL，则该函数返回 NULL。

为了演示 COALESCE 函数的简单用法，让我们回到 customers 表。有些记录中没有填充 phone（电话）字段的值，如图 2.18 所示。

假设营销团队想要一份包括所有男性客户的名字、姓氏和电话号码的列表。但是，对于那些没有电话号码的客户，他们希望表格改为写入 NO PHONE（无电话）的值。我们可以使用 COALESCE 完成这个请求：

```
SELECT
  first_name, last_name,
  COALESCE(phone, 'NO PHONE') as phone
FROM
  customers
ORDER BY
  1;
```

该查询将产生如图 2.19 所示的结果。

first_name text	last_name text	phone text
Aaren	Norrey	NO PHONE
Aaren	Sadat	504-559-3464
Aaren	Whelpdale	607-761-2568
Aaren	Lamlin	414-937-4628
Aaren	Deeman	NO PHONE
Aarika	Guerin	501-121-5841
Aarika	Danaher	904-175-3112
Aarika	Chadwell	915-856-7492
Aarika	Emmanuel	NO PHONE
Aarika	Mawhinney	205-355-4381

图 2.18　COALESCE 查询（1）

first_name text	last_name text	phone text
Aaren	Norrey	NO PHONE
Aaren	Sadat	504-559-3464
Aaren	Whelpdale	607-761-2568
Aaren	Lamlin	414-937-4628
Aaren	Deeman	NO PHONE
Aarika	Guerin	501-121-5841
Aarika	Danaher	904-175-3112
Aarika	Chadwell	915-856-7492
Aarika	Emmanuel	NO PHONE
Aarika	Mawhinney	205-355-4381

图 2.19　COALESCE 查询（2）

在要创建默认值和避免填充 NULL 时，COALESCE 函数很有用。

2.3.4　NULLIF 函数

从某种意义上说，NULLIF 是 COALESCE 的反面。NULLIF 是一个双值函数，如果第一个值等于第二个值，则返回 NULL。

例如，假设营销部门创建了一个新的直投邮件广告并发送给客户。这个新广告有一个奇怪的地方：它不能接受称呼超过 3 个字母的人（Mr、Dr、Mrs 等都没有超过 3 个字母）。但是，某些记录的称呼可能会超过 3 个字母。如果系统不能接受它们，则应该在检索结果期间将其删除。

在我们的数据库中，唯一超过 3 个字母的已知称呼是 Honorable（尊敬的）。

因此，他们希望你创建一个邮件列表，其中仅包含所有具有有效街道地址的行，并将所有 Honorable 称呼替换为 NULL。这可以通过以下查询来完成：

```
SELECT customer_id,
       NULLIF(title, 'Honorable') as title,
       first_name,
       last_name,
       suffix,
       email,
       gender,
       ip_address,
       phone,
       street_address,
       city,
       state,
       postal_code,
       latitude,
       longitude,
       date_added
FROM
  customers c
ORDER BY
  1;
```

这将从 title（称呼）列中删除所有提及 Honorable 的内容，如图 2.20 所示。

	customer_id bigint	title text	first_name text	last_name text	suffix text	email text	gender text	ip_address text	phone text	street_address text
1	1	[null]	Arlena	Riveles	[null]	ariveles0...		98.36.172.246	[null]	[null]
2	2	Dr	Ode	Stovin	[null]	ostovin1...	M	16.97.59.186	314-534-4...	2573 Fordem Parkw...
3	3	[null]	Braden	Jordan	[null]	bjordan2...	M	192.86.248.59	[null]	5651 Kennedy Park
4	4	[null]	Jessika	Nussen	[null]	jnussen3...	F	159.165.138.166	615-824-2...	224 Village Circle
5	5	[null]	Lonnie	Rembaud	[null]	lrembaud...	F	18.131.58.65	786-499-3...	38 Lindbergh Way
6	6	[null]	Cortie	Locksley	[null]	clocksley...	M	140.194.59.82	[null]	6537 Delladonna Dri...
7	7	[null]	Wood	Kennham	[null]	wkennha...	M	191.190.135.172	407-552-6...	001 Onsgard Park
8	8	[null]	Rutger	Humblestone	[null]	rhumbles...	M	77.10.235.191	203-551-6...	21376 Esker Center
9	9	[null]	Melantha	Tibb	[null]	mtibb8@...	F	155.176.37.197	913-590-8...	05915 Havey Hill
10	10	Ms	Barbara-anne	Gowlett	Jr	bgowlett...	F	67.110.62.119	915-714-5...	9 Kim Point
11	11	Mrs	Urbano	Middlehurst	[null]	umiddleh...	M	185.118.6.23	918-339-5...	5203 7th Trail
12	12	Mr	Tyne	Duggan	[null]	tdugganb...	F	13.29.231.228	[null]	[null]
13	13	[null]	Gannon	Braker	[null]	gbrakerc...	M	69.199.173.60	619-666-7...	1 Columbus Drive
14	14	[null]	Derry	Lyburn	[null]	dlyburnd...	M	230.59.185.87	501-457-5...	8507 Garrison Junct...
15	15	[null]	Nichols	Espinay	[null]	nespinay...	M	243.147.74.203	818-658-6...	43 Anthes Road

图 2.20　NULLIF 查询

接下来，我们将讨论 LEAST 和 GREATEST 函数。

2.3.5　LEAST 和 GREATEST 函数

LEAST 和 GREATEST 是数据准备中能够派上用场的两个函数。这两个函数可接受任意数量的值并分别返回最小或最大的值。

例如，如果我们使用带两个参数（如 600 和 900）的 LEAST 函数，则返回值为 600。而对于 GREATEST 函数，则情况正好相反。

它们的参数可以是文字值，也可以是存储在数字字段中的值。

这个变量的简单用途是在值太高或太低时替换它。例如，销售团队可能想要创建一个销售清单，其中每辆小型摩托车的价格不超过 600 美元。这可以使用以下查询来创建：

```sql
SELECT
  product_id, model,
  year, product_type,
  LEAST(600.00, base_msrp) as base_msrp,
  production_start_date,
  production_end_date
FROM
  products
WHERE
  product_type='scooter'
ORDER BY
  1;
```

此查询应产生如图 2.21 所示的输出。

	product_id bigint	model text	year bigint	product_type text	base_msrp numeric	production_start_date timestamp without time zone	production_end_date timestamp without time zone
1	1	Lemon	2010	scooter	399.99	2010-03-03 00:00:00	2012-06-08 00:00:00
2	2	Lemon …	2011	scooter	600.00	2011-01-03 00:00:00	2011-03-30 00:00:00
3	3	Lemon	2013	scooter	499.99	2013-05-01 00:00:00	2018-12-28 00:00:00
4	5	Blade	2014	scooter	600.00	2014-06-23 00:00:00	2015-01-27 00:00:00
5	7	Bat	2016	scooter	599.99	2016-10-10 00:00:00	[null]
6	8	Bat Limi…	2017	scooter	600.00	2017-02-15 00:00:00	[null]
7	12	Lemon …	2019	scooter	349.99	2019-02-04 00:00:00	[null]

图 2.21　更便宜的小型摩托车

2.3.6　转换函数

另一种有用的数据转换方法是更改查询中列的数据类型。其目的是使仅适用于一种数据类型（如文本）的函数也能够应用于其他数据类型（如数字）的列。

要更改列的数据类型，只需使用 column::datatype 格式即可。其中，column 是列名称，datatype 是要更改的列的数据类型。

例如，要将 products 表中的 year（年份）列更改为文本类型，可使用以下查询：

```
SELECT
    product_id, model,
year::TEXT, product_type,
base_msrp, production_start_date,
production_end_date
FROM
    products;
```

此查询将产生如图 2.22 所示的输出。

product_id bigint	model text	year text	product_type text	base_msrp text	production_start_date timestamp without time zone	production_end_date timestamp without time zone
4	Model ...	2014	automobile	115,000.00	2014-06-23 00:00:00	2018-12-28 00:00:00
6	Model S...	2015	automobile	65,500.00	2015-04-15 00:00:00	2018-10-01 00:00:00
9	Model E...	2017	automobile	35,000.00	2017-02-15 00:00:00	[null]
10	Model ...	2017	automobile	85,750.00	2017-02-15 00:00:00	[null]
11	Model ...	2019	automobile	95,000.00	2019-02-04 00:00:00	[null]
12	Lemon ...	2019	scooter	349.99	2019-02-04 00:00:00	[null]
13	Nimbus...	2019	scooter	500.00	2019-03-03 00:00:00	2020-03-03 00:00:00
1	Lemon	2010	scooter	299.99	2010-03-03 00:00:00	2012-06-08 00:00:00
2	Lemon ...	2011	scooter	299.99	2011-01-03 00:00:00	2011-03-30 00:00:00
3	Lemon	2013	scooter	299.99	2013-05-01 00:00:00	2018-12-28 00:00:00
5	Blade	2014	scooter	299.99	2014-06-23 00:00:00	2015-01-27 00:00:00
7	Bat	2016	scooter	299.99	2016-10-10 00:00:00	[null]

图 2.22　作为文本的 year（年份）列

这会将 year（年份）列的数据转换为文本类型，意味着现在可以将文本函数应用于此转换后的列。

值得一提的是，并非每种数据类型都可以转换为特定的数据类型。例如，datetime 类型就不能转换为浮点类型。如果你进行了意外的转换，则 SQL 客户端将抛出错误。

2.3.7　DISTINCT 和 DISTINCT ON 函数

在查看数据集时，分析人员往往会对找出一列或一组列中的唯一值感兴趣，而这正是 DISTINCT 关键字的主要用例。

例如，如果你想知道 products 表中所有具有唯一型号的年份，则可以使用以下查询：

```
SELECT DISTINCT year
FROM products
ORDER BY 1;
```

其输出如图 2.23 所示。

你还可以将它应用于多个列，以获取所有不同列的组合。例如，要查找所有不同的年份以及这些型号年份发布的产品类型，可简单地使用以下命令：

```
SELECT DISTINCT year, product_type
FROM products
ORDER BY 1, 2;
```

其输出如图 2.24 所示。

year bigint
2010
2011
2013
2014
2015
2016
2017
2019

year bigint	product_type text
2010	scooter
2011	scooter
2013	scooter
2014	automobile
2014	scooter
2015	automobile
2016	scooter
2017	automobile
2017	scooter
2019	automobile
2019	scooter

图 2.23　不同型号的年份　　　　图 2.24　不同的车型年份和产品类型

与 DISTINCT 相关的关键字是 DISTINCT ON。DISTINCT ON 允许你确保只返回一行，并且一列或多列在集合中始终是唯一的。

DISTINCT ON 查询的一般语法如下：

```
SELECT DISTINCT ON (distinct_column)
```

```
column_1,
column_2,
…
column_n
FROM table
ORDER BY order_column;
```

其中：

❑　distinct_column 是你希望在查询中区分的列；

❑　column_1, column_2, ⋯ column_n 是你想要在查询中使用的列。

如果有多个列的 distinct_column 具有相同的值，则 order_column 允许你确定 DISTINCT ON 查询返回的第一行。

对于 order_column，第一列应该是 distinct_column。如果未指定 ORDER BY 子句，则将随机决定第一行。

为了帮助理解，现在假设你想要获得一个 salespeople 的唯一销售人员列表，其中每个销售人员都有一个唯一的名字。如果两个销售人员的名字相同，则返回在公司中资历更老的那个（即入职日期更早者）。此查询如下所示：

```
SELECT DISTINCT ON (first_name)
    *
FROM
    salespeople
ORDER BY
    first_name, hire_date;
```

上述查询的返回结果如图 2.25 所示。

salesperson_id bigint	dealership_id bigint	title text	first_name text	last_name text	suffix text	username text	gender text	hire_date timestamp without time zone	termination_date timestamp without time zone
189	17	[null]	Abby	Drewery	[null]	adrewery58	Male	2015-09-01 00:00:00	[null]
137	4	[null]	Abie	Brydell	[null]	abrydell3s	Male	2016-11-04 00:00:00	[null]
27	4	[null]	Ad	Loding	[null]	alodingq	Male	2017-06-27 00:00:00	[null]
63	2	[null]	Adrianne	Otham	[null]	aotham1q	Female	2014-12-20 00:00:00	[null]
272	7	[null]	Afton	Limon	[null]	alimon7j	Female	2014-09-01 00:00:00	[null]
35	17	[null]	Agnella	Linke	[null]	alinkey	Female	2018-10-23 00:00:00	[null]
161	18	[null]	Aile	Dobbing	[null]	adobbing4g	Female	2014-08-14 00:00:00	2016-10-03 00:00:00
136	3	[null]	Alanna	Dufaire	[null]	adufaire3r	Female	2014-06-27 00:00:00	[null]
147	6	[null]	Alaric	Sterrick	[null]	asterrick42	Male	2014-06-17 00:00:00	[null]
221	19	[null]	Alberik	Polglase	[null]	apolglase64	Male	2015-11-19 00:00:00	[null]
139	18	[null]	Alexina	Coatsworth	[null]	acoatswort…	Female	2015-07-27 00:00:00	[null]
100	18	[null]	Alie	Bellfield	[null]	abellfield2r	Female	2017-12-11 00:00:00	[null]
287	7	[null]	Allayne	Billingham	[null]	abillingham7y	Male	2014-08-06 00:00:00	[null]

图 2.25　对于 first_name 的 DISTINCT ON 操作

该表能保证每一行都有一个不同的用户名。如果有多个同名用户，则查询会获取公司最先聘用的员工。例如，如果 salespeople 表中有多个名字为 Abby 的行，则图 2.25 中名字为 Abby 的行（即输出中的第一行）获取的是公司第一个入职的名字叫 Abby 的销售人员。

当有两个名字相同的员工时，查询结果将按 hire_date（雇佣日期）对他们进行排序。例如，当数据库中存在雇佣日期为 2016 年 1 月 10 日和雇佣日期为 2016 年 5 月 17 日的两个员工 Andrey Haack 和 Andrey Kures 时，将首先列出 Andrey Haack，因为他的入职日期更早。

接下来，我们将通过一次作业演示如何使用 SQL 为模型制作数据集。

2.3.8　作业 2.01：使用 SQL 技术构建销售模型

本次作业将使用 SQL 技术清洗和准备数据以进行分析。

数据科学团队希望构建一个新模型来帮助预测哪些客户具有非常好的再营销前景。一位新的数据科学家加入了他们的团队。你有责任帮助新的数据科学家准备和构建用于训练模型的数据集，因此需要编写查询以组合一个数据集。

以下是要执行的步骤。

（1）打开 SQL 客户端，连接数据库。

（2）使用 INNER JOIN 将 customers 表连接到 sales 表。

（3）使用 INNER JOIN 将 products 表连接到 sales 表。

（4）使用 LEFT JOIN 将 dealerships 表连接到 sales 表。

（5）现在，返回 customers 表和 products 表的所有列。

（6）然后，从 sales 表中返回 dealership_id 列。但是，如果 sales 表中 dealership_id 为 NULL，则填充-1。

（7）添加一个名为 high_savings 的列，如果销售额比 base_msrp 不超过 500 美元，则返回 1，否则返回 0。请确保对已连接的表执行查询。

预期输出如图 2.26 所示。

customer_id bigint	title text	first_name text	last_name text	suffix text	email text	gender text	ip_address text	phone text	street_address text	city text	state text	postal_code text	latitude double precision	longitude double precision	date_added timestamp without time zone
1	[null]	Arlena	Riveles	[null]	arivele...	F	98.36.172.246	[null]	[null]	[null]	[null]	[null]	[null]	[null]	2017-04-23 00:00:00
4	[null]	Jessika	Nussen	[null]	jnusse...	F	159.165.138...	615-824...	224 Village Circle	Nash...	TN	37215	36.0986	-86.8219	2017-09-03 00:00:00
5	[null]	Lonnie	Rembaud	[null]	lremba...	F	18.131.58.65	786-499...	38 Lindbergh Way	Miami	FL	33124	25.5584	-80.4582	2014-03-06 00:00:00
6	[null]	Cortie	Locksley	[null]	clocksl...	M	140.194.59.82	[null]	6537 Delladonna...	Miami	FL	33158	25.6364	-80.3187	2013-03-31 00:00:00
7	[null]	Wood	Kennham	[null]	wkenn...	M	191.190.135...	407-552...	001 Onsgard Park	Orla...	FL	32891	28.5663	-81.2608	2011-08-25 00:00:00
7	[null]	Wood	Kennham	[null]	wkenn...	M	191.190.135...	407-552...	001 Onsgard Park	Orla...	FL	32891	28.5663	-81.2608	2011-08-25 00:00:00
7	[null]	Wood	Kennham	[null]	wkenn...	M	191.190.135...	407-552...	001 Onsgard Park	Orla...	FL	32891	28.5663	-81.2608	2011-08-25 00:00:00
11	Mrs	Urbano	Middlehurst	[null]	umiddl...	F	185.118.6.23	918-339...	5203 7th Trail	Tulsa	OK	74156	36.3024	-95.9605	2011-10-22 00:00:00
12	Mr	Tyne	Duggan	[null]	tdugga...	F	13.29.231.228	[null]	[null]	[null]	[null]	[null]	[null]	[null]	2017-10-25 00:00:00

图 2.26　构建销售模型查询

注意：

本次作业的答案见本书附录。

该作业演示了如何使用 SQL 来清洗和组织数据以进行分析。

2.4　小　　结

SQL 为分析人员提供了许多组合和清洗数据的工具。本章详细阐释了如何使用 JOIN 组合多个表，而 UNION 和子查询则允许组合多个查询。

本章还介绍了 SQL 提供的多种函数和关键字，这些函数和关键字允许用户映射新数据、填充缺失数据和删除重复数据。CASE WHEN、COALESCE、NULLIF 和 DISTINCT 等关键字使我们能够快速更改数据。

在掌握了准备数据集的方法之后，下一章我们将学习如何使用聚合和窗口函数开始提取分析见解。

第 3 章　聚合和窗口函数

学习目标

到本章结束，数据分析人员将能够：

❏　理解聚合和窗口函数的概念。

❏　编写 SQL 来执行聚合函数和窗口函数。

❏　使用 HAVING 和 GROUP BY 等关键字。

❏　应用聚合函数和窗口函数来获得对数据的新见解并了解数据集的属性。

3.1　本章主题简介

在本书第 2 章 "SQL 和数据准备" 中，简要讨论了如何使用 SQL 准备数据集，以进行下一步的分析。

在准备好数据之后，接下来，数据科学家和专业分析人员往往会尝试汇总数据，并通过寻找高级模式来理解数据。SQL 主要通过使用聚合函数和窗口函数来帮助完成这项任务。这些函数将多行作为输入，并根据这些输入行返回新信息。

首先，让我们看一下聚合函数。

3.2　聚 合 函 数

分析人员通常对了解整个列或表的属性感兴趣，而不仅仅是查看单个数据行。举个简单的例子，假设你想知道 ZoomZoom 有多少客户，则可以从 customers 表中选择所有数据，然后数一数获取了多少行即可，但这样做会很烦琐而且枯燥乏味。幸运的是，SQL 提供了一些函数，可用于对大量行执行计算。这些函数被称为聚合函数（aggregate function）。

3.2.1　常见聚合函数简介

聚合函数可接受一个或多个包含多行的列作为参数，然后根据这些列返回一个数字。例如，我们可以使用 COUNT 函数来计算 customers 表中的总行数，这样就可以轻松了解 ZoomZoom 客户的总数：

```
SELECT COUNT(customer_id) FROM customers;
```

COUNT 函数将返回列中没有 NULL 值的行数。由于 customer_id 列是主键，不能为 NULL，因此 COUNT 函数将返回表中的行数。在这种情况下，查询将返回以下输出：

```
count
bigint
------
50000
```

在上述示例中，COUNT 函数采用了单个列作为参数并计算它有多少个非 NULL 值。但是，如果每一列都至少有一个 NULL 值，那么就不可能确定有多少行。要获得这种情况下的行数，可以使用带有星号（*）的 COUNT 函数来获得总行数：

```
SELECT
   COUNT(*)
FROM
   customers;
```

此查询也将返回 50000。

假设你对 customers 列表中某一州的数量感兴趣，则可以使用 COUNT（DISTINCT 表达式）查询此答案：

```
SELECT
   COUNT(DISTINCT state)
FROM
   customers;
```

此查询将返回以下输出：

```
count
bigint
------
51
```

图 3.1 提供了 SQL 中使用的主要聚合函数的摘要信息。

函　　　数	解　　　释
COUNT(columnX)	计算 columnX 中包含非空值的行数
COUNT(*)	计算输出的表中的行数
MIN(columnX)	返回 columnX 中的最小值。对于文本列，返回按字母顺序排序出现在最前面的值
MAX(columnX)	返回 columnX 中的最大值
SUM(columnX)	返回 columnX 中所有值的总和
AVG(columnX)	返回 columnX 中所有值的平均值
STDDEV(columnX)	返回 columnX 中所有值的样本标准差
VAR(columnX)	返回 columnX 中所有值的样本方差
REGR_SLOPE(columnX, columnY)	返回 columnX 作为因变量、columnY 作为自变量时线性回归的斜率
REGR_INTERCEPT(columnX, columnY)	返回 columnX 作为因变量、columnY 作为自变量时线性回归的截距
CORR(columnX, columnY)	返回数据中 columnX 和 columnY 之间的皮尔逊相关系数

图 3.1　主要的聚合函数

聚合函数也可以与 WHERE 子句一起使用，以计算特定数据子集的聚合值。例如，如果想知道 ZoomZoom 在加利福尼亚州有多少客户，则可以使用以下查询：

```
SELECT
  COUNT(*)
FROM
  customers
WHERE
  state='CA';
```

这将产生以下输出：

```
count
bigint
------
5038
```

还可以使用聚合函数进行算术运算。例如，在以下查询中，可以将 customers 表中的行数除以 2：

```
SELECT
  COUNT(*)/2
FROM
  customers;
```

此查询将返回 25000。

分析人员还可以按数学方式相互结合使用聚合函数。例如，在以下查询中，可以使用 SUM 和 COUNT 函数"构建"出一个 AVG 函数，而不是直接使用 AVG 函数来计算 ZoomZoom 产品的平均制造商建议零售价（MSRP）：

```
SELECT SUM(base_msrp)::FLOAT/COUNT(*) AS avg_base_msrp
FROM products
```

上述代码的输出结果如下：

```
Avg_base_msrp
Double precision
-----------------
50000
```

ℹ 注意：

我们必须求和的原因是 PostgreSQL 对待整数除法与浮点数的除法不同。例如，在 PostgreSQL 中将 7 除以 2 时，整数除法得到的结果为 3。为了获得更精确的答案（3.5），就必须将其中一个数字转换为浮点数。

接下来，我们将演示如何使用聚合函数执行数据分析。

ℹ 注意：

对于本书中的所有练习，我们将使用 pgAdmin 4 软件。

本书所有练习和作业也可访问以下网址获得：

https://packt.live/2XUYdla

3.2.2　练习 3.01：使用聚合函数分析数据

本练习将使用不同的聚合函数分析和计算产品的价格。

作为公司的一名数据分析人员，你有必要了解一下有关 ZoomZoom 产品价格的一些基本统计数据。现在，你要计算公司曾经销售过的所有产品的最低价格、最高价格、平均价格和价格的标准差。

请执行以下步骤以完成此练习。

（1）打开你喜欢的 SQL 客户端，连接到 sqlda 数据库。

（2）分别使用 MIN、MAX、AVG 和 STDDEV 聚合函数计算 products 表中制造商建议零售价（MSRP）的最低值、最高值、平均值和标准差：

```
SELECT
  MIN(base_msrp), MAX(base_msrp),
  AVG(base_msrp), STDDEV(base_msrp)
FROM products;
```

上述代码将产生如图 3.2 所示的输出。

min numeric	max numeric	avg numeric	stddev numeric
349.99	115000.00	33358.327500000000	44484.40866379

图 3.2　产品价格统计

ℹ️ 注意：

　　与图 3.2 中的输出相比，你的结果可能会有所不同，这是因为你的 PostgreSQL 实例可能被配置为在输出中显示不同数量的小数点。另一个原因可能是数据库中包含的数据在从转储文件（dump file）创建原始数据库时已经被修改。当然，这些微小的差异不影响你对本示例的理解，因为我们的主要目的是演示如何使用聚合函数来分析数据。

　　从前面的输出可以看出，最低价为 349.99 美元，最高价为 115000.00 美元，均价为 33358.32750 美元，价格的标准差约为 44484.408 美元。

ℹ️ 注意：

　　要获得本小节源代码，请访问以下网址：

　　https://packt.live/30GGU8W

　　本练习使用了聚合函数来理解价格的基本统计。接下来，我们将使用带有 GROUP BY 子句的聚合函数。

3.3　使用 GROUP BY 聚合函数

　　到目前为止，我们已经使用聚合函数来计算整个列的统计信息，但是，如果我们仅对表中的较小分组感兴趣，那该怎么办呢？为了说明这一点，让我们仍以 customers 表为例。通过前面的 COUNT 查询，现在我们知道客户总数是 50000。但是，如果我们想要知道每个州有多少客户，又该如何计算呢？

　　可以通过以下查询确定有多少个州：

```
SELECT DISTINCT
```

```
    state
FROM
    customers;
```

不出意外的话，返回的应该是 51 个不同的州。

在获得州的列表之后，可以为每个州运行以下查询：

```
SELECT
    COUNT(*)
FROM
    customers
WHERE
    state='{state}'
```

虽然这样做也没错，但是如果有很多州，那么这项工作会非常乏味并且可能需要很长的时间。GROUP BY 子句为此提供了更有效的解决方案。

3.3.1 GROUP BY 子句

GROUP BY 是一个子句，它可以根据 GROUP BY 子句中指定的某种键将数据集的行分成多个组，然后将聚合函数应用于单个组中的所有行以生成单个数字，最后在 SQL 输出中显示 GROUP BY 键和组的聚合值。图 3.3 说明了这个一般过程。

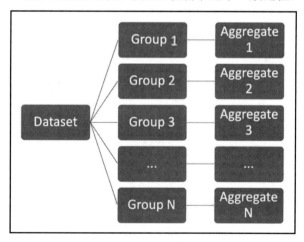

图 3.3　通用 GROUP BY 计算模型

原　　文	译　　文
Dataset	数据集

在图 3.3 中，可以看到数据集有多个组（Group 1, Group 2, ..., Group N）。其中，Aggregate 1 聚合函数应用于 Group 1 中的所有行，Aggregate 2 聚合函数应用于 Group 2 中的所有行，以此类推。

GROUP BY 语句通常具有以下结构：

```
SELECT {KEY}, {AGGFUNC(column1)} FROM {table1} GROUP BY {KEY}
```

其中：

- {KEY}是用于创建单个组的列或在列上应用的函数；
- {AGGFUNC(column1)}是针对每个组中的所有行计算的应用于列的聚合函数；
- {table}是表或一组已连接的表，其中的行已经分成组。

为了演示其用法，可以使用 GROUP BY 查询计算美国每个州的客户数量。使用 GROUP BY 之后，SQL 用户可以通过以下查询来计算每个州的客户数量：

```
SELECT state, COUNT(*)
FROM
    customers
GROUP BY
    state
```

其计算模型如图 3.4 所示。

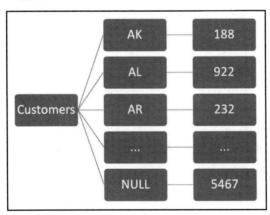

图 3.4　按州计算客户数量的模型

其中，AK、AL、AR 和其他键都是美国各州的缩写。

此时你应该得到如图 3.5 所示的输出。

还可以使用列号来执行 GROUP BY 操作：

```
SELECT
```

```
  state,
  COUNT(*)
FROM
  customers
GROUP BY
  1
```

如果要按字母顺序返回输出，则使用以下查询：

```
SELECT
  state,
  COUNT(*)
FROM
  customers
GROUP BY
  state
ORDER BY
  state
```

或者，也可以编写以下查询：

```
SELECT state, COUNT(*) FROM customers GROUP BY 1ORDER BY 1
```

上述两个查询是等效的，它们会为你提供如图 3.6 所示的结果。

state text	count bigint
KS	619
[null]	5467
CA	5038
NH	77
OR	386
ND	93
TX	4865
NV	643
KY	598

state text	count bigint
AK	188
AL	922
AR	232
AZ	931
CA	5038
CO	1042
CT	576
DC	1447
DE	149

图 3.5　按州查询客户计数的输出结果　　　图 3.6　按州查询客户计数并按字母顺序对结果进行排序

当然，你也可能对聚合本身进行排序感兴趣。在这种情况下，可以使用 ORDER BY 对聚合进行排序，如下所示：

```
SELECT
  state, COUNT(*)
FROM
  customers
GROUP BY
  state
ORDER BY
  COUNT(*)
```

此查询的输出如图 3.7 所示。

你可能还想只计算数据的一个子集，如男性客户的总数，则可以使用以下查询：

```
SELECT
  state, COUNT(*)
FROM
  customers
WHERE
  gender='M'
GROUP BY
  state
ORDER BY
  state
```

此查询的输出如图 3.8 所示。

state text	count bigint
VT	16
WY	23
ME	25
RI	47
NH	77
ND	93
MT	122
SD	124
DE	149

state text	count bigint
AK	87
AL	489
AR	120
AZ	415
CA	2572
CO	526
CT	301
DC	713
DE	74

图 3.7　按州查询客户计数
并按递增顺序排列

图 3.8　按州查询男性客户计数并按
字母顺序对结果进行排序

可以看到，按一列进行分组可以提供一些很好的见解。接下来，我们将讨论如何通过 GROUP BY 按多列分组，以提供更细致的见解。

3.3.2 多列 GROUP BY

虽然使用一列进行 GROUP BY 的效果已经很好，但你仍然可以更进一步，对多列进行 GROUP BY。假设你不仅想计算 ZoomZoom 在每个州拥有的客户数量，还想知道它在每个州拥有多少男性和女性客户。对于这样的多列 GROUP BY，可使用以下查询：

```
SELECT
   state, gender, COUNT(*)
FROM
   customers
GROUP BY
   state, gender
ORDER BY
   state, gender
```

其输出如图 3.9 所示。

state text	gender text	count bigint
AK	F	101
AK	M	87
AL	F	433
AL	M	489
AR	F	112
AR	M	120
AZ	F	516
AZ	M	415
CA	F	2466

图 3.9　按性别查询各州的客户数量并按字母顺序对结果进行排序

按照这种方式，可以在 GROUP BY 操作中使用任意数量的列。

接下来，我们将在练习中使用 GROUP BY 子句。

3.3.3　练习 3.02：使用 GROUP BY 按产品类型计算成本

本练习将使用聚合函数和 GROUP BY 子句分析和计算产品成本。

为了开展营销活动，营销经理想知道 ZoomZoom 每种产品类型的价格的最小值、最大值、平均值和标准差。他请求你帮助完成此计算。

请执行以下步骤以完成此练习。

（1）打开你喜欢的 SQL 客户端并连接到示例数据库 sqlda。

（2）使用 MIN、MAX、AVG 和 STDDEV 聚合函数计算 products 表中 base_msrp 价格的最小值、最大值、平均值和标准差，并使用 GROUP BY 检查所有不同产品类型的价格：

```
SELECT
  product_type, MIN(base_msrp),
  MAX(base_msrp), AVG(base_msrp),
  STDDEV(base_msrp)
FROM
  products
GROUP BY
  1
ORDER BY
  1;
```

其输出如图 3.10 所示。

product_type text	min numeric	max numeric	avg numeric	stddev numeric
automobile	35000.00	115000.00	79250.000000000000	30477.45068079
scooter	349.99	799.99	578.5614285714285714	167.971085947212

图 3.10　按产品类型划分的基本价格统计

从图 3.10 的输出中，营销经理可以清晰检查和比较 ZoomZoom 销售的各种产品（汽车和小型摩托车）的价格和标准差。

🛈 **注意：**

要获得本小节源代码，请访问以下网址：

https://packt.live/2Yv6JpM

本练习使用了聚合函数和 GROUP BY 子句按产品类型计算基本价格统计数据。接下来，我们将学习如何实现分组集（grouping set）。

3.3.4　分组集

现在假设你想计算每个州的客户总数，同时在相同的聚合函数中计算每个州的男性和女性客户总数。这可以使用在第 2 章 "SQL 和数据准备" 中提到过的 UNION ALL 关键字来完成，如下所示：

```
(
SELECT
    state,
    NULL as gender,
    COUNT(*)
FROM
    customers
GROUP BY 1, 2
ORDER BY 1, 2
)
UNION ALL
(
(
SELECT
    state,
    gender,
    COUNT(*)
FROM
    customers
GROUP BY 1, 2
ORDER BY 1, 2
)
)
ORDER BY 1, 2
```

此查询产生的结果如图 3.11 所示。

但是，使用 UNION ALL 很麻烦，并且可能需要编写很长的查询。另一种方法是使用分组集。分组集允许用户创建多个查看类别，它和 UNION ALL 语句类似。

state text	gender text	count bigint
AK	F	101
AK	M	87
AK	[null]	188
AL	F	433
AL	M	489
AL	[null]	922
AR	F	112
AR	M	120
AR	[null]	232

图 3.11　按州和性别查询客户数量并按字母顺序对结果进行排序

例如，使用 GROUPING SETS 关键字可以重写上述 UNION ALL 查询，如下所示：

```
SELECT
  state,
  gender,
  COUNT(*)
FROM
  customers
GROUP BY GROUPING SETS (
  (state),
  (gender),
  (state, gender)
)
ORDER BY 1, 2
```

这将创建与之前的 UNION ALL 查询相同的输出。

接下来，让我们看看有序集合聚合是如何工作的。

3.3.5　有序集合聚合

到目前为止，我们讨论的聚合都不依赖于数据的顺序。虽然可以使用 ORDER BY 对数据进行排序，但这并不是必需的。当然，有一部分聚合统计确实取决于要计算的列的顺序。例如，在计算某一列的中位数时，就需要对数据进行排序。为了计算这些用例，SQL 提供了一系列称为有序集合聚合（ordered set aggregate）的函数。图 3.12 列出了主要的有序集合聚合函数。

函　　数	解　　释
mode()	返回最常出现的值。如果出现一样多的值，则返回排序中的第一个值
Percentile_cont(fraction)	返回排序中与指定小数（fraction）对应的值，如有需要，则在相邻输入项之间进行插值
Percentile_disc(fraction)	返回排序中位置等于或超过指定小数（fraction）的第一个输入值

图 3.12　主要的有序集合聚合函数

这些函数的应用格式如下：

```
SELECT
  {ordered_set_function} WITHIN GROUP (ORDER BY {order_column})
FROM {table};
```

其中：

❑　{ordered_set_function}是有序集合聚合函数；

❑　{order_column}是函数用来作为排序依据的列；

❑　{table}是该列所在的表。

如果要计算 products 表的中位数价格，则可以使用以下查询：

```
SELECT
  PERCENTILE_CONT(0.5)
  WITHIN GROUP (ORDER BY base_msrp)
  AS median
FROM
  products;
```

上述示例使用 0.5 作为 fraction 参数的原因如下：中位数是第 50 个百分位数，其小数形式就是 0.5。

其输出结果如下：

```
median
double precision
-----------------
749.99
```

在了解了有序集合聚合函数的使用之后，我们就掌握了常用聚合统计工具的用法。接下来，将讨论如何使用聚合来处理数据。

3.4　HAVING 子句

现在我们可以使用 GROUP BY 执行各种聚合操作。但是，有时聚合函数中的某些行是没有用的，你可能希望将它们从查询输出中删除。例如，在进行客户计数时，你可能只对至少拥有 1000 名客户的州感兴趣。你的第一直觉可能是编写如下查询：

```
SELECT
   state, COUNT(*)
FROM
   customers
WHERE
   COUNT(*)>=1000
GROUP BY
   state
ORDER BY
   state;
```

但是，你会发现该查询不能正常工作并给出如图 3.13 所示的错误。

```
ERROR:  aggregate functions are not allowed in WHERE
LINE 3: WHERE COUNT(*)>=1000
                    ^
SQL state: 42803
Character: 45
```

图 3.13　显示查询不能正常工作的错误

为了在聚合函数上使用过滤器，需要使用一个新子句：HAVING。

3.4.1　HAVING 子句的语法

HAVING 子句类似于 WHERE 子句，只不过它是专门为 GROUP BY 查询设计的。带有 HAVING 语句的 GROUP BY 操作的一般结构如下：

```
SELECT {KEY}, {AGGFUNC(column1)}
FROM {table1}
GROUP BY {KEY}
HAVING {OTHER_AGGFUNC(column2)_CONDITION}
```

其中：

❏　{KEY}是用于创建单个组的列或列上的函数；

❏　{AGGFUNC(column1)}是为每个组内的所有行计算的列上的聚合函数；

❏　{table1}是表或已连接的表的集合，其中的行已被分成组；

❏　{OTHER_AGGFUNC(column2)_CONDITION}是一个类似于在涉及聚合函数的 WHERE 子句中放置的条件。

接下来，我们将使用 HAVING 子句进行一项练习。

3.4.2　练习 3.03：使用 HAVING 子句计算并显示数据

本练习将使用 HAVING 子句计算和显示数据。

ZoomZoom 的销售经理想知道各州的客户数量，但是要排除客户数量过少的州（即仅统计至少有 1000 个客户的州）。他请求你帮助提取数据。

请执行以下步骤以完成此练习。

（1）打开你喜欢的 SQL 客户端，连接到 sqlda 数据库。

（2）使用 HAVING 子句以至少有 1000 个客户的条件进行过滤，计算各州客户数量：

```
SELECT
  state, COUNT(*)
FROM
  customers
GROUP BY
  state
HAVING
  COUNT(*)>=1000
ORDER BY
  state;
```

此查询将为你提供如图 3.14 所示的输出。

可以看到，图 3.14 显示的都是拥有超过 1000 个 ZoomZoom 客户的州，其中 CA（加利福尼亚州）有 5038 个客户，在此列表中数量最多，CO（科罗拉多州）有 1042 个客户，在此列表中数量最少。

ⓘ 注意：

要获得本小节源代码，请访问以下网址：

https://packt.live/3hmF7fq

state text	count bigint
CA	5038
CO	1042
DC	1447
FL	3748
GA	1251
IL	1094
NC	1070
NY	2395
OH	1656

图 3.14　至少拥有 1000 个客户的州的客户数量

本练习使用 HAVING 子句更有效地计算和显示数据。

3.5　使用聚合函数清洗数据和检查数据质量

在前面的章节中，我们简要讨论了如何使用 SQL 来清洗数据。聚合函数也有这种功能，并且可以使清洗数据更加容易和全面。本节将介绍其中的一些技术。

3.5.1　使用 GROUP BY 查找缺失值

在第 1 章 "SQL 数据分析导论" 中已经提到过，清洗数据的常见任务之一是处理缺失值。尽管我们讨论了如何找到缺失值以及如何消除它们，但并没有过多地说明如何确定数据集中缺失数据的程度，这主要是因为我们没有工具来处理数据集中的信息汇总——直到你学习了本章内容。

使用聚合函数，我们不仅可以识别缺失数据的数量，还能知道哪些列有缺失数据，以及该列是否可用（如果有太多的数据都缺失了，那么该列就可能失去了分析的意义）。根据数据缺失的程度，你必须确定是删除所有缺失数据的行还是填充缺失值，抑或是仅删除没有足够数据的列。

要确定列是否有缺失值，最简单的方法是使用带有 SUM 和 COUNT 函数的修改后的 CASE WHEN 语句来确定缺失数据的百分比。一般来说，该查询如下所示：

```
SELECT
```

```
   SUM(CASE WHEN {column1}
   IS NULL OR {column1}
   IN ({missing_values})
   THEN 1
   ELSE 0 END)::FLOAT/COUNT(*)
FROM
   {table1}
```

其中：

❏　{column1}是要检查缺失值的列；

❏　{missing_values}是被认为缺失的值的逗号分隔列表；

❏　{table1}是具有缺失值的表或子查询。

根据此查询的结果，你可能需要改变处理缺失数据的策略。

如果数据缺失的比例非常小（<1%），则可以考虑从分析中过滤或删除缺失的数据。

如果有一定比例的数据缺失（<20%），则可以考虑使用典型值（如均值或众数）填充缺失的数据，以执行准确的分析。

但是，如果数据缺失的比例超过 20%，则必须从数据分析中删除该列，因为没有足够的准确数据来根据该列中的值得出准确的结论。

现在让我们看看 customers 表中缺失数据的情况。具体来说，就是看一下 state 列中的缺失数据。通过将 state 列中缺失值的记录数除以该列记录总数即可计算缺失值的比例：

```
SELECT
   SUM(CASE WHEN state IS NULL OR state IN (''))
   THEN 1
   ELSE 0 END)::FLOAT/COUNT(*)
   AS missing_state
FROM
   customers;
```

其输出如下：

```
missing_state
double precision
------------
0.10934
```

可以看到，state 列中缺失值的比例略低于 11%。出于分析的需要，你可以考虑将这些客户视为来自 CA（加利福尼亚州），因为 CA 是此数据中最常见的州。当然，更准确的方法是查找并填写缺失的数据。

3.5.2　使用聚合函数衡量数据质量

在数据分析中你会发现，仅在数据中存在很大变化时其分析才是非常有用的。如果每个值都完全相同，那么这样的列对于分析来说作用不大。因此，确定一列中有多少不同的值通常是有意义的。

要测量列中不同值的数量，可以使用 COUNT DISTINCT 函数来查找有多少个不同值。此类查询的结构如下所示：

```
SELECT COUNT (DISTINCT {column1})
FROM {table1}
```

其中：

❑　{column1}是你要计数的列；

❑　{table1}是包含该列的表。

分析人员想要执行的另一个常见任务是确定列中的每个值是否都是唯一的。虽然在许多情况下，可以通过设置具有 PRIMARY KEY 约束的列来解决，但这并不总是可行的。为了解决该问题，可以编写如下查询：

```
SELECT COUNT (DISTINCT {column1})=COUNT(*)
FROM {table1}
```

其中：

❑　{column1}是你要计数的列；

❑　{table1}是包含该列的表。

如果此查询返回 True，则该列的每一行都有唯一值；否则，其中至少有一个重复的值。

如果在你认为应该包含唯一值的列中出现了重复值，则可能是数据提取、转换和加载（ETL）存在一些问题，或者可能存在导致行重复的 JOIN 连接。

现在来看一个简单的例子，让我们验证一下 customers 表中的 customer_id 列包含的值是否是唯一的：

```
SELECT
  COUNT (DISTINCT customer_id)=COUNT(*)
  AS equal_ids
FROM
  customers;
```

此查询的输出如下：

```
equal_ids
boolean
-------
true
```

现在我们已经了解了可以使用聚合查询的多种方式，在接下来的作业中，可将此分析方法应用于一些销售数据。

3.5.3 作业 3.01：使用聚合函数分析销售数据

本次作业将使用聚合函数分析销售数据。

ZoomZoom 的首席执行官、首席运营官和首席财务官都希望深入了解可能推动销售的因素，因为公司认为随着你的到来，他们拥有足够强大的分析团队。这项任务已经交给你了，你的上司叮嘱你，这个项目是分析团队从事的最重要的项目。

请执行以下步骤以完成此作业。

（1）打开你喜欢的 SQL 客户端，连接到 sqlda 数据库。

（2）计算公司的总销量。

（3）计算每个州的总销售额（以美元计）。

（4）确定销量最多的前 5 名最佳经销商（忽略在线销售）。

（5）计算每个渠道的平均销售额，显示在 sales 表中。查看平均销售额，先按 channel（渠道）排序，然后按 product_id 排序，再同时按两者排序。

预期输出如图 3.15 所示。

channel text	product_id bigint	avg_sales_amount double precision
dealership	3	477.253737607644
dealership	4	109822.274881517
dealership	5	664.330132075472
dealership	6	62563.3763837638
dealership	7	573.744146637002
dealership	8	668.850500463391
dealership	9	33402.6845637584
dealership	10	81270.1121794872
dealership	11	91589.7435897436

图 3.15 在 GROUPING SETS 之后按渠道和 product_id 排序的销售额

注意:

本次作业的答案见本书附录。

使用聚合函数可以发现数据中的一些模式,以帮助你的公司了解如何获得更多盈利并使公司整体变得更好。

3.6 窗 口 函 数

聚合函数允许分析人员获取许多行并将这些行转换为一个数字。例如,COUNT 函数可以获取表的行并返回行数。但是,有时我们希望能够计算多行,但在计算后仍保留所有行。例如,假设你想根据用户成为本公司客户的时间(date_added)对他们进行排名,最早的客户排名第一,第二早的客户排名第二,依此类推,则可以使用以下查询获取所有客户:

```
SELECT
  *
FROM
  customers
ORDER BY
  date_added;
```

你可以按用户从最早加入客户到最近加入客户的顺序进行排序,并且有多种方法可以实现它。下文将介绍如何使用 RANK 函数为有序记录分配编号。但是,目前你也可以使用聚合函数来获取加入日期(date_added)并以这种方式对其进行排序:

```
SELECT
  date_added, COUNT(*)
FROM
  customers
GROUP BY
  date_added
ORDER BY
  date_added
```

上述代码的输出如图 3.16 所示。

虽然它给出了日期,但它去掉了其余的列,并且未提供排名信息,这就是窗口函数发挥作用的地方。

窗口函数(window function)可以获取多行数据并对其进行处理,但仍保留行中的所有信息。对于诸如排名之类的东西，这正是你所需要的。

date_added timestamp without time zone	count bigint
2010-03-15 00:00:00	11
2010-03-16 00:00:00	13
2010-03-17 00:00:00	12
2010-03-18 00:00:00	19
2010-03-19 00:00:00	23
2010-03-20 00:00:00	16
2010-03-21 00:00:00	20
2010-03-22 00:00:00	14
2010-03-23 00:00:00	11
2010-03-24 00:00:00	21
2010-03-25 00:00:00	15

图 3.16　聚合日期时间排序

为了更好地理解这一点，接下来我们将介绍窗口函数查询的操作。

3.6.1　窗口函数基础知识

以下是窗口函数的基本语法：

```
SELECT {columns},
{window_func} OVER (PARTITION BY {partition_key} ORDER BY {order_key})
FROM table1;
```

其中：

❑　{columns}是要从查询表中检索的列；
❑　{window_func}是要使用的窗口函数；
❑　{partition_key}是要分区的列（稍后会详细介绍）；
❑　{order_key}是要排序的列；
❑　table1 是要从中提取数据的表或连接表；
❑　OVER 关键字指示窗口定义的开始位置。

你可能会说你不知道任何窗口函数，但事实是所有聚合函数都可以用作窗口函数。为了帮助理解，让我们看一个例子。以下查询使用了 COUNT(*)：

```
SELECT
  customer_id,
  title,
  first_name,
  last_name,
  gender,
COUNT(*) OVER () as total_customers
FROM
  customers
ORDER BY
  customer_id;
```

这将产生如图 3.17 所示的输出。

customer_id bigint	title text	first_name text	last_name text	gender text	total_customers bigint
1	[null]	Arlena	Riveles	F	50000
2	Dr	Ode	Stovin	M	50000
3	[null]	Braden	Jordan	M	50000
4	[null]	Jessika	Nussen	F	50000
5	[null]	Lonnie	Rembaud	F	50000
6	[null]	Cortie	Locksley	M	50000
7	[null]	Wood	Kennham	M	50000
8	[null]	Rutger	Humblestone	M	50000
9	[null]	Melantha	Tibb	F	50000
10	Ms	Barbara-anne	Gowlett	F	50000
11	Mrs	Urbano	Middlehurst	M	50000

图 3.17　使用 COUNT(*)窗口查询列出的客户

如图 3.17 所示，customers 查询返回了 title、first_name 和 last_name，就像典型的 SELECT 查询一样。但是，现在有一个名为 total_customers 的新列。该列包含由以下查询创建的用户计数：

```
SELECT COUNT(*)
FROM customers;
```

这将返回 50000。正如我们之前提到的，该查询返回的是查询中的所有行和 COUNT(*)，而不像普通聚合函数那样只返回计数。

现在让我们再来看一下查询中的其他参数。例如,在以下查询中使用 PARTITION BY

时会发生什么？

```
SELECT
   customer_id, title, first_name, last_name, gender,
COUNT(*) OVER (PARTITION BY gender) as total_customers
FROM
   customers
ORDER BY
   customer_id;
```

上述代码的输出如图 3.18 所示。

customer_id bigint	title text	first_name text	last_name text	gender text	total_customers bigint
1	[null]	Arlena	Riveles	F	25044
2	Dr	Ode	Stovin	M	24956
3	[null]	Braden	Jordan	M	24956
4	[null]	Jessika	Nussen	F	25044
5	[null]	Lonnie	Rembaud	F	25044
6	[null]	Cortie	Locksley	M	24956
7	[null]	Wood	Kennham	M	24956
8	[null]	Rutger	Humblestone	M	24956
9	[null]	Melantha	Tibb	F	25044
10	Ms	Barbara-anne	Gowlett	F	25044
11	Mrs	Urbano	Middlehurst	M	24956

图 3.18　使用 COUNT(*)列出的客户（按 gender（性别）窗口查询分区）

在这里可以看到，total_customers 现在已将计数更改为两个值之一，即 24956 或 25044。这些计数是每个性别的计数，你可以通过以下查询查看：

```
SELECT
   gender, COUNT(*)
FROM
   customers
GROUP BY
   1;
```

对于 gender（性别）列中的 F 值（代表 female，女性），此计数就等于女性客户的计数，相应地，对于该列中的 M 值（代表 male，男性），此计数就等于男性客户的计数。如果在分区中使用 ORDER BY，那么又会发生什么呢？

```
SELECT
  customer_id, title,
  first_name, last_name, gender,
  COUNT(*) OVER (ORDER BY customer_id) as total_customers
FROM
  customers
ORDER BY
  customer_id;
```

上述代码的输出如图 3.19 所示。

customer_id bigint	title text	first_name text	last_name text	gender text	total_customers bigint
1	[null]	Arlena	Riveles	F	1
2	Dr	Ode	Stovin	M	2
3	[null]	Braden	Jordan	M	3
4	[null]	Jessika	Nussen	F	4
5	[null]	Lonnie	Rembaud	F	5
6	[null]	Cortie	Locksley	M	6
7	[null]	Wood	Kennham	M	7
8	[null]	Rutger	Humblestone	M	8
9	[null]	Melantha	Tibb	F	9
10	Ms	Barbara-anne	Gowlett	F	10
11	Mrs	Urbano	Middlehurst	M	11

图 3.19　使用 COUNT(*)列出的客户（按 customer_id 窗口查询排序）

你会注意到，此时的计数类似于总客户数的累计。这是怎么回事？这就是窗口函数中的"窗口"名称的由来。当你使用窗口函数时，查询会在它所计数的表上创建一个"窗口"。PARTITION BY 的工作方式类似于 GROUP BY，可将数据集分成多个组。对于每个组，都会创建一个窗口。如果未指定 ORDER BY，则假定窗口是整个组。

但是，当指定 ORDER BY 时，组中的行会根据它进行排序，并且对于每一行，都会创建一个窗口，并在该窗口上应用函数。

在不指定窗口的情况下，默认行为是创建一个窗口以包含从 ORDER BY 的第一行到函数正在计算的当前行的每一行，并在此窗口上应用函数。

如图 3.20 所示，第 1 行的窗口就包含一行并返回计数为 1，第 2 行的窗口包含两行并返回计数为 2，第 3 行的窗口包含三行并在 total_customers 列中返回计数为 3：

图 3.20　使用 COUNT(*)统计客户数的窗口（通过 customer_id 窗口查询排序）

原　　文	译　　文	原　　文	译　　文
Window for row 1	第 1 行的窗口	Window for row 3	第 3 行的窗口
Window for row 2	第 2 行的窗口		

将 PARTITION BY 和 ORDER BY 结合起来使用会发生什么？来看以下查询：

```
SELECT customer_id, title, first_name, last_name, gender,
COUNT(*) OVER (PARTITION BY gender ORDER BY customer_id)
as total_customers
FROM customers
ORDER BY customer_id;
```

运行上述查询时，其结果如图 3.21 所示。

customer_id bigint	title text	first_name text	last_name text	gender text	total_customers bigint
1	[null]	Arlena	Riveles	F	1
2	Dr	Ode	Stovin	M	1
3	[null]	Braden	Jordan	M	2
4	[null]	Jessika	Nussen	F	2
5	[null]	Lonnie	Rembaud	F	3
6	[null]	Cortie	Locksley	M	3
7	[null]	Wood	Kennham	M	4
8	[null]	Rutger	Humblestone	M	5
9	[null]	Melantha	Tibb	F	4
10	Ms	Barbara-anne	Gowlett	F	5
11	Mrs	Urbano	Middlehurst	M	6

图 3.21　使用 COUNT(*) 列出的客户（按性别分区后再按 customer_id 窗口查询排序）

就像我们之前运行的查询一样，它似乎是某种排名。但是，它似乎因性别而异。那么，这个查询有什么作用呢？正如我们在运行上一个查询时所提到的，首先，该查询可根据 PARTITION BY 将表分为两个子集，然后将每个分区用作计数的基础，每个分区都有自己的一组窗口。

图 3.22 说明了此过程。这个过程产生了我们可以看到的计数。OVER()、PARTITION BY 和 ORDER BY 这三个关键字是窗口函数强大功能的基础。

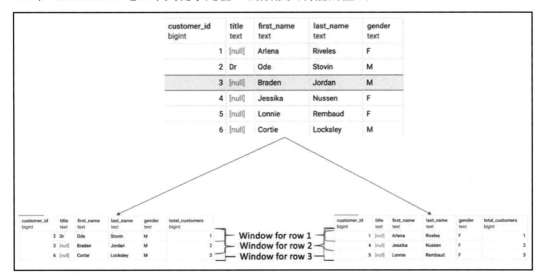

图 3.22 使用 COUNT(*)列出的客户（按性别分区之后再按 customer_id 窗口查询排序）

在理解了窗口函数之后，让我们看看如何在练习中应用它们。

3.6.2 练习 3.04：分析一段时间内的客户数据填充率

本练习将把窗口函数应用于数据集并分析数据。

在过去的 6 个月中，ZoomZoom 一直在尝试各种办法，以鼓励人们填写客户表格上的所有字段，尤其是他们的地址。为了分析这些办法所取得的效果，公司需要分析在一段时间内有多少用户填写了他们的街道地址。作为一名分析人员，你需要编写查询以生成这些结果。

ℹ️ **注意：**

对于本章所有练习，我们将使用 pgAdmin 4 软件。

请执行以下步骤以完成此练习。

（1）打开你喜欢的 SQL 客户端，连接到 sqlda 数据库。

（2）使用窗口函数并编写一个查询，该查询将返回客户信息以及有多少人填写了他们的街道地址。此外，按 date_added 日期对列表进行排序。此查询如下所示：

```
SELECT
  customer_id, street_address, date_added::DATE,
  COUNT(CASE WHEN street_address IS NOT NULL
  THEN customer_id
  ELSE NULL END)
  OVER (ORDER BY date_added::DATE) as total_customers_filled_street
FROM
  customers
ORDER BY
  date_added;
```

该查询的输出如图 3.23 所示。

customer_id bigint	street_address text	date_added date	total_customers_filled_street bigint
2625	0353 Iowa Road	2010-03-15	10
17099	130 Marcy Crossing	2010-03-15	10
18685	86 Michigan Junction	2010-03-15	10
35683	1 Cordelia Crossing	2010-03-15	10
6173	79865 Hagan Terrace	2010-03-15	10
12484	[null]	2010-03-15	10
13390	38463 Forest Dale Way	2010-03-15	10
7486	61 Village Crossing	2010-03-15	10
30046	13961 Steensland Trail	2010-03-15	10
30555	294 Quincy Hill	2010-03-15	10
48307	8487 Warbler Plaza	2010-03-15	10
48229	943 Cody Trail	2010-03-16	22
42776	6010 Carey Drive	2010-03-16	22
46277	5799 Thackeray Crossing	2010-03-16	22
34189	0 Park Meadow Street	2010-03-16	22
8571	39223 Lunder Street	2010-03-16	22
17626	086 East Hill	2010-03-16	22
17832	62 Delladonna Road	2010-03-16	22

图 3.23　按 date_added 窗口查询排序的街道地址过滤器

可以看到，每个客户都按他们注册成为客户的日期（date_added）排序，并且可以看到填写街道字段的人数如何随时间变化。

ℹ️ 注意：

要获得本小节源代码，请访问以下网址：

https://packt.live/30xeLBm

本练习学习了如何使用窗口函数来分析数据。接下来，我们将学习如何在查询中使用 WINDOW 关键字。

3.6.3　WINDOW 关键字

在掌握了有关窗口函数的基础知识之后，现在我们将介绍一些语法，以便于编写它们。对于某些查询，你可能有兴趣为不同的函数计算完全相同的窗口。例如，你可能有兴趣使用以下查询计算客户的累计总数和每个性别中包含 title（称呼）的客户数：

```
SELECT customer_id, title, first_name, last_name, gender,
COUNT(*) OVER (PARTITION BY gender ORDER BY customer_id) as
total_customers,
SUM(CASE WHEN title IS NOT NULL THEN 1 ELSE 0 END)
  OVER (PARTITION BY gender ORDER BY customer_id) as
total_customers_title
FROM customers
ORDER BY customer_id;
```

上述代码的输出如图 3.24 所示。

customer_id bigint	title text	first_name text	last_name text	gender text	total_customers bigint	total_customers_title bigint
1	[null]	Arlena	Riveles	F	1	0
2	Dr	Ode	Stovin	M	1	1
3	[null]	Braden	Jordan	M	2	1
4	[null]	Jessika	Nussen	F	2	0
5	[null]	Lonnie	Rembaud	F	3	0
6	[null]	Cortie	Locksley	M	3	1
7	[null]	Wood	Kennham	M	4	1
8	[null]	Rutger	Humblestone	M	5	1
9	[null]	Melantha	Tibb	F	4	0
10	Ms	Barbara-anne	Gowlett	F	5	1
11	Mrs	Urbano	Middlehurst	M	6	2
12	Mr	Tyne	Duggan	F	6	2
13	[null]	Gannon	Braker	M	7	2
14	[null]	Derry	Lyburn	M	8	2
15	[null]	Nichols	Espinay	M	9	2

图 3.24　按性别窗口查询带称呼的客户总数

尽管该查询为你提供了所需的结果，但编写起来可能很麻烦——尤其是 WINDOW 子句。幸运的是，我们可以使用另一个 WINDOW 子句来简化它。

WINDOW 子句可以使用窗口的别名。因此，可以将上述查询进行如下简化：

```
SELECT
  customer_id, title,
  first_name, last_name, gender,
  COUNT(*) OVER w as total_customers,
  SUM(CASE WHEN title IS NOT NULL THEN 1 ELSE 0 END)
  OVER w as total_customers_title
FROM
  customers
WINDOW w AS (PARTITION BY gender ORDER BY customer_id)
ORDER BY customer_id;
```

上述查询应该获得与图 3.24 所示相同的结果。但是，上述代码并没有为每个窗口函数编写很长的 PARTITION BY 和 ORDER BY 查询。相反，我们只是用定义的 WINDOW w 创建了一个别名。

3.7　窗口函数统计

现在我们已经了解了窗口函数的工作原理，可以开始使用它们来计算有用的统计信息，如排名、百分位数和滚动统计信息等。

图 3.25 总结了各种有用的统计窗口函数。再次强调一下，所有聚合函数（如 AVG、SUM、COUNT 等）也可以用作窗口函数。

函　　数	解　　释
ROW_NUMBER()	给出分区内当前行的编号
RANK()	基于 ORDER BY 给出分区内的排名。在出现并列排名时使用断档。例如，当第 1 行和第 2 行并列第一时，第 3 行排名第三而不是第二
DENSE_RANK()	基于 ORDER BY 给出分区内的排名。在出现并列排名时不使用断档。例如，当第 1 行和第 2 行并列第一时，第 3 行排名第二而不是第三
NTILE(num_buckets)	基于 ORDER BY 计算分区内的 n 分位数，其中的 n 由 num_buckets 整数确定
LAG(column1, offset)	返回 column1 列的值。基于 ORDER BY 当前行向前查找 offset 行的数据
LEAD(column1, offset)	返回 column1 列的值。基于 ORDER BY 当前行向后查找 offset 行的数据

图 3.25　统计窗口函数

一般来说，在 SQL 语句中调用这些函数中的任何一个都将跟随 OVER 关键字。然后，此关键字将包含带有 PARTITION BY 和 ORDER BY 语句的括号，其中任何一个都可能是可选的，具体取决于你所使用的函数。

例如，ROW_NUMBER() 函数的用法如下所示：

```
ROW_NUMBER() OVER(
  PARTITION BY column_1, column_2
  ORDER BY column_3,column_4
)
```

在接下来的练习中，我们将演示如何使用这些统计函数。

3.7.1　练习 3.05：雇佣日期的排名顺序

本练习将演示如何使用统计窗口函数来理解数据集。

ZoomZoom 想要将其区域经销商的部分销售人员提升为管理层，在他们的决定中将考虑员工在公司入职时间长短的因素。因此，他们希望你编写一个查询，该查询将根据每个经销商的雇佣日期对员工进行排名。

请执行以下步骤以完成此练习。

（1）打开你喜欢的 SQL 客户端，连接到 sqlda 数据库。

（2）使用 RANK()函数计算每个销售人员的排名，第一个员工的排名为 1，第二个员工的排名为 2，依此类推：

```
SELECT *,
RANK() OVER (
  PARTITION BY dealership_id ORDER BY hire_date
)
FROM
  salespeople
WHERE
  termination_date IS NULL;
```

上述代码的输出如图 3.26 所示。

现在你可以看到每个销售人员的信息，并且已经根据每个经销商的雇佣日期对所有销售人员进行排名。

🛈 注意：

　要获得本小节源代码，请访问以下网址：

　https://packt.live/2B5OyyX

salesperson_id bigint	dealership_id bigint	title text	first_name text	last_name text	suffix text	username text	gender text	hire_date timestamp without time zone	termination_date timestamp without time zone	rank bigint
65	1	[null]	Dukie	Oxteby	[null]	doxteby1s	Male	2015-01-24 00:00:00	[null]	1
74	1	[null]	Marcos	Spong	[null]	mspong21	Male	2015-03-18 00:00:00	[null]	2
60	1	[null]	Eveleen	Mace	[null]	emace1n	Female	2015-07-15 00:00:00	[null]	3
87	1	[null]	Quent	Wogden	[null]	qwogden2e	Male	2015-08-17 00:00:00	[null]	4
98	1	[null]	Englebert	Loraine	[null]	eloraine2p	Male	2016-01-23 00:00:00	[null]	5
31	1	[null]	Lelia	Sheriff	[null]	lsheriffu	Female	2016-06-18 00:00:00	[null]	6
168	1	[null]	Sheff	McCoughan	[null]	smccougha...	Male	2016-07-22 00:00:00	[null]	7
49	1	[null]	Nadia	Rennick	[null]	nrennick1c	Female	2016-07-24 00:00:00	[null]	8
10	1	[null]	Jereme	Onele	[null]	jonele9	Male	2016-08-15 00:00:00	[null]	9
7	1	[null]	Granville	Fidell	[null]	gfidell6	Male	2017-06-17 00:00:00	[null]	10
155	1	[null]	Ira	Meere	[null]	imeere4a	Male	2017-09-11 00:00:00	[null]	11
297	1	[null]	Shay	Nafziger	Sr	snafziger88	Male	2017-12-03 00:00:00	[null]	12
183	1	[null]	Eleen	McAndie	[null]	emcandie52	Female	2018-07-08 00:00:00	[null]	13
170	1	[null]	Giselbert	Schule	[null]	gschule4p	Male	2018-08-01 00:00:00	[null]	14
162	1	[null]	Cristine	Gibbens	[null]	cgibbens4h	Female	2018-10-07 00:00:00	[null]	15
258	1	[null]	Dorie	Dosedale	[null]	ddosedale75	Male	2018-10-15 00:00:00	[null]	16
92	1	Rev	Sandye	Duny	[null]	sduny2j	Female	2019-01-03 00:00:00	[null]	17
39	1	[null]	Massimiliano	McSpirron	[null]	mmcspirron...	Male	2019-02-12 00:00:00	[null]	18

图 3.26　按雇佣日期对销售人员进行排名

本练习使用了 RANK()函数按特定顺序对数据集中的数据进行排序。接下来，我们将学习如何使用窗口 frame 子句。

🛈 注意：

DENSE_RANK()的用法和 RANK()一样，区别在于 DENSE_RANK()出现并列排名时不使用断档。

3.7.2　窗口 frame 子句

在讨论窗口函数的基础知识时我们提到过，默认情况下将为每一行设置一个窗口，以包含分区中从第一行到当前行的所有行（详见图 3.20）。但是，这是默认设置，你也可以使用窗口 frame 子句对此进行调整。

使用窗口 frame 子句的窗口函数查询如下所示：

```
SELECT {columns},
{window_func} OVER (PARTITION BY {partition_key}
ORDER BY {order_key} {rangeorrows}
BETWEEN {frame_start} AND {frame_end})
FROM {table1};
```

其中：

❑　{columns}是要从查询表中检索的列；

❑　{window_func}是要使用的窗口函数；

❑ {partition_key}是要分区的列；

❑ {order_key}是要排序的列；

❑ {rangeorrows}是 RANGE 关键字或 ROWS 关键字；

❑ {frame_start}是指示从哪里开始窗口帧的关键字；

❑ {frame_end}是指示在哪里结束窗口帧的关键字；

❑ {table1}是要从中提取数据的表或已连接的表。

这里要考虑的一个区别是：在 frame 子句中使用 RANGE 或 ROW 之间的差异。

ROW 指的是实际行，并将取当前行前后的行来计算值。但是 RANGE 则有所不同，它将根据范围取值，如果在窗口计算中使用的当前行在 ORDER BY 子句中与一行或多行具有相同的值，则所有这些行都将添加到窗口帧中。

另一点是考虑{frame_start}和{frame_end}可以采用的值。为了提供更多详细信息，{frame_start}和{frame_end}可以是以下值之一。

❑ UNBOUNDED PRECEDING：这是一个关键字，当用于{frame_start}时，指的是分区的第一条记录；当用于{frame_end}时，指的是分区的最后一条记录。

❑ {offset} PRECEDING：引用当前行之前的{offset}（整数）行或范围的关键字。

❑ CURRENT ROW：当前行。

❑ {offset} FOLLOWING：引用当前行之后的{offset}（整数）行或范围的关键字。

通过调整窗口，可以计算出各种有用的统计数据。例如，分析人员经常需要统计滚动平均值（rolling average）。滚动平均值是在给定时间窗口内统计数据的平均值，这是一个非常有用的指标。假设你要计算 ZoomZoom 公司随时间推移的 7 天滚动平均销售额，则可以使用以下查询完成此计算：

```
WITH
  daily_sales as (
    SELECT sales_transaction_date::DATE,
    SUM(sales_amount) as total_sales
    FROM sales
    GROUP BY 1
  ),
moving_average_calculation_7 AS (
  SELECT
    sales_transaction_date, total_sales,
    AVG(total_sales)
    OVER (ORDER BY
      sales_transaction_date
      ROWS BETWEEN 7 PRECEDING
      and CURRENT ROW) AS sales_moving_average_7,
```

```
        ROW_NUMBER() OVER (ORDER BY sales_transaction_date) as row_number
  FROM
    daily_sales
    ORDER BY 1)
SELECT
  sales_transaction_date,
  CASE WHEN row_number>=7
  THEN sales_moving_average_7
  ELSE NULL END
  AS sales_moving_average_7
FROM
  moving_average_calculation_7;
```

上述代码的输出如图 3.27 所示。

sales_transaction_date date	sales_moving_average_7 double precision
2010-03-10	[null]
2010-03-12	[null]
2010-03-15	[null]
2010-03-17	[null]
2010-03-18	[null]
2010-03-19	[null]
2010-03-21	394.275857142857
2010-03-23	394.990125
2010-03-24	399.99
2010-03-25	399.99
2010-03-29	449.98875
2010-04-01	544.986375
2010-04-02	594.985125
2010-04-03	594.985125
2010-04-04	589.98525
2010-04-05	589.98525
2010-04-06	639.984
2010-04-07	689.98275

图 3.27　销售额的 7 天移动平均值

请注意，这里前 6 行为空的原因是，仅当有 7 天的信息时才会定义 7 天移动平均值，并且窗口计算仍将使用前几天计算前 7 天的值。

在接下来的练习中，我们将展示如何使用滚动窗口来进行有序数据的统计。

3.7.3　练习 3.06：团队午餐激励

本练习将使用窗口帧来查找数据中的一些重要信息。

为了帮助提高销售业绩，销售团队决定在公司的所有销售人员每次超过过去 30 天实现的最佳每日总收入时为他们购买午餐。请编写一个查询，从 2019 年 1 月 1 日开始，生成给定日期的总销售额（以美元为单位）以及销售人员当天必须达到的目标。

请执行以下步骤以完成此练习。

（1）打开你喜欢的 SQL 客户端，连接到 sqlda 数据库。

（2）使用以下查询计算给定日期和目标的总销售额：

```
WITH daily_sales as (
  SELECT sales_transaction_date::DATE,
    SUM(sales_amount) as total_sales
  FROM sales
  GROUP BY 1
),

sales_stats_30 AS (
SELECT
  sales_transaction_date, total_sales,
  MAX(total_sales)
  OVER (ORDER BY sales_transaction_date ROWS BETWEEN 30 PRECEDING and
1 PRECEDING)
  AS max_sales_30
FROM
  daily_sales
ORDER BY 1)

SELECT
  sales_transaction_date, total_sales,
  max_sales_30
FROM
  sales_stats_30
WHERE
  sales_transaction_date>='2019-01-01';
```

输出结果如图 3.28 所示。

请注意，我们使用了从 30 PRECEDING 到 1 PRECEDING 的窗口帧，以从计算中删除当前行。

sales_transaction_date date	total_sales double precision	max_sales_30 double precision
2019-01-01	87694.844	316464.847
2019-01-02	76149.854	316464.847
2019-01-03	161269.809	316464.847
2019-01-04	193209.912	316464.847
2019-01-05	49469.77	316464.847
2019-01-06	96319.835	316464.847
2019-01-07	42239.837	316464.847
2019-01-08	101729.748	316464.847
2019-01-09	118634.902	316464.847
2019-01-10	100089.78	316464.847
2019-01-11	183209.871	283849.84

图 3.28　过去 30 天的最佳销售额

ℹ 注意：

要获得本小节源代码，请访问以下网址：

https://packt.live/3cWKbDC

可以看到，窗口帧使计算移动统计数据变得很简单，甚至很有趣。

接下来，我们将通过一次作业测试你使用窗口函数的能力。

3.7.4　作业 3.02：使用窗口帧和窗口函数分析销售数据

本次作业将通过各种方式使用窗口函数和窗口帧来深入了解销售数据。

假期快到了，ZoomZoom 公司也该发放圣诞奖金了。销售团队希望了解公司的整体表现以及个别经销商在公司内的表现。为此，ZoomZoom 公司的销售主管希望你帮助他们进行数据上的分析。

请执行以下步骤以完成此作业。

（1）打开你喜欢的 SQL 客户端，连接到 sqlda 数据库。

（2）按天计算 2018 年所有天的总销售额。

（3）计算每日销售交易数量的滚动 30 天平均值。

（4）根据总销售额计算每个经销商与其他经销商相比的十分位数。

预期输出如图 3.29 所示。

dealership_id double precision	total_sales_amount double precision	ntile integer
13	538079.414	1
9	618263.995	1
8	671619.251	2
4	905158.609	2
17	907058.842	3
20	949849.053	3
12	1086033.376	4
15	1197118.234	4
6	1316253.465	5
14	1551108.481	5
3	1622872.801	6
16	1981062.341	6

图 3.29　经销商销售额的十分位数

ℹ 注意:

本次作业的答案见本书附录。

3.8　小　　结

本章详细介绍了聚合函数，并让我们体会到了它的强大之处。我们了解了几个最常见的聚合函数及其用法，使用 GROUP BY 子句演示了如何将数据集分组并计算每个组的汇总统计信息。我们学习了如何使用 HAVING 子句来进一步过滤查询，以及如何使用聚合函数来帮助清洗数据和分析数据质量。

本章还学习了窗口函数。我们研究了如何使用 OVER、PARTITION BY 和 ORDER BY 构造一个基本的窗口函数，讨论了如何使用窗口函数计算统计数据，以及如何调整窗口帧来计算滚动统计数据。

下一章我们将了解如何导入和导出数据，以便在其他程序中使用 SQL。我们可以使用 COPY 命令将数据批量上传到数据库，或使用 Excel 处理数据库中的数据，然后使用 SQLAlchemy 简化编写代码的工作。

第 4 章　导入和导出数据

学习目标

到本章结束，数据分析人员将能够：

❏　在数据库和分析工具之间移动数据。

❏　使用命令行 psql 工具从数据库中查询数据。

❏　利用 COPY 命令有效地导入和导出数据。

❏　使用 Excel、Python 和 R 处理和分析数据。

❏　使用 SQLAlchemy 在 Python 中与数据库交互。

4.1　本章主题简介

为了从数据库中提取见解，分析人员需要数据。而且，虽然许多公司在中心数据库中存储和更新数据，但在某些情况下，你需要的数据比当前数据库中的数据还要多。本章将探讨如何有效地将数据上传到中心数据库以做进一步分析。

事实上，分析人员不仅希望将数据上传到数据库以做进一步分析，而且如果我们正在进行高级分析（例如，我们想要执行在 SQL 中无法完成的统计分析），则还会出现需要从数据库下载数据的情况。出于这个原因，本章还将探索从数据库中提取数据的过程，这可能需要使用其他软件来分析数据。

本章还会研究如何将你的工作流程与经常用于分析的两种特定编程语言（Python 和 R）集成。这两种语言都非常强大，因为它们不但支持高级功能，而且是开源的，非常易用。由于它们的受欢迎程度很高，目前也有很多大型技术社区支持它们。

本章将研究如何在编程语言和数据库之间有效地传输大型数据集，以便在工作流程中更好地利用分析工具。

我们将从研究 Postgres COPY 命令以及命令行客户端 psql 中的批量上传和下载功能开始，然后再讨论使用 Python 和 R 导入和导出数据。

让我们首先探索一下 COPY 命令。

4.2　COPY 命令

在目前这个阶段，你可能已经熟悉了 SELECT 语句（在第 1 章"SQL 数据分析导论"中有详细的介绍），它允许我们从数据库中检索数据。虽然此命令对于可以快速扫描的小型数据集很有用，但我们通常希望将大型数据集保存到文件中。在将这些数据集保存到文件中之后，分析人员可以使用 Excel、Python 或 R 在本地做进一步的处理或执行数据分析。

为了检索这些大型数据集，可以使用 Postgres COPY 命令，它可以有效地将数据从数据库传输到文件，或从文件传输到数据库。

COPY 语句可以从数据库中检索数据并将其转储为你所选择的文件格式。例如，来看以下示例语句：

```
COPY (SELECT * FROM customers LIMIT 5) TO STDOUT WITH CSV HEADER;
```

上述代码的输出如图 4.1 所示。

```
customer_id,title,first_name,last_name,suffix,email,gender,ip_address,phone,street_address,city,state,postal_code,latitude,longitude,date_added
1,,Arlena,Riveles,,ariveles0@stumbleupon.com,F,98.36.172.246,,,,,,,,2017-04-23 00:00:00
2,Dr,Ode,Stovin,,ostovin1@npr.org,M,16.97.59.186,314-534-4361,2573 Fordem Parkway,Saint Louis,MO,63116,38.5814,-90.2625,2014-10-02 00:00:00
3,,Braden,Jordan,,bjordan2@geocities.com,M,192.86.248.59,,5651 Kennedy Park,Pensacola,FL,32590,30.6143,-87.2758,2018-10-27 00:00:00
4,,Jessika,Nussen,,jnussen3@salon.com,F,159.165.138.166,615-824-2506,224 Village Circle,Nashville,TN,37215,36.0986,-86.8219,2017-09-03 00:00:00
5,,Lonnie,Rembaud,,lrembaud4@discovery.com,F,18.131.58.65,786-499-3431,38 Lindbergh Way,Miami,FL,33124,25.5584,-80.4582,2014-03-06 00:00:00
```

图 4.1　使用 COPY 将结果以 CSV 文件格式输出到 STDOUT

此语句可从 customers 表中返回 5 行，每条记录在一个新行上，每个值用逗号分隔，采用典型的.csv 文件格式。标题包含在顶部。

值得一提的是，因为 COPY 命令的目标被指定为 STDOUT，所以结果只会被复制到命令行界面而不是文件中。

以下是此命令和传入参数的详细解释。

❑　COPY 是用于将数据传输到某种文件格式的命令。

❑　(SELECT * FROM customers LIMIT 5)是要复制的查询。

❑　TO STDOUT 表示应打印结果而不是将结果保存到硬盘驱动器文件中。STDOUT 代表的是标准输出（standard out），它是在命令行终端环境中显示输出的常用术语。

❑　WITH 是一个可选关键字，用于分隔将在数据库到文件（database-to-file）传输中使用的参数。

❑　CSV 表示将使用 CSV 文件格式。也可以指定 BINARY 或完全忽略它，并接收文本格式的输出。

❑　HEADER 表示需要打印标题。

🛈 **注意：**

有关 COPY 命令可用参数的更多信息，请访问以下网址：

https://www.postgresql.org/docs/current/sqlcopy.html

虽然 STDOUT 选项很有用，但我们通常希望将数据保存到文件中。COPY 命令提供了执行此操作的功能，但数据将以本地方式保存在 PostgreSQL 服务器上。你必须指定完整的文件路径（不允许使用相对文件路径）。

如果你的计算机上运行了 Postgres 数据库，则可以使用以下命令：

```
COPY (SELECT * FROM customers LIMIT 5) TO '/path/to/my_file.csv' WITH CSV
HEADER;
```

🛈 **注意：**

在上述命令中，TO 关键字后面的单引号中的值是输出文件的绝对路径。根据你所使用的操作系统，该路径的格式也会有所不同。在 Linux 和 Mac 系统中，目录分隔符是正斜杠（/）字符，主驱动器的根目录是/。但是，在 Windows 系统中，目录分隔符则是反斜杠（\）字符，并且路径将以驱动器号开头。

接下来，我们将学习如何使用 psql 复制数据。

4.2.1　使用 psql 复制数据

虽然你可能一直在使用前端客户端来访问 Postgres 数据库，但你可能不知道最早的 Postgres 客户端实际上是一个名为 psql 的命令行程序。这个接口今天仍在使用，psql 使用户能够运行可以与本地计算环境交互的 PostgreSQL 脚本。它允许使用 psql 特定的 \copy 指令远程调用 COPY 命令。

要启动 psql，可以在终端运行以下命令：

```
psql -h my_host -p 5432 -d my_database -U my_username
```

在上述命令中，传入了提供建立数据库连接所需信息的标志。对它们的详细解释如下。
❑　-h 是主机名的标志。它后面的字符串（用空格分隔）可以是数据库的主机名，也可以是 IP 地址、域名，如果在本地计算机上运行，则可以是"localhost"。
❑　-p 是数据库端口的标志。对于 Postgres 数据库来说，其一般是 5432。
❑　-d 是数据库名称的标志。后面的字符串应该是数据库名称。
❑　-U 是用户名的标志。在它后面的是用户名。

使用 psql 连接到数据库后，可使用以下命令测试\copy 指令：

```
\copy (SELECT * FROM customers LIMIT 5) TO 'my_file.csv' WITH CSV HEADER;
```

以下是该代码的输出：

```
COPY 5
Time: 22.208 ms
```

以下是此命令和传入参数的详细解释。

- \copy 通过调用 Postgres COPY ... TO STDOUT ... 命令来输出数据。
- (SELECT * FROM customers LIMIT 5) 是要复制的查询。
- TO 'my_file.csv' 表示 psql 将 STDOUT 输出保存到 my_file.csv 中。
- WITH CSV HEADER 参数的操作与以前相同。

我们还可以查看 my_file.csv，你可以使用任何文本编辑器打开它，如图 4.2 所示。

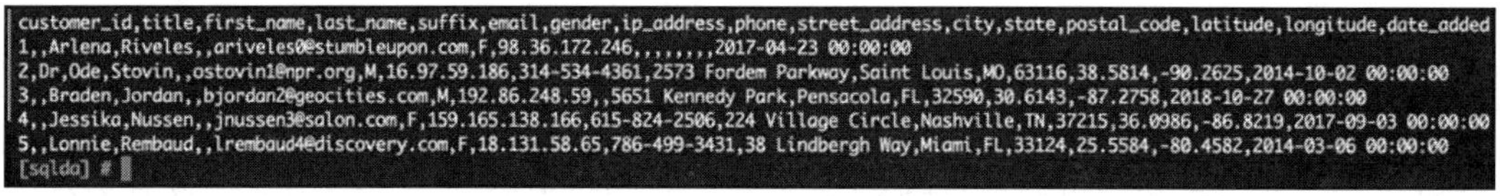

```
customer_id,title,first_name,last_name,suffix,email,gender,ip_address,phone,street_address,city,state,postal_code,latitude,longitude,date_added
1,,Arlena,Riveles,,ariveles0@stumbleupon.com,F,98.36.172.246,,,,,,,,2017-04-23 00:00:00
2,Dr,Ode,Stovin,,ostovin1@npr.org,M,16.97.59.186,314-534-4361,2573 Fordem Parkway,Saint Louis,MO,63116,38.5814,-90.2625,2014-10-02 00:00:00
3,,Braden,Jordan,,bjordan2@geocities.com,M,192.86.248.59,,5651 Kennedy Park,Pensacola,FL,32590,30.6143,-87.2758,2018-10-27 00:00:00
4,,Jessika,Nussen,,jnussen3@salon.com,F,159.165.138.166,615-824-2506,224 Village Circle,Nashville,TN,37215,36.0986,-86.8219,2017-09-03 00:00:00
5,,Lonnie,Rembaud,,lrembaud4@discovery.com,F,18.131.58.65,786-499-3431,38 Lindbergh Way,Miami,FL,33124,25.5584,-80.4582,2014-03-06 00:00:00
[sqlda] #
```

图 4.2　使用\copy 命令创建的 CSV 文件

这里值得注意的是，\copy 命令不允许查询包含换行符。利用多行查询的简单方法之一是在\copy 命令之前创建一个包含数据的视图，并在\copy 命令完成后删除该视图。

可以使用以下语法创建一个名为 customers_sample 的 VIEW 命令：

```
CREATE TEMP VIEW customers_sample AS (
  SELECT *
  FROM customers
  LIMIT 12
);
```

在此示例中，该查询的输出存储在一个临时视图中，可以使用与查询表的语法类似的方式查询该视图。例如，来看以下示例：

```
SELECT COUNT(1) FROM customers_sample;
```

这将输出 12。

注意：

视图（view）类似于表，不同之处在于视图不创建数据。相反，每次引用视图时，都会执行底层查询。TEMP 关键字表示可以在会话结束时自动删除视图。

也可以使用一个简单的命令手动删除 VIEW：

```
DROP VIEW customers_sample;
```

例如，考虑以下命令：

```
CREATE TEMP VIEW customers_sample AS (
  SELECT *
  FROM customers
  LIMIT 5
);
\copy customers_sample TO 'my_file.csv' WITH CSV HEADER
DROP VIEW customers_sample;
```

它的输出与我们前面提到的第一个导出示例中的输出相同。虽然你可以通过以上任何一种方式执行此操作，但为了便于阅读，本书将使用后一种格式进行查询。

4.2.2　配置 COPY 和 \copy

可以使用以下选项来配置 COPY 和\copy 命令。

❑　FORMAT format_name 可用于指定格式。format_name 的选项包括 CSV、TEXT 或 BINARY。或者，你也可以不带 FORMAT 关键字，直接指定 CSV 或 BINARY，或者根本不指定格式，让输出默认为文本文件格式。

❑　DELIMITER 'delimiter_character' 可用于指定 CSV 或文本文件的分隔符（例如，对于 CSV 文件可指定 ','，要使用管道符号分隔则可指定 '|'）。

❑　NULL 'null_string'可用于指定应如何表示 NULL 值（例如，如果用空格表示 NULL 值，则指定为' '，如果以缺失值表示，则指定为'NULL'）。

❑　HEADER 指定应输出标题。

❑　QUOTE 'quote_character'可用于指定如何将具有特殊字符的字段（例如，CSV 文件中文本值内的逗号）括在引号中，以使它们被 COPY 忽略。

❑　ESCAPE 'escape_character' 指定可用于转义后续字符的字符。

❑　ENCODING 'encoding_name'用于指定编码，这在处理包含特殊字符或用户输入的外语文字时特别有用。

例如，以下命令将创建一个以管道符号分隔的文件，该文件带有标题，并且包含空（0 长度）字符串来表示缺失值（NULL），并使用双引号（"）字符来表示引号字符：

```
\copy customers TO 'my_file.csv' WITH CSV HEADER DELIMITER '|' NULL ''
QUOTE '"'
```

以下是该代码的输出：

```
COPY 50000
```

接下来，我们将使用 COPY 和\copy 命令将大数据上传到数据库。

4.2.3　使用 COPY 和\copy 将数据批量上传到数据库

如前文所述，COPY 和\copy 命令可用于有效地下载数据，也可用于上传数据。
COPY 和\copy 命令在上传数据方面比 INSERT 语句更有效。这有以下几个原因。

❑　使用 COPY 时，只有一次提交，在所有行都插入之后才发生。

❑　数据库和客户端之间的通信较少，因此网络延迟较少。

❑　Postgres 包括对 COPY 的优化，这些优化是通过 INSERT 无法获得的。

使用\copy 命令将行从文件复制到表中的示例如下：

```
\copy customers FROM 'my_file.csv' CSV HEADER DELIMITER '|'
```

其输出如下：

```
COPY 50000
```

此命令和传入参数的详细解释如下。

❑　\copy 通过调用 Postgres COPY ... FROM STDOUT ... 命令将数据加载到数据库中。

❑　customers 是要附加的表的名称。

❑　FROM 'my_file.csv' 指定将从 my_file.csv 上传记录。FROM 关键字指定要上传
　　的记录，而 TO 关键字则用于下载记录。

❑　WITH CSV HEADER 参数的操作与以前相同。

❑　DELIMITER ',' 可指定文件中的分隔符。对于 CSV 文件，假定为逗号，因此我
　　们不需要此参数。但是，为了可读性，明确定义此参数可能很有用，至少它可
　　以提醒你该文件是如何格式化的。

ⓘ注意：

虽然 COPY 和\copy 非常适合将数据导出到其他工具，但 Postgres 中还有其他用于导
出数据库备份的功能。

对于这些维护任务，可以将 pg_dump 用于特定表，将 pg_dumpall 用于整个数据库或
模式。这些命令甚至可以让你以压缩（tar）格式保存数据，从而节省空间。

糟糕的是，这些命令的输出格式通常是 SQL，并且不能在 Postgres 之外轻易使用。因此，它无法帮助我们在 Python 和 R 等其他分析工具中导入或导出数据。

在学习了如何导入和导出数据之后，接下来我们将做一个练习，演示如何将数据导出到文件并在 Excel 中进行处理。

ℹ️ **注意：**

对于本章中的练习和作业，你需要能够使用 psql 访问数据库。

本章文件的 GitHub 存储库链接如下：

https://packt.live/2B5PGTd

4.2.4　练习 4.01：将数据导出到文件以在 Excel 中进一步处理

本练习的目标是利用我们获得的新知识，使用 psql 命令和 \copy 导出数据，以便在计算机上执行数据可视化。

我们将保存一个文件，其中包含 ZoomZoom 客户数量最多的城市。该分析将有助于 ZoomZoom 执行委员会决定在哪里开设下一家经销商。

（1）打开一个命令行工具（例如，Windows 系统中的 CMD 或 Mac 系统的 Terminal）来执行该练习，并使用 psql 命令连接到数据库。

（2）创建 top_cities 视图。将 customers 表从 zoomzoom 数据库复制到 .csv 格式的本地文件中。可以通过使用以下命令创建临时视图来执行此操作。

请注意，需要在 'top_cities.csv' 文件名之前添加特定操作系统的路径，以选择保存文件的位置。

```
CREATE TEMP VIEW top_cities AS (
  SELECT city,
    count(1) AS number_of_customers
  FROM customers
  WHERE city IS NOT NULL
  GROUP BY 1
  ORDER BY 2 DESC
  LIMIT 10
);
\copy (SELECT * FROM top_cities) TO 'top_cities.csv' WITH CSV HEADER
DELIMITER ','
```

（3）创建 top_cities 视图。将 customers 表从你的 zoomzoom 数据库复制到.csv 格式的本地文件中：

```
\copy top_cities TO 'top_cities.csv' WITH CSV HEADER DELIMITER ','
```

（4）删除视图：

```
DROP VIEW top_cities;
```

对于上述语句的详细解释如下。

❑ CREATE TEMP VIEW top_cities AS (...) 表示正在创建一个新的临时视图。

❑ SELECT city, count(1) AS number_of_customers ... 是一个查询，它为我们提供了每个城市的客户数量。因为添加了 LIMIT 10 语句，所以仅提取前 10 个城市，按第二列（number_of_customers，客户数量）排序。这样还会过滤掉没有填写城市的客户。

❑ \copy ... 将此视图中的数据复制到本地计算机上的 top_cities.csv 文件中。

❑ DROP VIEW top_cities; 删除视图，因为我们不再需要它。

打开 top_cities.csv 文本文件，你应该会看到如图 4.3 所示的输出。

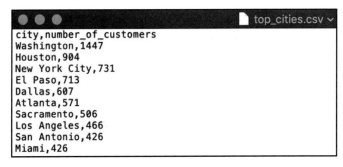

图 4.3 \copy 命令的输出

ⓘ 注意：

在这里，输出文件是 top_cities.csv。本章接下来的练习将使用这个文件。

现在我们已经从数据库中获得了 CSV 文件格式的输出，可以使用电子表格程序（如 Excel）打开它。

（5）使用 Microsoft Excel 或你喜欢的电子表格软件或文本编辑器打开 top_cities.csv 文件，如图 4.4 所示。

（6）选择所有数据。在本示例中就是从单元格 A1 到单元格 B11，如图 4.5 所示。

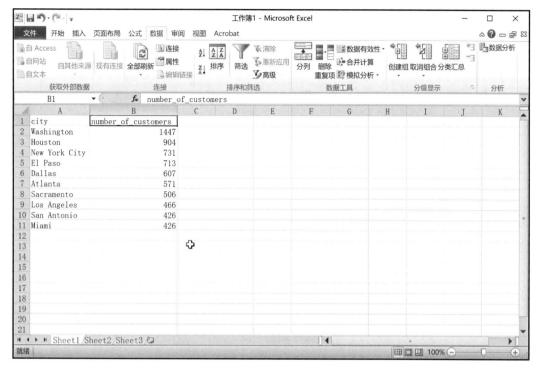

图 4.4　在 Excel 中打开 top_cities.csv 文件

图 4.5　通过单击鼠标并从单元格 A1 拖动到单元格 B11 来选择整个数据集

（7）在顶部菜单中选择"插入"选项卡，然后单击"柱形图"图标以创建二维柱形图，选择"簇状柱形图"选项，如图 4.6 所示。

（8）此时获得的输出如图 4.7 所示。

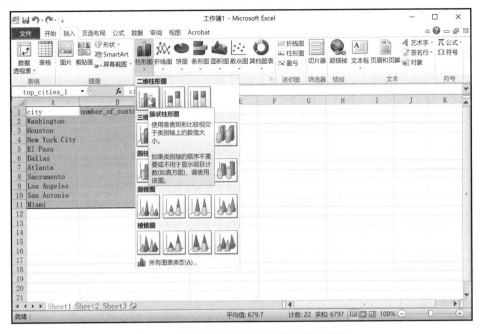

图 4.6　插入柱形图以可视化显示所选数据

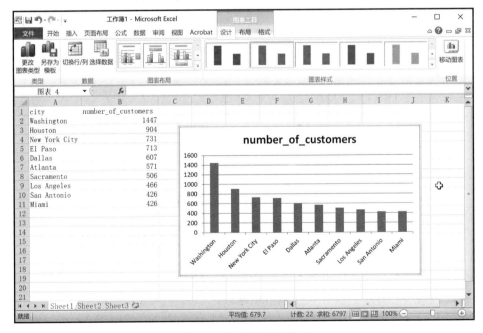

图 4.7　可视化的最终输出

从这张图表中可以看到，Washington（华盛顿特区）的客户数量非常多。基于这个简单的分析，华盛顿特区应该是 ZoomZoom 扩张的下一个目标。

ⓘ 注意：

要获得本小节源代码，请访问以下网址：

https://packt.live/2AsBNP9

本练习使用了 psql 和 \copy 命令导出数据，以便在 Excel 中执行数据的可视化。这种分析可能有助于高管做出关于他们应该在哪里开设下一家经销商的决策。

接下来，我们将研究如何使用高级可编程分析工具来分析数据。

4.3　使用 R 分析数据

现在你已经可以将数据复制到数据库或从数据库中复制数据，这意味着你可以自由地从 SQL 扩展到其他数据分析工具（如 Excel），并将任何可以读取 CSV 文件作为输入的程序合并到你的工作流程中。

虽然几乎所有的分析工具都可以读取 CSV 文件，但你仍然需要下载数据。向你的分析管道添加更多步骤会使你的工作流程更加复杂。过于复杂的工作流程并不可取，因为它需要额外的维护，并且会增加故障点的数量。

因此，更好的做法是直接通过分析代码连接到数据库。本节将讨论如何在 R 中做到这一点，R 是一种专门为统计计算而设计的编程语言。在后面的章节中，我们还将研究如何将数据管道与 Python 集成。

4.3.1　使用 R 的原因

虽然使用纯 SQL 可以对数据执行聚合级别的描述性统计计算，但 R 的功能显然更加强大，它允许我们执行其他统计分析，包括机器学习、回归分析和显著性检验等。

R 还允许分析人员创建数据可视化，使趋势更清晰且更易于解释。

可以说，R 比任何其他可用的分析软件都具有更多的统计功能。

4.3.2　开始使用 R

因为 R 是一种支持 Windows、MacOS 和 Linux 系统的开源语言，所以很容易上手。以下是快速建立 R 环境的操作步骤。

（1）下载最新版本的 R。其网址如下：

https://cran.r-project.org/

（2）安装 R 后，还可以下载并安装 RStudio，这是一个用于 R 编程的集成开发环境（integrated development environment，IDE），其网址如下：

http://rstudio.org/download/desktop

（3）接下来还需要在 R 中安装 RPostgreSQL 包。可以在 RStudio 中通过导航到 Packages（包）选项卡并单击 Install（安装）图标来执行此操作，如图 4.8 所示。

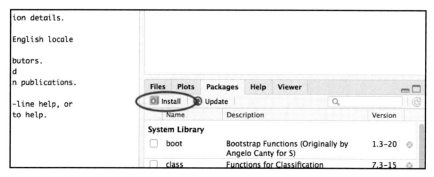

图 4.8　在 RStudio 的 Packages（包）选项卡中安装 R 包

（4）在 Install Packages（安装包）窗口中搜索 RPostgreSQL 包并单击 Install（安装）按钮以安装该包，如图 4.9 所示。

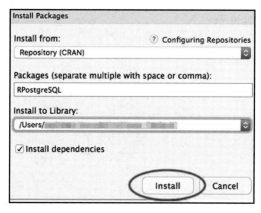

图 4.9　在 RStudio 的 Install Packages（安装包）窗口中搜索包

（5）使用 RPostgreSQL 包将一些数据加载到 R 中。可以使用以下命令：

```
library(RPostgreSQL)
con <- dbConnect(PostgreSQL(), host="my_host", user="my_username",
password="my password", dbname="zoomzoom", port=5432)
result <- dbGetQuery(con, "select * from customers limit 10;")
result
```

其输出如图 4.10 所示。

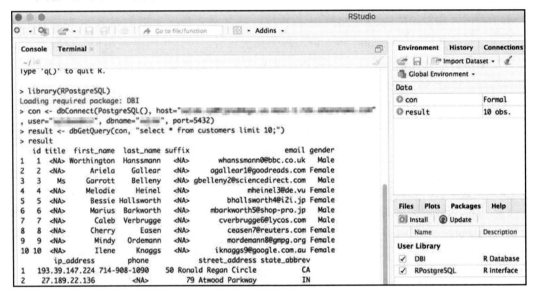

图 4.10　来自 R 中的数据库连接的输出

对上述命令的详细解释如下。

❑ library(RPostgreSQL) 是在 R 中加载库的语法。

❑ con <- dbConnect(PostgreSQL(), host="my_host", user="my_username", password = "my_password", dbname = "zoomzoom", port = 5432) 可以建立到数据库的连接。所有数据库参数都在此处输入，因此你可以根据设置的需要替换参数。如果你设置了.pgpass 文件，则可以省略 password 参数。

❑ result <- dbGetQuery(con, "select * from customers limit 10;") 可运行一个简单查询来测试连接并检查结果。数据将作为一个 R DataFrame 存储在 result 变量中。

❑ 最后一行的 result 只是存储 DataFrame 的变量的名称，如果没有赋值，则 R 终端将打印变量或表达式的内容。

至此，我们已经成功地将数据库中的数据导出到 R 中。这将为你想要执行的任何分析奠定基础。将数据加载到 R 后，可以通过研究其他包和使用其他 R 包的技术来继续处理数据。例如，dplyr 可用于数据操作和转换，ggplot2 包可用于数据可视化等。

接下来，让我们看看另一种常用于数据分析的编程语言——Python。

4.4　使用 Python 分析数据

尽管 R 具有很广泛的功能，但许多数据科学家和数据分析师都开始偏向于使用 Python。为什么？因为 Python 是一种类似的高级语言，可以很容易地用于处理数据。虽然 R 中的统计包和功能的数量仍然比 Python 具有优势，但 Python 的用户群正在快速增长，并且在最近的调查中普遍超过了 R。Python 的许多功能也比 R 更快，部分原因是它大部分是用 C 语言编写的，而 C 是一种低级编程语言。

Python 的另一大优势是它非常通用。R 通常只用于研究和统计分析社区，但 Python 则可以用来做任何事情，从统计分析到构建 Web 应用程序，再到机器学习等，应有尽有。因此，Python 的开发者社区要大得多。更大的开发者社区是一个很大的优势，因为有更好的社区支持（如 Stack Overflow），并且每天都有更多的 Python 包和模块在开发。

Python 的最后一个重要优势是，因为它是一种通用编程语言，所以开发人员可以更轻松地将 Python 代码部署到生产环境中，并且某些控件（如 Python 命名空间）也使 Python 不易出错。

由于这些优势，学习 Python 更可取，除非你需要的功能仅在 R 中可用，或者你的团队的其他成员正在使用 R。

4.4.1　使用 Python 的原因

虽然 SQL 可以执行聚合级别的描述性统计，但 Python 和 R 一样，允许分析人员执行更强大的统计分析和数据可视化功能。除这些优势之外，Python 还可用于创建可部署到生产环境的可重复管道，也可用于创建交互式分析 Web 服务器。

R 是一门专业的编程语言，而 Python 是一门通用的编程语言。也就是说，无论你的分析要求是什么，几乎总是可以使用 Python 中提供的工具来完成你的任务。

4.4.2　开始使用 Python

虽然有很多方法可以访问 Python，但 Python 的 Anaconda 发行版使获取和安装 Python 和其他分析工具变得特别容易，因为它附带了许多常用的分析包以及一个出色的包管理器。出于这个原因，本书将使用 Anaconda 发行版。

请按以下步骤设置使用 Anaconda 发行版并连接到 Postgres。

（1）下载并安装 Anaconda，其网址如下：

https://www.anaconda.com/distribution/

在安装过程中，请确保选择了 Add Anaconda to PATH（将 Anaconda 添加到 PATH
系统环境变量）选项。

（2）完成安装后，打开适用于 Mac/Windows 系统的 Anaconda 提示符界面。在命令
行输入"python"并检查是否可以访问 Python 解释器，如图 4.11 所示。

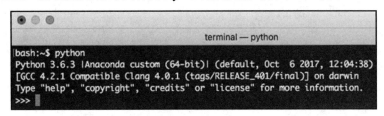

图 4.11　Python 解释器现在可用并已准备好接收输入

ℹ️ 注意：

如果出现错误，可能是因为需要指定 Python 路径。可以输入 quit()退出。

（3）接下来，使用 Anaconda 包管理器 conda 下载并安装适用于 Python 的 PostgreSQL
数据库客户端 psycopg2。在命令行输入以下命令以安装 Postgres 数据库客户端：

```
pip install psycopg2
```

（4）打开 Python 解释器并从数据库中加载一些数据。在命令行输入"python"以打
开 Python 解释器。

（5）开始编写 Python 脚本以加载数据：

```
import psycopg2
with psycopg2.connect(host="my_host", user="my_username",
password="my_password", dbname="zoomzoom", port=5432) as conn:
  with conn.cursor() as cur:
    cur.execute("SELECT * FROM customers LIMIT 5")
    records = cur.fetchall()

records
```

图 4.12 显示了代码和输出。

```
bash:~$ python
Python 3.7.4 (default, Aug 13 2019, 15:17:50)
[Clang 4.0.1 (tags/RELEASE_401/final)] :: Anaconda, Inc. on darwin
Type "help", "copyright", "credits" or "license" for more information.
>>> import psycopg2
>>> with psycopg2.connect(host="0.0.0.0", dbname="sqlda", port=5432)
as conn:
...     with conn.cursor() as cur:
...         cur.execute("SELECT * FROM customers LIMIT 5")
...         records = cur.fetchall()
...
>>> records
[(1, None, 'Arlena', 'Riveles', None, 'ariveles0@stumbleupon.com',
'F', '98.36.172.246', None, None, None, None, None, None, None,
datetime.datetime(2017, 4, 23, 0, 0)), (2, 'Dr', 'Ode', 'Stovin',
None, 'ostovinl@npr.org', 'M', '16.97.59.186', '314-534-4361', '2573
Fordem Parkway', 'Saint Louis', 'MO', '63116', 38.5814, -90.2625,
datetime.datetime(2014, 10, 2, 0, 0)), (3, None, 'Braden', 'Jordan',
None, 'bjordan2@geocities.com', 'M', '192.86.248.59', None, '5651
Kennedy Park', 'Pensacola', 'FL', '32590', 30.6143, -87.2758,
datetime.datetime(2018, 10, 27, 0, 0)), (4, None, 'Jessika', 'Nussen',
None, 'jnussen3@salon.com', 'F', '159.165.138.166', '615-824-2506',
'224 Village Circle', 'Nashville', 'TN', '37215', 36.0986, -86.8219,
datetime.datetime(2017, 9, 3, 0, 0)), (5, None, 'Lonnie', 'Rembaud',
None, 'lrembaud4@discovery.com', 'F', '18.131.58.65', '786-499-3431',
'38 Lindbergh Way', 'Miami', 'FL', '33124', 25.5584, -80.4582,
datetime.datetime(2014, 3, 6, 0, 0))]
```

图 4.12　Python 数据库连接的代码和输出

对于这些命令的详细解释如下。

首先，我们使用以下命令导入 psycopg2 包：

```
import psycopg2
```

接下来，使用以下命令设置连接对象：

```
psycopg2.connect(host="my_host", user="my_username", password =
"my_password", dbname="zoomzoom", port=5432)
```

所有数据库参数都在此处输入，因此你应该根据设置的需要替换参数。如果设置
了.pgpass 文件，则可以省略 password 参数。

这是用 Python 中的 with ... as conn 语句包装的。当使用缩进格式返回时，with 语句
会自动拆除对象（在本例中就是数据库连接）。这对于数据库连接特别有用，其中空闲
连接可能会无意中消耗数据库资源。可以使用 as conn 语句将此连接对象存储在 conn 变

量中。

现在我们有了一个连接，还需要创建一个 cursor 对象，它可以让我们从数据库中读取。conn.cursor()可创建数据库 cursor 对象，它允许在数据库连接中执行 SQL，而 with 语句则允许在不再需要游标时自动拆除它。

cur.execute("SELECT * FROM customers LIMIT 5")可以将"SELECT * FROM customers LIMIT 5" 查询发送到数据库并执行它。

records = cur.fetchall()可以获取查询结果中的所有剩余行，并将这些行都分配给 records 变量。

现在我们已经将查询发送到数据库并接收了记录，可以重置缩进级别。我们可以通过输入表达式（在本示例中只有变量名 records）并按 Enter 键来查看结果。此输出是我们收集的 5 个客户的记录。

可以看到，虽然我们能够连接到数据库并读取数据，但这需要若干个步骤，而且语法比我们尝试过的其他方法要复杂一些。因此，虽然 psycopg2 功能强大，但使用 Python 中的其他包来促进与数据库的交互会更好。

4.4.3　使用 SQLAlchemy 和 Pandas 改进 Python 中的 Postgres 访问

如前文所述,虽然 psycopg2 是一个用于从 Python 访问 Postgres 的强大数据库客户端，但我们可以通过使用其他一些包（如 Pandas 和 SQLAlchemy）来简化编写代码的工作。

首先让我们来看一下 SQLAlchemy，这是一个 Python SQL 工具包和对象关系映射器（object-relational mapper，ORM），它可以将对象的表示映射到数据库表。特别是，我们将研究 SQLAlchemy 数据库引擎及其提供的一些优势，这将使我们能够无缝访问数据库，而无须担心连接和游标问题。

其次我们将讨论 Pandas——这是一个可以执行数据操作和促进数据分析的 Python 包。Pandas 包允许在内存中表示数据表结构（其数据表称为 DataFrame）。Pandas 还具有高级 API，使我们仅通过几行代码就可以从数据库中读取数据。

图 4.13 显示了对象关系映射器（ORM）。

虽然这两个包都很强大，但值得注意的是，它们仍然使用 psycopg2 包来连接数据库并执行查询。这些包提供的最大优势是它们抽象了连接到数据库的一些复杂性。通过抽象这些复杂性，我们可以轻松地连接到数据库，而不必担心可能会忘记关闭连接或拆除游标。

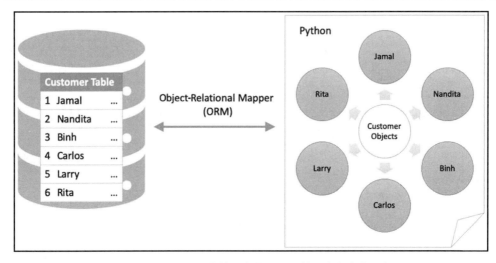

图 4.13　ORM 可以将数据库中的行映射到内存中的对象

原　　文	译　　文	原　　文	译　　文
Customer Table	Customer 表	Customer Objects	Customer 对象
Object-Relational Mapper(ORM)	对象关系映射器（ORM）		

4.4.4　关于 SQLAlchemy

SQLAlchemy 是一个 SQL 工具包和 ORM。虽然它提供了一些很棒的功能，但在这里我们关注的主要是 SQLAlchemy Engine 对象。

SQLAlchemy Engine 对象包含有关数据库类型（在我们的例子中是 PostgreSQL）和连接池的信息。连接池允许多个同时操作的数据库连接。连接池的设计也有其优点，即它在发送要执行的查询之前不会创建连接。因为这些连接是在查询执行之前才形成的，所以 Engine 对象表现出延迟初始化（lazy initialization）的特点。这里的 lazy 本意是"懒惰"，表示 Engine 对象是一个懒癌患者，在发出请求之前什么都不做，直到要发送请求时才匆匆建立数据库连接。虽然懒癌患者不为人所喜，但在这里它是有益的，因为它最大限度地减少了连接时间并减少了数据库的负载。

SQLAlchemy Engine 对象的另一个优点是它会自动提交由于 CREATE TABLE、UPDATE、INSERT 和其他修改数据库的语句而对数据库的更改。

本示例使用它是因为它提供了一个稳定可靠的 Engine 对象来访问数据库。如果连接被删除，则 SQLAlchemy Engine 对象可以实例化该连接，因为它有一个连接池。它还提供了一个很好的接口，可以轻松与其他包（如 Pandas）配合使用。

4.4.5　结合使用 Python 和 Jupyter Notebook

除了在命令行上交互式地使用 Python 之外，我们还可以在 Web 浏览器中以笔记本形式使用 Python。这对于显示可视化结果和运行探索性分析很有用。

本节将使用 Jupyter Notebook，它已经作为 Anaconda 的一部分安装。在命令行上，运行以下命令：

```
jupyter notebook
```

在默认浏览器中可以看到如图 4.14 所示的弹出窗口。

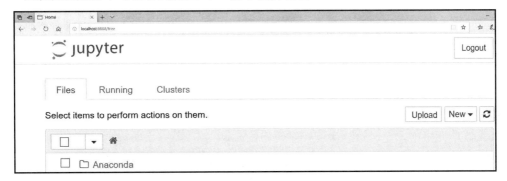

图 4.14　浏览器中的 Jupyter Notebook 弹出窗口

接下来，可以创建一个新笔记本，如图 4.15 所示。

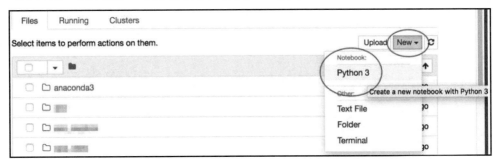

图 4.15　创建一个新的 Python 3 Jupyter Notebook

在命令提示符处，输入以下 import 语句：

```
from sqlalchemy import create_engine
import pandas as pd
```

可以看到，在这里我们导入了两个包。第一个是 sqlalchemy 包中的 create_engine 模块，第二个是 pandas，我们将其重命名为 pd，因为这是标准约定（并且字符数较少）。

使用这两个包，即可在数据库中读取和写入数据并可视化输出。

按 Shift + Enter 组合键运行这些命令，会弹出一个新的活动单元格，如图 4.16 所示。

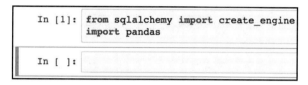

图 4.16　在 Jupyter Notebook 中运行第一个单元格

接下来，需要配置笔记本以内联显示绘图和可视化结果。可使用以下命令来做到这一点：

```
%matplotlib inline
```

这是在告诉 matplotlib 包（它是 Pandas 的依赖项）在我们的笔记本中内联创建绘图和可视化。再次按 Shift + Enter 组合键以跳转到下一个单元格。

在该单元格中，定义数据库连接字符串：

```
cnxn_string = ( "postgresql+psycopg2://{username}:{pswd}"
                "@{host}:{port}/{database}")
print(cnxn_string)
```

再次按 Shift + Enter 组合键，现在你应该会看到打印的连接字符串。

接下来，我们还需要填写参数并创建数据库 Engine 对象。请注意，你需要使用特定连接的参数替换以 your_ 开头的字符串：

```
engine = create_engine(cnxn_string.format(
    username="your_username",
    pswd="your_password",
    host="your_host",
    port=5432,
    database="your_database_name"))
```

在上述命令中，运行了 create_engine 来创建数据库 Engine 对象。我们传入了连接字符串，并通过填写{username}、{pswd}、{host}、{port}和{database}的占位符来为特定数据库连接格式化它。

如果数据库托管在本地，则主机可以是 IP 地址、域名或单词 localhost。

因为 SQLAlchemy 是延迟初始化的，所以在我们尝试发送命令之前都不会知道数据库连接是否成功，因此可以通过运行以下命令并按 Shift+Enter 组合键来测试此数据库 Engine 对象是否能正常工作：

```
engine.execute("SELECT * FROM customers LIMIT 2;").fetchall()
```

此时的输出如图 4.17 所示。

```
[(1, None, 'Arlena', 'Riveles', None, 'ariveles0@stumbleupon.com', 'F', '98.36.172.246', None, None, None, None
, None, None, datetime.datetime(2017, 4, 23, 0, 0)),
 (2, 'Dr', 'Ode', 'Stovin', None, 'ostovin1@npr.org', 'M', '16.97.59.186', '314-534-4361', '2573 Fordem Parkway', 'Sa
int Louis', 'MO', '63116', 38.5814, -90.2625, datetime.datetime(2014, 10, 2, 0, 0))]
```

图 4.17　在 Python 中执行查询的结果

可以看到，该命令的输出是一个 Python 列表，其中包含来自数据库元组中的行。

虽然我们已经成功地从数据库中读取数据，但其实将数据读入 Pandas DataFrame 更实用，这也是接下来我们要讨论的主题。

4.4.6　使用 Pandas 读写数据库

Python 带有出色的数据结构，包括列表、字典和元组。虽然这些都很有用，但我们的数据通常使用带有行和列的表格形式表示，类似于数据库中存储数据的方式。出于该目的，Pandas 中的 DataFrame 对象可能特别有用。

除了提供强大的数据结构，Pandas 还提供以下功能。

❑　直接从数据库读取数据的功能。

❑　数据可视化。

❑　数据分析工具。

如果继续使用 Jupyter Notebook，则可以使用 SQLAlchemy Engine 对象将数据读入 Pandas DataFrame：

```
customers_data = pd.read_sql_table('customers', engine)
```

现在，我们已经将整个 customers 表作为 Pandas DataFrame 存储在 customers_data 变量中。Pandas read_sql_table 函数需要两个参数：表的名称和可连接的数据库（在本示例中为 SQLAlchemy Engine 对象）。

当然，你也可以使用 read_sql_query 函数，它采用查询字符串而不是表名。

你的 Notebook 此时可能如图 4.18 所示。

在掌握了如何从数据库中读取数据之后，即可开始做一些基本的分析和可视化。在接下来的练习中，我们将使用 Python 读取和可视化数据。

```
In [1]:  from sqlalchemy import create_engine
         import pandas as pd
         % matplotlib inline

In [2]:  cnxn_string = ("postgresql+psycopg2://{username}:{pswd}"
                         "@{host}:{port}/{database}")
         print(cnxn_string)

         postgresql+psycopg2://{username}:{pswd}@{host}:{port}/{database}

In [3]:  engine = create_engine(cnxn_string.format(
             username="▓▓▓▓▓▓▓",
             pswd="▓▓▓▓▓▓▓▓▓▓▓",
             host="▓▓▓▓▓▓▓▓▓▓▓▓▓▓▓▓▓▓▓▓▓▓▓▓▓▓▓▓▓▓▓▓▓▓▓",
             port=5432,
             database="▓▓▓▓▓"))

In [4]:  engine.execute("SELECT * FROM customers LIMIT 2;").fetchall()

Out[4]:  [(1, None, 'Arlena', 'Riveles', None, 'ariveles0@stumbleupon.com', 'F', '98.36.172.246', None, None, None, None, None
          , None, None, datetime.datetime(2017, 4, 23, 0, 0)),
           (2, 'Dr', 'Ode', 'Stovin', None, 'ostovin1@npr.org', 'M', '16.97.59.186', '314-534-4361', '2573 Fordem Parkway', 'Sa
         int Louis', 'MO', '63116', 38.5814, -90.2625, datetime.datetime(2014, 10, 2, 0, 0))]

In [5]:  customers_data = pd.read_sql_table('customers', engine)

In [ ]:  |
```

图 4.18　Jupyter Notebook 中的操作结果

4.4.7　练习 4.02：在 Python 中读取和可视化数据

本练习将从数据库输出中读取数据，并使用 Python、Jupyter Notebook、SQLAlchemy 和 Pandas 对结果进行可视化。

我们将按城市分析客户的人口统计信息，以便更好地了解公司的目标受众。

请执行以下步骤以完成练习。

（1）打开上一小节中的 Jupyter Notebook，然后单击最后一个空单元格。

（2）输入以下用三引号括起来的查询（三引号允许字符串在 Python 中跨越多行）：

```
query = """
SELECT city,
COUNT(1) AS number_of_customers,
COUNT(NULLIF(gender, 'M')) AS female,
COUNT(NULLIF(gender, 'F')) AS male
FROM customers
   WHERE city IS NOT NULL
   GROUP BY 1
   ORDER BY 2 DESC
   LIMIT 10
"""
```

此查询将针对每个城市计算客户数量并分别统计男性和女性客户的数量。它还将删除缺少城市信息的客户，并按第一列（city，城市）汇总客户数据。除此之外，它还将按第二列（number_of_customers，客户数量）从大到小（降序）对数据进行排序。最后，它将输出限制在前 10 个（即客户数量最多的前 10 个城市）。

（3）使用以下命令将查询结果读入 Pandas DataFrame 并按 Shift + Enter 组合键执行单元格：

```
top_cities_data = pd.read_sql_query(query, engine)
```

在新单元格中输入 top_cities_data 并按 Shift + Enter 组合键即可查看数据。这和 Python 解释器一样，输入变量或表达式将显示输出值，如图 4.19 所示。

Out[7]:	city	number_of_customers	female	male
0	Washington	1447	734	713
1	Houston	904	446	458
2	New York City	731	369	362
3	El Paso	713	369	344
4	Dallas	607	309	298
5	Atlanta	571	292	279
6	Sacramento	506	244	262
7	Los Angeles	466	241	225
8	San Antonio	426	207	219
9	Miami	426	195	231

图 4.19　将查询结果存储为 Pandas DataFrame

可以看到，默认情况下，Pandas 还会对行进行编号。在 Pandas 中，这被称为索引（index）。

（4）现在可以绘制前 10 个城市中每个城市的男性和女性客户人数。要分别查看每个城市的统计数据，可以使用简单的条形图：

```
ax = top_cities_data.plot.bar('city', y=['female', 'male'],\
title='Number of Customers by Gender and City')
```

其输出如图 4.20 所示。

该结果表明，对于我们要考虑扩展经销商的城市，客户的性别没有显著差异。

ℹ️ **注意：**

要获得本小节源代码，请访问以下网址：

https://packt.live/3dWFw6b

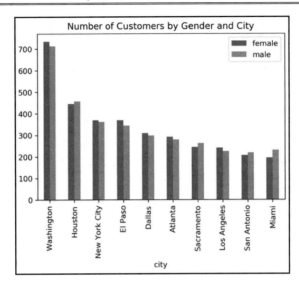

图 4.20　Jupyter Notebook 中的数据可视化

本练习能够以编程方式从数据库中读取数据，并对结果进行数据可视化。

接下来，让我们看看如何将数据（如统计分析的结果）写回数据库。

4.4.8　使用 Python 将数据写入数据库

有很多应用场景都需要使用 Python 将数据写回数据库；值得高兴的是，Pandas 和 SQLAlchemy 使这项任务变得相对容易。

如果已经将数据保存在 Pandas DataFrame 中，则可以使用 Pandas 的 to_sql(...)函数将数据写回数据库，该函数需要两个参数：要写入的表的名称和数据库连接。最重要的是，to_sql(…)函数还可以通过使用 DataFrame 的数据类型推断列类型来创建目标表。

我们可以使用之前创建的 top_cities_data DataFrame 来测试这个功能。在现有的 Jupyter Notebook 中使用以下 to_sql(...) 命令：

```
top_cities_data.to_sql('top_cities_data', engine,\
    index=False, if_exists='replace')
```

除两个必需的参数之外，我们还为这个函数添加了两个可选参数。

❏ index 参数可指定是否希望索引也是数据库表中的列（值为 False 表示不会包含它）。

❏ if_exists 参数允许指定如何处理数据库中已经存在包含数据的表的情形。在这种情况下，'replace'选项指示要删除该表并用新数据替换它。一般来说，在使用

'replace'选项时应谨慎行事，因为你可能会无意中丢失现有数据。

现在可以从任何数据库客户端查询这些数据，包括 psql。以下语句可在数据库中查询这个新表的结果：

```
select * from top_cities_data LIMIT 10;
```

其输出如图 4.21 所示。

```
     city       | number_of_customers | female | male
----------------+---------------------+--------+------
 Washington     |                1447 |    734 |  713
 Houston        |                 904 |    446 |  458
 New York City  |                 731 |    369 |  362
 El Paso        |                 713 |    369 |  344
 Dallas         |                 607 |    309 |  298
 Atlanta        |                 571 |    292 |  279
 Sacramento     |                 506 |    244 |  262
 Los Angeles    |                 466 |    241 |  225
 San Antonio    |                 426 |    207 |  219
 Miami          |                 426 |    195 |  231
(10 rows)
```

图 4.21　在 Python 中创建的数据现已导入数据库

虽然此功能很简单并且可以按预期工作，但它使用了 insert 语句将数据发送到数据库。对于一个仅包括 10 行的小表，这是可以接受的；但是，对于较大的表，则使用 psql\copy 命令会快得多。

4.4.9　使用 COPY 提高 Python 写入速度

实际上，我们也可以将 COPY 命令与 Python、SQLAlchemy 和 Pandas 结合在一起使用，以提供与 psql 中的\copy 命令相同的速度。

例如，假设我们定义了以下函数：

```
import csv
from io import StringIO

def psql_insert_copy(table, conn, keys, data_iter):
  # 获得可以提供游标的 DBAPI 连接
  dbapi_conn = conn.connection
  with dbapi_conn.cursor() as cur:
    s_buf = StringIO()
    writer = csv.writer(s_buf)
    writer.writerows(data_iter)
```

```
s_buf.seek(0)

columns = ', '.join('"{}"'.format(k) for k in keys)
if table.schema:
 table_name = '{}.{}'.format(table.schema, table.name)
else:
 table_name = table.name

sql = 'COPY {} ({}) FROM STDIN WITH CSV'.format(table_name, columns)
cur.copy_expert(sql=sql, file=s_buf)
```

然后可以利用 to_sql 中的方法参数，如下所示：

```
top_cities_data.to_sql('top_cities_data', engine,
     index=False, if_exists='replace',
     method=psql_insert_copy)
```

此处定义的 psql_insert_copy 函数无须修改任何从 Pandas 导入的 PostgreSQL 即可使用。此代码所执行操作的详细解释如下。

（1）执行一些必要的导入后，首先使用 def 关键字定义函数，后跟函数名（psql_insert_copy）和参数（table、conn、keys 和 data_iter）。

（2）建立一个可以用于执行的连接（dbapi_conn）和游标（cur）。

（3）将行中的所有数据（以 data_iter 表示）写入字符串缓冲区（s_buf），该缓冲区的格式类似于 CSV 文件，但存在于内存中而不是硬盘上。

（4）定义列名（columns）和表名（table_name）。

（5）通过标准输入（STDIN）流式传输 CSV 文件内容来执行 COPY 语句。

虽然直接从数据库读取和写入，或从文件将数据导入数据库是有帮助的，但有时我们也希望在将数据发送到数据库之前将文件读入 Python 进行预处理（例如，如果文件包含错误并且不能被数据库直接读取，或者如果文件需要附加分析）。在这些情况下，可以考虑利用 Python 来读取和写入 CSV 文件。

4.4.10　用 Python 读写 CSV 文件

到目前为止，我们已经介绍了 Python 与 SQL 结合使用的方法。但是，Python 也可以通过其他方式处理数据。

除在数据库中读取和写入数据之外，还可以使用 Python 从本地文件系统中读取和写入数据。使用 Pandas 读取和写入 CSV 文件的命令与从我们的数据库中读取或写入数据的命令非常相似，具体如下。

❑ 对于写入操作，pandas.DataFrame.to_csv(file_path, index=False)将使用提供的 file_path 路径将 DataFrame 写入本地文件系统。DataFrame 是 Pandas 的一个属性，用于临时存储数据。

DataFrame 的 to_csv()方法具有以下参数。

➢ file_path：它是一个字符串，以特定于操作系统的格式表示输出文件的路径。

➢ index：如果设置为 True，则会将行号写入输出数据。

❑ 对于读取操作，pandas.read_csv(file_path, dtype={})将返回位于 file_path 的 CSV 文件中提供的数据的 DataFrame 表示。

读取 CSV 文件时，Pandas 将根据文件中的值推断正确的数据类型。例如，如果列仅包含整数，那么它将创建具有 int64 数据类型的列。

类似地，它可以推断列是否包含浮点数、时间戳或字符串。Pandas 还可以推断文件是否有标题，一般来说，此功能运行良好。如果有一列未正确读入（例如，5 位美国邮政编码可能作为一个整数被读入，导致前导零被忽略——例如，"07123"变为"7123"，没有了前导零），则可以直接使用 dtype 参数指定列类型。例如，如果你的数据集中有一个 zip_code 列，则可以使用 dtype={'zip_code': str} 指定它是一个字符串。

ⓘ 注意：

格式化 CSV 文件的方式有很多种。虽然 Pandas 通常可以推断出正确的标题和数据类型，但也提供了许多参数来根据你的需要自定义 CSV 文件的读取和写入。

使用 Notebook 中的 top_cities_data 数据集，可以测试该功能：

```
top_cities_data.to_csv('top_cities_analysis.csv', index=False)
my_data = pd.read_csv('top_cities_analysis.csv')
my_data
```

my_data 现在包含我们写入 CSV 文件然后读回的数据。

在这种情况下，我们不需要指定可选的 dtype 参数，因为可以使用 Pandas 正确推断出我们的列。你应该会看到 top_cities_data 中数据的相同副本，如图 4.22 所示。

	city	number_of_customers	female	male
0	Washington	1447	734	713
1	Houston	904	446	458
2	New York City	731	369	362
3	El Paso	713	369	344

图 4.22　检查是否可以在 Pandas 中写入和读取 CSV 文件

在此示例中，我们能够使用从数据库中查询的数据从 Python 读取和写入 CSV 文件。有了这些技能，我们现在就可以在文件和数据库之间、Python 和数据库之间以及 Python 和文件之间导入和导出数据。

4.5　导入和导出数据的最佳实践

到目前为止，我们已经探讨了在计算机和数据库之间读取和写入数据的几种不同方法。每种方法都有自己的用例和目的。一般来说，有两个关键因素可以指导你的决策过程。

❑　你应该尝试使用与分析数据相同的工具来访问数据库。当你添加更多步骤以将数据从数据库传输到分析工具时，会增加出现新错误的机会。当你无法使用与处理数据相同的工具访问数据库时，可以考虑使用 psql 读取 CSV 文件并将其写入数据库。

❑　写入数据时，可以使用 COPY 或\copy 命令以节省时间。

4.5.1　跳过密码

除前文提到的所有内容之外，设置一个.pgpass 文件也是一个好主意。.pgpass 文件可指定用于连接到数据库的参数，包括你的密码。如果你的.pgpass 文件包含匹配主机名、数据库和用户名的密码，则本章讨论的所有访问数据库的编程方法（使用 psql、R 和 Python）都允许你跳过密码参数。这不仅节省了你的时间，而且还提高了数据库的安全性，因为你可以自由地共享你的代码，而不必担心嵌入在代码中的密码。

在基于 UNIX 的系统和 MacOS 上，你可以在主目录中创建.pgpass 文件。在 Windows 系统上，则可以在%APPDATA%\postgresql\pgpass.conf 中创建该文件。该文件应包含你要存储的每个数据库连接的一行，并且应遵循以下格式（为你的数据库参数定制的）：

```
hostname:port:database:username:password
```

对于 UNIX 和 Mac 用户，需要在命令行（即在 Terminal 中）使用以下命令更改文件的权限：

```
chmod 0600 ~/.pgpass
```

对于 Windows 用户，假设你已保护该文件的权限，以便其他用户无法访问它。创建文件后，可以通过在终端调用 psql 来测试它是否能够正常工作，如下所示：

```
psql -h my_host -p 5432 -d my_database -U my_username
```

如果.pgpass 文件创建成功，则不会提示你输入密码。

有了这个文件及设置之后，现在就可以在不输入密码的情况下连接到数据库，这既加快了开发速度，又降低了意外共享密码的风险。

在接下来的作业中，我们将利用本章中学习到的所有知识以了解如何通过导入新数据集来发现销售趋势。

4.5.2　作业 4.01：使用外部数据集发现销售趋势

本次作业将使用美国人口普查数据中按邮政编码区域划分的公共交通的利用情况，以查看公共交通的利用水平是否与给定地区的 ZoomZoom 销售有任何相关性。这将使我们能够练习以下技能。

❑　从数据库导入和导出数据。

❑　以编程方式与数据库交互（例如，将 Python 与 SQLAlchemy 和 Pandas 结合使用）。

在开始之前，你需要从 GitHub 下载按邮政编码区域划分的公共交通统计数据，其网址如下：

https://packt.live/37ruT94

该数据集包含以下 3 列。

❑　zip_code：这是用于识别地区的 5 位数美国邮政编码。

❑　public_transportation_pct：这是邮政编码区域中被确定为使用公共交通工具上下班的人口的百分比。

❑　public_transportation_population：这是邮政编码区域中使用公共交通工具上下班的原始人数。

执行以下步骤以完成此作业。

（1）将公共交通数据集中的数据复制到 ZoomZoom 客户数据库，方法是将这些数据导入 ZoomZoom 数据库的新表中。

（2）在此数据中找到 public_transportation_pct 的最大值和最小值。小于 0 的值很可能表示数据缺失。

（3）计算居住在公共交通使用率高的地区（超过 10%）和公共交通使用率低的地区（小于或等于 10%）的客户的平均销售额。

（4）将数据读入 Pandas 并绘制分布直方图。

提示：如果将数据读入 Pandas DataFrame my_data，则可以使用 my_data.plot.hist(y = 'public_transportation_pct')绘制直方图。

（5）在 Pandas 中，使用带有和不带有 method=psql_insert_copy 参数的 to_sql 函数进行测试。速度比较如何？

提示：在 Jupyter Notebook 中，可以在命令前添加%time 以查看执行代码需要花费多长时间。

（6）根据邮政编码区域的公共交通使用情况对客户进行分组，四舍五入到最接近的10%，并查看每位客户的平均交易次数。将此数据导出到 Excel 并创建散点图，以更好地了解公共交通使用情况和销售之间的关系。

（7）根据此项分析的结果，确定你应该对 ZoomZoom 的执行团队在确定扩展城市新经销商时提出什么样的建议。

🛈注意：

本次作业的答案见本书附录。

4.6　小　　结

本章学习了如何将数据库与其他分析工具连接起来，以执行进一步的分析和可视化。虽然 SQL 功能强大，但仍然会有一些独特的分析需要在其他系统进行，为了解决这个问题，SQL 允许你将数据传入和传出数据库以执行可能需要的任何任务。

本章研究了如何使用 psql 命令行工具来查询数据库，探索了 COPY 命令和与 psql 相关的 \copy 命令，这使我们能够将数据批量导入和导出数据库。

本章还研究了如何使用 R 和 Python 等分析工具以编程方式访问数据库。我们探讨了 Python 中的一些高级功能，包括 SQLAlchemy 和 Pandas，这使我们能够执行数据的可视化。

下一章我们将研究可用于在数据中存储复合关系的数据结构，学习如何从文本数据中挖掘见解。我们还将讨论 JSON 和数组数据类型，以便可以充分利用所有可用的信息。

第 5 章　使用复合数据类型进行分析

学习目标

本章介绍如何通过分析复合数据类型来充分利用你的数据。虽然我们通常将数据视为数字，但在现实世界中，它们往往还会以其他格式存在，如文本、日期和时间、纬度和经度。除这些特殊的数据类型之外，其他数据类型还提供有关序列或关系的上下文。本章的目标是阐释如何使用 SQL 和分析技术从这些数据类型中挖掘见解。

到本章结束时，数据分析人员将能够：

❑　使用 datetime 对时间序列数据执行描述性分析。

❑　使用地理空间数据来识别关系。

❑　从复合数据类型（如数组、JSON 和 JSONB）中提取见解。

❑　执行文本分析。

5.1　本章主题简介

在第 4 章"导入和导出数据"中，详细介绍了如何将数据导入和导出到其他分析工具中，以便利用除数据库之外的分析工具。分析数字通常是最容易的，然而，在现实世界中，数据经常还会以其他格式出现，如单词、坐标位置、日期，有时还有复合数据结构。本章将仔细研究这些格式，并探讨如何在分析中使用这些数据。

首先，我们将讨论常见的列类型：latitude（纬度）和 longitude（经度）列。这些数据类型将使我们从时间和地理空间的角度对数据有一个基本的理解。

其次，我们将研究复合数据类型，如数组和 JSON，并学习如何从这些复合数据类型中提取数据点。这些数据结构通常用于另类数据（alternative data）或日志级别数据，如网站日志。

最后，我们还将研究如何从数据库的文本中提取含义，并使用文本数据来提取见解。

到本章结束时，你将极大地扩展你的分析能力，并且可以利用几乎任何类型的数据。

5.2　用于分析的日期和时间数据类型

我们每个人都熟悉日期和时间，但并不经常考虑这些量化指标是如何表示的。它们用数字表示，但不是用单个数字表示。相反，它们是用一组数字来衡量的，年、月、日、小时、分钟等各有一个数字。

然而，我们可能没有意识到，这其实是一个复合表示，包含几个不同的组件。例如，仅知道当前时间的分钟数而不知道当前时间的小时数通常是毫无意义的。此外，还有与日期和时间交互的复合方式，例如，不同的时间点可以相互减去；当前时间可以根据你在地球上的位置以不同的方式表示。

由于这些复杂性，我们在处理此类数据时需要特别小心。事实上，PostgreSQL 和大多数数据库一样，提供了可以表示这些类型值的特殊数据类型。接下来，让我们先从 DATE 类型开始讨论。

5.2.1　关于 DATE 类型

日期可以轻松地用字符串表示（例如，"2000 年 1 月 1 日"，它清楚地表示了一个特定的日期），但日期是一种特殊形式的文本，因为它表示的是一个定量的和有序的值。例如，你可以将一个星期添加到当前日期，产生一个预测日期。给定日期具有许多你可能希望在分析中使用的不同属性，例如，日期所代表的年份或星期几。时间序列分析也需要使用日期，这是最常见的分析类型之一。

SQL 标准包括一个 DATE 数据类型，而 PostgreSQL 则提供了与这种数据类型交互的强大功能。

首先，我们可以将数据库设置为以最熟悉的格式显示日期。PostgreSQL 使用 DateStyle 参数来进行这些设置。要查看当前设置，可以使用以下命令：

```
SHOW DateStyle;
```

上述查询的输出如下：

```
DateStyle
-----------
ISO, DMY
(1 row)
```

第一个参数指定了国际标准化组织（International Organization for Standardization，

ISO）输出格式，将日期显示为年、月、日；第二个参数则指定了输入或输出的顺序。例如，可以是 MDY（月、日、年），也可以是 DMY（日、月、年）。

可使用以下命令配置数据库的输出：

```
SET DateStyle='ISO, MDY';
```

例如，如果要将其设置为欧洲格式的日、月、年，则可使用以下命令：

```
SET DateStyle='GERMAN, DMY';
```

本章使用的显示格式为 ISO YMD（年、月、日），输入格式则是 MDY（月、日、年）。你可以使用上述命令配置此格式。

让我们从测试 DATE 格式开始：

```
# SELECT '1/8/1999'::DATE;
```

该查询的输出如下：

```
date
-----------
1999-01-08
(1 row)
```

可以看到，当我们使用 MDY（月、日、年）格式输入字符串 '1/8/1999' 时，PostgreSQL 知道这是 1999 年 1 月 8 日（而不是 1999 年 8 月 1 日）。

另外，它使用了之前指定的 ISO YMD（年、月、日）格式显示日期，即 YYYY-MM-DD。

类似地，也可以使用以下带有短横线的格式来分隔日期组件，其结果是一样的：

```
# SELECT '1-8-1999'::DATE;
```

该查询的输出如下：

```
date
-----------
1999-01-08
(1 row)
```

以下查询使用了句点来分隔日期组件，其结果仍是一样的：

```
# SELECT '1.8.1999'::DATE;
```

该查询的输出如下：

```
date
-----------
```

```
1999-01-08
(1 row)
```

除了显示作为字符串输入的日期外，还可以使用 PostgreSQL 中的 current_date 关键字来简单地显示当前日期：

```
# SELECT current_date;
```

该查询的输出如下：

```
current_date
--------------
2020-02-04
(1 row)
```

除 DATE 数据类型之外，SQL 标准还提供了 TIMESTAMP 数据类型。时间戳表示日期和时间，可精确到微秒。

可以使用 now()函数查看当前时间戳，还可以使用 AT TIME ZONE 'UTC'指定时区。下面是指定东部标准时区的 now()函数的示例：

```
# SELECT now() AT TIME ZONE 'EST';
```

该查询的输出如下：

```
    timezone
----------------------------
2019-04-28 13:47:44.472096
(1 row)
```

还可以使用没有指定时区的 TIMESTAMP 数据类型。例如，可以直接使用 now()函数获取当前时区：

```
# SELECT now();
```

该查询的输出如下：

```
    now
----------------------------
2019-04-28 19:16:31.670096+00
(1 row)
```

🛈 注意：

一般情况下，建议使用指定时区的时间戳。如果不指定时区，则时间戳的值可能有问题。例如，时间可能以公司所在的时区、协调世界时（universal time coordinated，UTC）时间或客户的时区表示。

DATE 和 TIMESTAMP 数据类型很有帮助，不仅因为它们以可读格式显示日期，还因为它们使用比等效字符串表示形式更少的字节存储这些值（DATE 类型值只需要 4 个字节，而等效文本表示可能需要 8 个字节存储 8 个字符的表示形式，如'20160101'）。

此外，PostgreSQL 还提供了一种特殊的功能来操作和转换日期，这对于数据分析来说特别有用。

5.2.2　转换日期类型

一般来说，我们希望将日期分解为它们的组成部分。例如，对于数据的每月分析，我们可能只对年和月感兴趣，而对具体的日期不感兴趣。

要进行此类分解，可以使用 EXTRACT(component FROM date)。来看一个例子：

```
# SELECT current_date,
    EXTRACT(year FROM current_date) AS year,
    EXTRACT(month FROM current_date) AS month,
    EXTRACT(day FROM current_date) AS day;
```

该代码的输出如下：

```
current_date    | year  | month | day
----------------+-------+-------+-----
2019-04-28      | 2019  | 4     | 28
(1 row)
```

类似地，我们可以将这些组件缩写为 y、mon 和 d，PostgreSQL 会明白我们想要什么：

```
# SELECT current_date,
    EXTRACT(y FROM current_date) AS year,
    EXTRACT(mon FROM current_date) AS month,
    EXTRACT(d FROM current_date) AS day;
```

该代码的输出如下：

```
current_date    | year  | month | day
----------------+-------+-------+-----
2019-04-28      | 2019  | 4     | 28
(1 row)
```

除了年、月和日，我们有时还需要其他组件，如星期几、一年中的星期或季度等。可以按如下方式提取这些日期部分：

```
# SELECT current_date,
    EXTRACT(dow FROM current_date) AS day_of_week,
```

```
    EXTRACT(week FROM current_date) AS week_of_year,
    EXTRACT(quarter FROM current_date) AS quarter;
```

该代码的输出如下：

```
current_date | day_of_week | week | quarter
-------------+-------------+------+---------
 2019-04-28  | 0           | 17   | 2
(1 row)
```

可以看到，EXTRACT 总是输出一个数字，因此在这种情况下，day_of_week 从 0（星期日）开始，一直到 6（星期六）。如果使用 isodow 代替 dow，则其输出的数字从 1（星期一）开始，一直上升到 7（星期日）。

除从日期中提取出日期部分之外，还可以简单地截断日期或时间戳。例如，我们只想查看日期的年份和月份，这时就需要删除日期和时间戳。可以使用 DATE_TRUNC() 函数来完成：

```
# SELECT NOW(), DATE_TRUNC('month', NOW());
```

该代码的输出如下：

```
          now              |       date_trunc
---------------------------+------------------------
 2019-04-28 19:40:08.691618+00 | 2019-04-01 00:00:00+00
(1 row)
```

请注意，DATE_TRUNC(...) 函数不会对值进行四舍五入。相反，它会输出小于或等于你输入的日期值的最大舍入值。

🛈 注意：

DATE_TRUNC(...)函数类似于数学中的向下取整函数，它将输出小于或等于输入的最大整数（例如，5.7 将被向下取整为 5）。

DATE_TRUNC (...)函数对于 GROUP BY 语句特别有用。例如，可以使用它按季度对销售额进行分组并获得季度总销售额：

```
SELECT DATE_TRUNC('quarter', NOW()) AS quarter,
    SUM(sales_amount) AS total_quarterly_sales
FROM sales
GROUP BY 1
ORDER BY 1 DESC;
```

DATE_TRUNC(...)函数需要一个字符串来表示要截断的字段，而 EXTRACT(...)则接受字符串表示（带引号）或字段名称（不带引号）。

5.2.3　关于 INTERVAL 类型

除了表示日期外，还可以使用 INTERVAL 数据类型表示固定的时间间隔。如果想要分析某件事需要多长时间（例如，我们想要知道客户购买花费的时长），那么 INTERVAL 数据类型会很有用。

以下是一个例子：

```
# SELECT INTERVAL '5 days';
```

该代码的输出如下：

```
interval
----------
 5 days
(1 row)
```

间隔对于时间戳的减法很有用，例如：

```
# SELECT TIMESTAMP '2016-03-01 00:00:00' - TIMESTAMP '2016-02-01
00:00:00' AS days_in_feb;
```

该代码的输出如下：

```
days_in_feb
-------------
 29 days
(1 row)
```

或者，也可以使用间隔将天数添加到时间戳：

```
# SELECT TIMESTAMP '2016-03-01 00:00:00' + INTERVAL '7 days' AS new_date;
```

该代码的输出如下：

```
new_date
--------------------
 2016-03-08 00:00:00
(1 row)
```

虽然间隔提供了一种进行时间戳算术的精确方法，但 DATE 格式可以与整数一起使用以实现类似的结果。在以下示例中，我们只需将 7（整数）添加到日期即可计算新日期：

```
# SELECT DATE '2016-03-01' + 7 AS new_date;
```

该代码的输出如下：

```
new_date
------------
 2016-03-08
(1 row)
```

类似地，可以将两个日期相减，得到一个整数结果：

```
# SELECT DATE '2016-03-01' - DATE '2016-02-01' AS days_in_feb;
```

该代码的输出如下：

```
days_in_feb
-------------
29
(1 row)
```

虽然 DATE 数据类型提供了易用性，但具有 time zone 数据类型的时间戳提供了精度。如果你需要使日期/时间字段与操作发生的时间完全相同，则应该使用带有时区的时间戳。如果没有，则可以使用 date 字段。

ℹ **注意：**

本章中所有练习和作业代码也可以在本书配套 GitHub 存储库上找到，其网址如下：

https://packt.live/2B3doiY

5.2.4　练习 5.01：时间序列数据分析

本练习将使用时间序列数据执行基本分析，以深入了解 ZoomZoom 公司于 2018 年的汽车销售情况。

请执行以下步骤以完成此练习。

（1）首先研究一下月销量。可将以下聚合查询与 DATE_TRUNC 方法一起使用：

```
SELECT
    DATE_TRUNC('month', sales_transaction_date)
        AS month_date,
    COUNT(1) AS number_of_sales
FROM sales
WHERE EXTRACT(year FROM sales_transaction_date) = 2018
GROUP BY 1
ORDER BY 1;
```

运行此 SQL 后，可得到如图 5.1 所示的结果。

（2）将此结果与每月加入的新客户数量进行比较：

```
SELECT
    DATE_TRUNC('month', date_added)
        AS month_date,
    COUNT(1) AS number_of_new_customers
FROM customers
WHERE EXTRACT(year FROM date_added) = 2018
GROUP BY 1
ORDER BY 1;
```

上述查询的输出如图 5.2 所示。

month_date	number_of_sales
2018-01-01 00:00:00	504
2018-02-01 00:00:00	487
2018-03-01 00:00:00	624
2018-04-01 00:00:00	755
2018-05-01 00:00:00	945
2018-06-01 00:00:00	993
2018-07-01 00:00:00	1119
2018-08-01 00:00:00	1046
2018-09-01 00:00:00	867
2018-10-01 00:00:00	780
2018-11-01 00:00:00	801
2018-12-01 00:00:00	596

(12 rows)

图 5.1　月销售数量

month_date	number_of_new_customers
2018-01-01 00:00:00	430
2018-02-01 00:00:00	415
2018-03-01 00:00:00	450
2018-04-01 00:00:00	423
2018-05-01 00:00:00	454
2018-06-01 00:00:00	456
2018-07-01 00:00:00	478
2018-08-01 00:00:00	448
2018-09-01 00:00:00	440
2018-10-01 00:00:00	464
2018-11-01 00:00:00	460
2018-12-01 00:00:00	473

(12 rows)

图 5.2　每月新注册客户数量

可以推断，客户并不是在购买时才进入我们的数据库，而是在购买前就已经注册。新的潜在客户的流量相当稳定，每个月都有 400～500 名新客户注册，而销售数量则变化很大，例如，在步骤（1）的查询中可以看到，7 月份的销售数量是 1119，而步骤（2）的查询显示，新注册客户的数量仅有 478，前者是后者的 2.3 倍。

注意：

要获得本小节源代码，请访问以下网址：

https://packt.live/30ArB1y

从这个练习中可以看到，ZoomZoom 公司有稳定数量的客户注册进入数据库，但销售交易量每月变化很大。

5.3　在 PostgreSQL 中执行地理空间分析

除了查看时间序列数据以更好地了解趋势外，我们还可以使用地理空间信息（如城市、国家/地区或纬度和经度等）来更好地了解客户。

例如，政府管理机关可以使用地理空间分析来更好地了解区域经济差异，而拼车平台则可以使用地理空间数据为给定客户和最近的司机进行双向匹配。

我们可以使用纬度和经度坐标来表示地理空间位置，这也是我们开始执行地理空间分析的基本构建块。

5.3.1　纬度和经度

当我们考虑位置时，经常会根据地址来考虑它们，其中包括国家、省市、县或分配位置的邮政编码等。从分析的角度来看，这有时是可行的。例如，你可以按城市查看销量，并得出有关哪些城市销售强劲的有意义的结果。

当然，通常我们需要以数字方式理解地理空间关系，以便理解两点之间的距离或理解因地图位置而异的关系。毕竟，如果你住在两个城市的交界处，那么当你搬到其中一个城市时，行为方式也基本上不会突然改变。

纬度和经度使我们能够在连续的上下文中查看位置。这使我们能够分析位置与其他因素（如销售额）之间的数字关系。

纬度和经度还使我们能够查看两个位置之间的距离：

纬度告诉我们一个点向北或向南有多远。纬度+90°的点位于北极，纬度 0°的点位于赤道，纬度-90°的点位于南极。在地图上，恒定纬度线向东和向西延伸。

经度告诉我们一个点向东或向西有多远。经度 0°的点位于英国格林威治（伦敦的一个区）。可以使用经度作为该点的西（-）或东（+）来定义点，其值的范围从西-180°到东+180°。这两个值实际上是等价的，因为它们都指向穿过太平洋的垂直线，这条线距离英国格林威治正好是半个地球。

5.3.2　在 PostgreSQL 中表示纬度和经度

在 PostgreSQL 中，可以使用两个浮点数来表示纬度和经度。事实上，这就是 ZoomZoom customers 表中纬度和经度的表示方式：

```
SELECT
```

```
    latitude,
    longitude
FROM customers
LIMIT 10;
```

上述查询的输出如图 5.3 所示。

从图 5.3 中我们可以看到，所有纬度都是正数，因为美国位于赤道以北；所有经度都是负数，因为美国位于英国格林威治以西。此外，有些客户没有填写纬度和经度信息，因为他们的位置是未知的。

虽然这些值可以提供客户的确切位置，但我们无法对这些信息做太多分析处理，因为距离计算需要使用三角函数并进行简化假设（即假设地球是一个完美的圆形）。

值得庆幸的是，PostgreSQL 提供了解决这个问题的工具。可以通过安装这些包来计算 PostgreSQL 中的距离：

```
CREATE EXTENSION cube;
CREATE EXTENSION earthdistance;
```

这两个扩展只需要安装一次（运行上述两个命令即可）。earthdistance 模块依赖于 cube 模块。一旦安装了 earthdistance 模块，即可定义一个 point 数据类型：

```
SELECT
    point(longitude, latitude)
FROM customers
LIMIT 10;
```

上述查询的输出如图 5.4 所示。

```
 latitude | longitude
----------+-----------
     NULL |      NULL
  38.5814 |  -90.2625
  30.6143 |  -87.2758
  36.0986 |  -86.8219
  25.5584 |  -80.4582
  25.6364 |  -80.3187
  28.5663 |  -81.2608
  41.3087 |  -72.9271
  38.8999 |   -94.832
  31.6948 |    -106.3
(10 rows)
```

图 5.3　ZoomZoom customers 表中客户的
经纬度信息

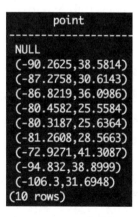

```
         point
------------------------
 NULL
 (-90.2625,38.5814)
 (-87.2758,30.6143)
 (-86.8219,36.0986)
 (-80.4582,25.5584)
 (-80.3187,25.6364)
 (-81.2608,28.5663)
 (-72.9271,41.3087)
 (-94.832,38.8999)
 (-106.3,31.6948)
(10 rows)
```

图 5.4　在 PostgreSQL 中以 point 表示的
客户的纬度和经度

ⓘ**注意:**

point 数据类型先定义经度，再定义纬度。这与先纬度后经度的惯例相反。这背后的基本原理是，经度更接近于表示沿 x 轴的点，而纬度则更接近于表示 y 轴上的点，在数学中，图形点通常由它们的 x 坐标和 y 坐标来表示。

earthdistance 模块还允许以英里为单位计算点之间的距离:

```
SELECT
    point(-90, 38) <@> point(-91, 37) AS distance_in_miles;
```

上述查询的输出如下:

```
distance_in_miles
-------------------
 88.1949338379752
(1 row)
```

本示例定义了两个点: $(38°N, 90°W)$ 和 $(37°N, 91°W)$。我们能够使用<@>操作符计算这些点之间的距离，它将计算以英里为单位的距离（在本示例中，这两点之间相距约 88.2 英里）（约 141.9 千米）。

在接下来的练习中，让我们看看如何在实际的业务环境中使用这些距离计算。

5.3.3 练习 5.02：地理空间分析

本练习将为每个客户确定最近的经销商。

ZoomZoom 营销人员正试图通过帮助客户找到离他们最近的经销商来提高客户参与度。产品团队还想知道每个客户与其最近的经销商之间的平均距离是多少。

请按照以下步骤完成此练习。

（1）为每个客户创建一个包含经度和纬度点的表:

```
CREATE TEMP TABLE customer_points AS (
    SELECT
        customer_id,
        point(longitude, latitude) AS lng_lat_point
    FROM customers
    WHERE longitude IS NOT NULL
    AND latitude IS NOT NULL
);
```

（2）为每个经销商创建一个类似的表:

```
CREATE TEMP TABLE dealership_points AS (
    SELECT
        dealership_id,
        point(longitude, latitude) AS lng_lat_point
    FROM dealerships
);
```

（3）现在交叉连接这些表以计算从每个客户到每个经销商的距离（以英里为单位）：

```
CREATE TEMP TABLE customer_dealership_distance AS (
    SELECT
        customer_id,
        dealership_id,
        c.lng_lat_point <@> d.lng_lat_point AS distance
    FROM customer_points c
    CROSS JOIN dealership_points d
);
```

（4）对于每个客户 ID，选择距离最短的经销商：

```
CREATE TEMP TABLE closest_dealerships AS (
    SELECT DISTINCT ON (customer_id)
        customer_id,
        dealership_id,
        distance
    FROM customer_dealership_distance
    ORDER BY customer_id, distance
);
```

你应该还记得，DISTINCT ON 子句可保证括号中列的每个唯一值只有一条记录。在本示例中，可以为每个 customer_id 值获取一条记录，并且因为已经按距离排序，所以获得的就是距离最短的记录。

（5）现在我们已经拥有了满足营销团队要求的数据，可以计算每个客户到他们最近的经销商的平均距离：

```
SELECT
    AVG(distance) AS avg_dist,
    PERCENTILE_DISC(0.5) WITHIN GROUP (ORDER BY distance)
    AS median_dist
FROM closest_dealerships;
```

上述查询的输出如图 5.5 所示。

从上述结果可知，其平均距离约为 147 英里（约 236.6 千米），但中值距离则约为

91 英里（约 146.5 千米）。

```
     avg_dist      |    median_dist
------------------+------------------
 146.778266080342 | 91.2395829323349
(1 row)
```

图 5.5　客户与其最近的经销商之间的平均距离和中位数

ℹ️ **注意：**

要获得本小节源代码，请访问以下网址：

https://packt.live/3fkQliL

本练习为每个客户确定了最近的经销商，然后计算了每个客户和每个可能的经销商的距离，为每个客户确定了最近的经销商，并为客户计算了与经销商的平均距离和中位数。

5.4　在 PostgreSQL 中使用数组数据类型

到目前为止，我们讨论的 PostgreSQL 数据类型都是允许存储许多不同类型的数据，但有时我们也会希望在表中存储一系列的值。例如，我们可能想要存储客户已购买的产品列表，或与特定经销商关联的员工 ID。对于这种情况，PostgreSQL 提供了 ARRAY（数组）数据类型，该数据类型允许存储值的列表。

5.4.1　关于 ARRAY 类型

PostgreSQL 数组允许我们在表的一个字段中存储多个值。例如，来看以下 customers 表中的第一条记录：

```
customer_id      | 1
title            | NULL
first_name       | Arlena
last_name        | Riveles
suffix           | NULL
email            | ariveles0@stumbleupon.com
gender           | F
ip_address       | 98.36.172.246
phone            | NULL
street_address   | NULL
```

```
city             | NULL
state            | NULL
postal_code      | NULL
latitude         | NULL
longitude        | NULL
date_added       | 2017-04-23 00:00:00
```

每个字段只包含一个值（NULL 值也算是一个值）；但是，有些属性可能包含多个未指定长度的值。例如，可创建一个 purchase_products 字段，并且该字段中可以包含 0 个或多个值。假设客户购买了 Lemon 和 Bat Limited Edition 小型摩托车，则其表示如下：

```
purchased_products | {Lemon,"Bat Limited Edition"}
```

我们可以通过多种方式定义数组。首先，可使用以下命令简单地创建一个数组：

```
SELECT ARRAY['Lemon', 'Bat Limited Edition'] AS
example_purchased_products;
```

该代码的输出如下：

```
example_purchased_products
------------------------------
  {Lemon,"Bat Limited Edition"}
```

PostgreSQL 知道'Lemon'和'Bat Limited Edition'值都是文本数据类型，因此它创建了一个文本数组来存储这些值。

虽然你可以为任何数据类型创建数组，但该数组仅限于该数据类型的值。因此，你不能在一个整数值后跟一个文本值（这可能会产生错误）。

还可以使用 ARRAY_AGG 聚合函数创建数组。此聚合函数将创建组中所有值的数组。例如，以下查询汇总了每种产品类型的所有车辆：

```
SELECT product_type, ARRAY_AGG(DISTINCT model) AS models FROM products
GROUP BY 1;
```

上述查询的输出如图 5.6 所示。

```
product_type |                          models
-------------+------------------------------------------------------------------
automobile   | {"Model Chi","Model Epsilon","Model Gamma","Model Sigma"}
scooter      | {Bat,"Bat Limited Edition",Blade,Lemon,"Lemon Limited Edition","Lemon Zester"}
(2 rows)
```

图 5.6　ARRAY_AGG 函数的输出

还可以通过在 ARRAY_AGG 函数中包含 ORDER BY 语句来指定如何对元素进行排

序。示例如下：

```
SELECT product_type, ARRAY_AGG(model ORDER BY year) AS models FROM
products GROUP BY 1;
```

其输出如图 5.7 所示。

```
product_type |                               models
-------------+------------------------------------------------------------------
automobile   | {"Model Chi","Model Sigma","Model Epsilon","Model Gamma","Model Chi"}
scooter      | {Lemon,"Lemon Limited Edition",Lemon,Blade,Bat,"Bat Limited Edition","Lemon Zester"}
(2 rows)
```

图 5.7　使用 ORDER BY 的 ARRAY_AGG 函数的输出

还可以使用 UNNEST 函数反转此操作，该函数将为数组中的每个值创建一行：

```
SELECT UNNEST(ARRAY[123, 456, 789]) AS example_ids;
```

上述查询的输出如下：

```
example_ids
-------------
123
456
789
(3 rows)
```

还可以使用 STRING_TO_ARRAY 函数拆分字符串值来创建数组。示例如下：

```
SELECT STRING_TO_ARRAY('hello there how are you?', ' ');
```

在此示例中，使用第二个字符串（''）拆分句子，最终得到以下结果：

```
string_to_array
--------------------------
{hello,there,how,are,you?}
(1 row)
```

当然，也可以运行反向操作并将字符串数组连接成单个字符串：

```
SELECT ARRAY_TO_STRING(ARRAY['Lemon', 'Bat Limited Edition'], ', ') AS
example_purchased_products;
```

在此示例中，使用了', '将单个字符串与第二个字符串连接起来，其结果如下：

```
example_purchased_products
--------------------------
Lemon, Bat Limited Edition
```

还有其他函数可以让你与数组进行交互。图 5.8 显示了 PostgreSQL 提供的更多数组功能的一些示例。

要执行的操作	Postgres 函数示例	示 例 输 出
连接两个数组	array_cat(ARRAY[1, 2], ARRAY[3, 4]) 或 ARRAY[1, 2] ‖ ARRAY[3, 4]	{1, 2, 3, 4}
将一个值追加到数组	array_append(ARRAY[1, 2], 3) 或 ARRAY[1, 2] ‖ 3	{1, 2, 3}
检查某个值是否在数组中	3 = ANY(ARRAY[1, 2])	f
检查两个数组是否重叠	ARRAY[1, 2, 3] && ARRAY[3, 4]	t
检查一个数组是否包含另一个数组	ARRAY[1, 2, 3] @> ARRAY[2, 1]	t

图 5.8 更多数组功能示例

接下来,让我们看看如何应用这些操作符和数组功能来分析客户触点。

5.4.2 练习 5.03:使用数组分析序列

本练习将使用数组来分析序列。

假设 ZoomZoom 营销团队想要识别 3 个最常见的电子邮件序列,这些邮件序列实际上代表了客户触点。接下来我们将通过查看这些序列是否是彼此的超集来帮助他们更好地理解这些序列的不同之处。

ⓘ注意:

所谓触点(touchpoint),是指客户在购买商品之前、购买期间或者购买之后与经营者接触的点。向注册客户发送电子邮件就是一个常见的客户触点。

请执行以下步骤以完成此练习。

(1)创建一个代表每个客户的电子邮件序列的表:

```
CREATE TEMP TABLE customer_email_sequences AS (
  SELECT
    customer_id,
    ARRAY_AGG(email_subject ORDER BY sent_date) AS email_sequence
  FROM emails
  GROUP BY 1
);
```

(2)确定 3 个最常见的电子邮件序列:

```
CREATE TEMP TABLE top_email_sequences AS (
  SELECT
    email_sequence,
    COUNT(1) AS occurrences
  FROM customer_email_sequences
  GROUP BY 1
  ORDER BY 2 DESC
  LIMIT 3
);
SELECT email_sequence FROM top_email_sequences;
```

该代码的输出如图 5.9 所示。

{"The 2013 Lemon Scooter is Here","Shocking Holiday Savings On Electric Scooters","A Brand New Scooter...and Car","We cut yo
u a deal: 20%% off a Blade","Zoom Zoom Black Friday Sale","An Electric Car for a New Age","Tis' the Season for Savings","Like
 a Bat out of Heaven","25% off all EVs. It's a Christmas Miracle!","We Really Outdid Ourselves this Year","Black Friday. Gree
n Cars.","Save the Planet with some Holiday Savings.","A New Year, And Some New EVs"}
{"Save the Planet with some Holiday Savings.","A New Year, And Some New EVs"}
{"Black Friday. Green Cars.","Save the Planet with some Holiday Savings.","A New Year, And Some New EVs"}
(3 rows)

图 5.9　电子邮件序列的前 3 个结果

（3）检查这些数组中哪一个是其他数组的超集。为此可以对行进行编号：

```
ALTER TABLE top_email_sequences ADD COLUMN id SERIAL PRIMARY KEY;
```

（4）将表交叉连接到自身，并使用@>操作符检查包含电子邮件序列的数组是否包含另一个电子邮件序列：

```
SELECT
  super_email_seq.id AS superset_id,
  sub_email_seq.id AS subset_id
FROM top_email_sequences AS super_email_seq
CROSS JOIN top_email_sequences AS sub_email_seq
WHERE super_email_seq.email_sequence @> sub_email_seq.email_sequence
AND super_email_seq.id != sub_email_seq.id;
```

该代码的输出如图 5.10 所示。

superset_id	subset_id
1	2
1	3
3	2

(3 rows)

图 5.10　这些结果表明第一个电子邮件序列是超集

由图 5.10 的结果可知，第一个电子邮件序列包含第二个和第三个最常见的电子邮件序列，而第三个最常见的电子邮件序列实际上是第二个最常见序列的超集。

在查看哪些客户触点可能导致某人购买或不购买时，这种类型的分析通常很有帮助，它也称为归因建模（attribution modeling）。

ℹ️ **注意：**

要获得本小节源代码，请访问以下网址：

https://packt.live/2MRT1rK

数组非常适用于值和序列的列表，而 JSON 数据类型则适用于管理键值对形式的数据，这也是接下来我们要讨论的主题。

5.5　在 PostgreSQL 中使用 JSON 数据类型

虽然数组可用于在单个字段中存储值列表，但有时我们的数据结构可能很复杂。例如，我们可能希望在单个字段中存储多个不同类型的值，并且可能希望对数据使用标签，而不是按顺序存储。这些都是日志级别数据以及另类数据的常见要求。

JavaScript 对象表示法（JavaScript object notation，JSON）是一种开放的标准文本格式，用于存储各种复杂的数据。它几乎可以用来表示任何东西。与数据库表具有列名的方式类似，JSON 数据具有键。通过将列名存储为键并将行值存储为值，我们可以轻松地使用 JSON 来表示 customers 数据库中的记录。row_to_json 函数可以将行转换为 JSON：

```
SELECT row_to_json(c) FROM customers c limit 1;
```

上述查询的输出如图 5.11 所示。

```
{"customer_id":1,"title":null,"first_name":"Arlena","last_name":"Riveles","suffix":null,"email":"ariveles0@stumbleupon.com",
"gender":"F","ip_address":"98.36.172.246","phone":null,"street_address":null,"city":null,"state":null,"postal_code":null,"lat
itude":null,"longitude":null,"date_added":"2017-04-23T00:00:00"}
```

图 5.11　转换为 JSON 的行

这对于我们来说有点难以阅读，因此可以将 pretty_bool 标志添加到 row_to_json 函数以生成更容易阅读的版本：

```
SELECT row_to_json(c, TRUE) FROM customers c limit 1;
```

上述查询的输出如图 5.12 所示。

```
                          row_to_json
-----------------------------------------------------
{"customer_id":1,                                    +
 "title":null,                                       +
 "first_name":"Arlena",                              +
 "last_name":"Riveles",                              +
 "suffix":null,                                      +
 "email":"ariveles0@stumbleupon.com",+
 "gender":"F",                                       +
 "ip_address":"98.36.172.246",                       +
 "phone":null,                                       +
 "street_address":null,                              +
 "city":null,                                        +
 "state":null,                                       +
 "postal_code":null,                                 +
 "latitude":null,                                    +
 "longitude":null,                                   +
 "date_added":"2017-04-23T00:00:00"}
(1 row)
```

图 5.12　row_to_json 的 JSON 输出

可以看到，一旦重新格式化查询的 JSON 输出，row_to_json 就会呈现数据行的简单、易读的文本表示。

JSON 结构包含键和值。在此示例中，键就是列名，值则来自行值。JSON 值可以是数值（整数或浮点数）、布尔值（true 或 false）、文本值（用双引号引起来）或只是 NULL。

JSON 还可以包含嵌套数据结构。例如，假设我们希望表中也包含已购买的产品：

```
{
"customer_id":1,
"example_purchased_products":["Lemon", "Bat Limited Edition"]
}
```

或者，我们还可以更进一步，提供更详细的信息：

```
{
    "customer_id": 7,
    "sales": [
        {
            "product_id": 7,
            "sales_amount": 599.99,
            "sales_transaction_date": "2019-04-25T04:00:30"
        },
        {
            "product_id": 1,
            "sales_amount": 399.99,
```

```
            "sales_transaction_date": "2011-08-08T08:55:56"
        },
        {
            "product_id": 6,
            "sales_amount": 65500,
            "sales_transaction_date": "2016-09-04T12:43:12"
        }
    ],
}
```

在此示例中，我们有一个包含两个键（customer_id 和 sales）的 JSON 对象。如你所见，sales 键指向一个 JSON 值数组，但每个值都是另一个表示销售的 JSON 对象。存在于 JSON 对象中的 JSON 对象称为嵌套 JSON。在本示例中，使用了嵌套数组表示客户的所有购买交易，该数组包含每笔交易的嵌套 JSON 对象。

虽然 JSON 是一种用于存储数据的通用格式，但它效率低下，因为所有内容都存储为一个长文本字符串。为了检索与键关联的值，你首先需要解析文本，这具有相对较高的计算成本。如果你只有几个 JSON 对象，那么这种性能开销可能不是什么大问题；但是，如果你拥有数百万个 JSON 对象，那么尝试从数据库的这些对象中选择包含 "customer_id": 7 的 JSON 对象，就可能成为一种性能上的负担。

因此，接下来我们将介绍 JSONB，这是一种二进制 JSON 格式，它针对 PostgreSQL 进行了优化，可避免与标准 JSON 文本字符串相关的大量解析开销。

5.5.1　JSONB：预解析的 JSON

如前文所述，文本 JSON 字段每次引用时都需要对其进行解析，在数据量很大时，这会造成性能上的瓶颈，但 JSONB 则有所不同，JSONB 值会预先解析，并将数据以分解的二进制格式存储。这需要预先解析初始输入，其好处是在查询该字段中的键或值时性能有显著提升，因为其键和值不需要解析，它们已经被提取并以可访问的二进制格式存储。

ℹ️ 注意：

JSONB 与 JSON 还有以下 3 点不同。

❑　不能拥有多个具有相同名称的键。

❑　不保留键的顺序。

❑　不保留语义上无关紧要的细节，如空格。

5.5.2 从 JSON 或 JSONB 字段访问数据

JSON 键可使用->操作符访问关联的值。示例如下：

```
SELECT
    '{
        "a": 1,
        "b": 2,
        "c": 3
    }'::JSON -> 'b' AS data;
```

在上述示例中，可以看到一个包含 3 个键的 JSON 值，并且正在尝试访问'b'键的值。其输出为单个值：2。这是因为-> 'b' 操作会从上述 JSON 格式（{"a": 1, "b": 2, "c": 3 }）中获取'b'键的值。

PostgreSQL 还允许更复杂的操作，例如，使用#>操作符访问嵌套的 JSON 格式：

```
SELECT
    '{
        "a": 1,
        "b": [
            {"d": 4},
            {"d": 6},
            {"d": 4}
    ],
        "c": 3
    }'::JSON #> ARRAY['b', '1', 'd'] AS data;
```

在#>操作符的右侧，有一个文本数组定义了访问所需值的路径。在本示例中，我们选择'b'值，它是嵌套 JSON 对象的列表；然后，我们选择列表中以'1'表示的元素，这其实就是第二个元素，因为数组索引从 0 开始；最后，选择与'd'键关联的值，输出为 6。

这些函数同时适用于 JSON 或 JSONB 字段（注意，它们在 JSONB 字段上运行得更快）。当然，JSONB 还支持其他功能。例如，假设你想要根据键值对过滤行，则可以使用@>操作符，它将检查其左侧的 JSONB 对象是否包含其右侧的键值。示例如下：

```
SELECT * FROM customer_sales WHERE customer_json @> '{"customer_
id":20}'::JSONB;
```

上述查询可输出相应的 JSONB 记录：

```
{"email": "ihughillj@nationalgeographic.com", "phone": null, "sales": [],
"last_name": "Hughill", "date_added": "2012-08-08T00:00:00", "first_name":
"Itch", "customer_id": 20}
```

使用 JSONB 时，还可以使用 JSONB_PRETTY 函数使其输出看起来更易读：

```
SELECT JSONB_PRETTY(customer_json) FROM customer_sales WHERE customer_
json @> '{"customer_id":20}'::JSONB;
```

该查询的输出如图 5.13 所示。

图 5.13　JSONB_PRETTY 函数的输出

我们还可以从 JSONB 字段中选择键，然后使用 JSONB_OBJECT_KEYS 函数取消嵌套并将它们放入多行中。使用此函数时，还可以使用 -> 操作符从原始 JSONB 字段中提取与每个键关联的值。示例如下：

```
SELECT
    JSONB_OBJECT_KEYS(customer_json) AS keys,
    customer_json -> JSONB_OBJECT_KEYS(customer_json) AS values
FROM customer_sales
WHERE customer_json @> '{"customer_id":20}'::JSONB
;
```

上述查询的输出如图 5.14 所示。

图 5.14　使用 JSONB_OBJECT_KEYS 函数取消嵌套并分解成多行的键值对

5.5.3　使用 JSON 路径语言

除前面介绍的函数之外，PostgreSQL 还提供了一种特殊的 JSON 路径语言，可用于查询 JSONB 字段中的数据。例如，利用如下函数就可以检查 JSON 对象中是否存在路径：

```
SELECT
    jsonb_path_exists(customer_json, '$.sales[0]')
FROM customer_sales
LIMIT 3;
```

其输出如下：

```
jsnob_path_exists
-----------------
t
t
t
(3 rows)
```

上述查询可以根据 JSON 值是否包含销售数据，为每一行返回一个布尔值 true 或 false（t 表示 true）。jsonb_ path_exists 函数有两个必需参数：JSONB 值和 JSON 路径。

JSON 路径表达式使用 JSON 路径语言。其中：

❏　$表示 JSON 值的根；

❏　.key 表示用于访问给定键的值，在本示例中使用了.sales 访问销售数据；

❏　[0]值表示我们想要包含在 sales 数组中的第一笔销售数据，也可以指定[*]来表示 sales 数组中的所有元素。

还可以向此查询添加其他过滤器。例如，我们可能想要检查是否有任何 sales_amount 值超过 400 美元的销售额。可以通过添加过滤器（filter）表达式来做到这一点：

```
SELECT
    jsonb_path_exists(customer_json, '$.sales[*].sales_amount ? (@ >
400)')
FROM customer_sales
LIMIT 3;
```

其输出如下：

```
jsnob_path_exists
-----------------
t
f
```

```
f
(3 rows)
```

在这个修改后的查询中，向路径中添加了另一个元素.sales_amount，它将获取 sales 数组中每笔销售数据的销售金额。我们还使用?操作符添加了过滤器表达式。在本示例中，过滤器表达式? (@ > 400)表示我们只想检查大于 400 的值。

除了检查 JSON 路径是否存在（有或没有额外的过滤条件），还可以查询结果：

```
SELECT
    jsonb_path_query(customer_json, '$.sales[0].sales_amount')
FROM customer_sales
LIMIT 3;
```

其输出如下：

```
jsnob_path_query
-----------------
479.992
314.991
319.992
(3 rows)
```

在本示例中，jsonb_path_query 函数使用了位置索引[0]获取第一笔销售数据，并获取与 sales_amount 键关联的值。与 UNNEST 类似，jsonb_path_query 函数会将包含多个匹配项的结果扩展为多行：

```
SELECT
    jsonb_path_query('{"test":[1, 2, 3]}', '$.test[*]')
;
```

其输出如下：

```
jsnob_path_query
-----------------
1
2
3
(3 rows)
```

ⓘ 注意：

如果不存在满足过滤条件的路径，则 jsonb_path_query 会从输出中删除整行。这有点违反常规，因为通常情况下，行过滤只能由 WHERE 子句中评估的表达式来判断，因此该功能可能会产生意想不到的结果。

但是，如果我们想在有多笔销售或没有销售的情况下获取有关销售额的数组，该怎么办？在这些情况下，可以考虑改用 jsonb_path_query_array。

在以下示例中，将返回销售额大于 400 的整个数组：

```
SELECT
    jsonb_path_query_array(customer_json,
    '$.sales[*].sales_amount ? (@ > 400)')
FROM customer_sales
LIMIT 3;
```

该代码的输出如下：

```
jsnob_path_query_array
------------------
[479.992]
[]
[]
(3 rows)
```

可以看到，第一条销售记录有超过阈值的销售额，而第二行和第三行则没有超过阈值的销售额。

5.5.4　在 JSONB 字段中创建和修改数据

还可以根据需要在 JSONB 中添加和删除元素。例如，要添加新的键值对"c": 2，可以执行以下操作：

```
select jsonb_insert('{"a":1,"b":"foo"}', ARRAY['c'], '2');
```

上述查询的输出如下：

```
{"a": 1, "b": "foo", "c": 2}
```

如果要将值插入到嵌套的 JSON 对象中，则可执行以下操作：

```
select jsonb_insert('{"a":1,"b":"foo", "c":[1, 2, 3, 4]}', ARRAY['c',
'1'], '10');
```

其输出如下：

```
{"a": 1, "b": "foo", "c": [1, 10, 2, 3, 4]}
```

在此示例中，ARRAY['c', '1']表示插入新值的路径。在这种情况下，它首先获取'c'键和相应的数组值，然后在位置'1'插入值（'10'）。

要删除键，只需减去要删除的键即可。来看一个例子：

```
SELECT '{"a": 1, "b": 2}'::JSONB - 'b';
```

在该示例中，我们有一个包含两个键的 JSON 对象：'a'和'b'。当减去'b'时，则只剩下 'a'键和它的关联值：

```
{"a": 1}
```

除上述方法之外，分析人员可能还需要搜索多层嵌套对象。因此，接下来我们将在练习中看看如何做到这一点。

5.5.5　练习 5.04：通过 JSONB 搜索

本练习将使用存储为 JSONB 的数据来识别值。

假设我们要识别所有购买了 Blade 小型摩托车的客户，则可以使用存储为 JSONB 的数据来做到这一点。

请执行以下步骤以完成练习。

（1）使用 JSONB_ARRAY_ELEMENTS 函数将每笔销售分解成自己的行：

```
CREATE TEMP TABLE customer_sales_single_sale_json AS (
  SELECT
    customer_json,
      JSONB_ARRAY_ELEMENTS(customer_json -> 'sales') AS sale_json
  FROM customer_sales LIMIT 10
);
```

（2）过滤此输出并获取 product_name 为 'Blade' 的记录：

```
SELECT DISTINCT customer_json FROM customer_sales_single_sale_json
WHERE sale_json ->> 'product_name' = 'Blade' ;
```

->>操作符类似于->操作符，不同之处在于它返回的是文本输出而不是 JSONB 输出。这将输出如图 5.15 所示的结果。

```
{"email": "nespinaye@51.la", "phone": "818-658-6748", "sales":
[{"product_id": 5, "product_name": "Blade", "sales_amount":
559.992, "sales_transaction_date": "2014-07-19T06:33:44"}],
"last_name": "Espinay", "date_added": "2014-07-05T00:00:00",
"first_name": "Nichols", "customer_id": 15}
```

图 5.15　product_name 为'Blade'的记录

（3）使用 JSONB_PRETTY()函数格式化输出并使结果更易于阅读：

```
SELECT DISTINCT JSONB_PRETTY(customer_json) FROM customer_sales_
single_sale_json WHERE sale_json ->> 'product_name' = 'Blade' ;
```

上述查询的输出如图 5.16 所示。

```
                        jsonb_pretty
------------------------------------------------------------
 {                                                          +
     "email": "aabatev03@flickr.com",                       +
     "phone": "269-168-7519",                               +
     "sales": [                                             +
         {                                                  +
             "product_id": 5,                               +
             "product_name": "Blade",                       +
             "sales_amount": 699.99,                        +
             "sales_transaction_date": "2014-09-12T06:04:35"+
         }                                                  +
     ],                                                     +
     "last_name": "Abate",                                  +
     "date_added": "2014-07-10T00:00:00",                   +
     "first_name": "Adriana",                               +
     "customer_id": 40180                                   +
 }
 {                                                          +
```

图 5.16　使用 JSONB_PRETTY()格式化输出

在使用 JSONB_PRETTY()函数之后即可获得更容易阅读的结果。

（4）使用 JSON 路径表达式执行相同的操作：

```
CREATE TEMP TABLE blade_customer_sales AS (
  SELECT
    jsonb_path_query(
      customer_json,
      '$ ? (@.sales[*].product_name == "Blade")'
    ) AS customer_json
  FROM customer_sales
);
SELECT JSONB_PRETTY(customer_json) FROM blade_customer_sales;
```

（5）最后，统计已购买 Blade 小型摩托车的客户的数量：

```
SELECT COUNT(1) FROM blade_customer_sales;
```

以下是该代码的输出：

```
Count
------
```

```
986
(1 row)
```

本练习使用了存储为 JSONB 的数据来识别值，并且使用了 JSONB_PRETTY()和
JSONB_ARRAY_ELEMENTS()来完成这个练习。

ⓘ**注意：**

要获得本小节源代码，请访问以下网址：

https://packt.live/37kTwnN

虽然 JSON 数据类型允许我们使用文本存储复杂信息，但数据通常以非结构化文本
格式存储。如果没有预定义的结构，则可能很难解码这些文本字段，但我们通常可以基
于这些字段中产生有意义的见解。因此，接下来我们将研究与文本字段交互的各种技术，
然后再探讨如何从纯文本中产生基于分析的见解。

5.6　使用 PostgreSQL 的文本分析

除使用 PostgreSQL 中的复合数据结构执行分析之外，我们还可以利用非数字数据。

一般来说，文本会包含有价值的信息。例如，假设某个销售人员这样记录其潜在客
户："非常友好的互动，客户希望明天购买"，或者记录："客户不感兴趣，他们不再
需要该产品"。毫无疑问，这些信息都有其价值。

这些文本不但对于人工阅读有价值，而且在数据分析中也很有价值。这些记录中的
关键词，如"友好""明天""购买""不感兴趣""不再需要"等，都可以使用正确
的技术提取，并尝试以自动化方式识别最有可能的潜在客户。

任何文本块都有可能包含可以提取的关键字以发现趋势——例如，在客户评论、电
子邮件通信或销售说明中。在许多情况下，文本数据可能是最相关的可用数据，我们需
要使用它来创建有意义的见解。

接下来，我们将研究如何使用 PostgreSQL 中某些功能来提取有助于识别趋势的关键
字。我们还将利用 PostgreSQL 中的文本搜索功能来实现快速搜索。

5.6.1　标记文本

虽然大量文本（如句子和段落）可以向人们提供有用的信息，但很少有分析解决方
案可以从未处理的文本中获得见解。在几乎所有案例中，将文本解析为单个单词会很有

帮助。一般来说，文本被分解为标记（token），其中每个标记是一个字符序列，这些字符组合在一起形成一个语义单元。

通常而言，每个标记只是句子中的一个单词，但是在英文中，某些单词（如'can't'）可能会被解析引擎解析为两个标记：'can'和't'。

ℹ️ **注意：**

即使是尖端的自然语言处理（natural language processing，NLP）技术，通常也需要在处理文本之前进行标记化（tokenization）。对于需要深入理解文本的分析来说，NLP 技术是非常有用的。

单词和标记很有用，因为它们可以在数据中的文档之间进行匹配，这使你可以在聚合级别得出高级结论。例如，如果我们有一个包含销售记录的数据集，并且解析出"感兴趣"标记，则可以假设包含"感兴趣"的销售记录与更有可能购买的客户关联在一起。

PostgreSQL 具有使标记化相当容易的功能。我们可以首先使用 STRING_TO_ARRAY 函数，该函数可使用分隔符（如空格）将字符串拆分为数组：

```
SELECT STRING_TO_ARRAY('Danny and Matt are friends.', ' ');
```

上述查询的输出如下：

```
{Danny,and,Matt,are,friends.}
```

在此示例中，句子 Danny and Matt are friends.使用了空格字符进行分割。

在这个例子中有标点符号，最好去掉它。可以使用 REGEXP_REPLACE 函数轻松完成此操作。此函数接受 4 个参数：要修改的文本、要替换的文本模式、应该替换它的文本以及任何其他标志（最常见的情况是添加'g'标志，指定替换应该以全局方式发生，或者与遇到模式一样多次）。

我们可以使用匹配\!@#$%^&*()-=_+,.<>/?|[]字符串中定义的标点符号的模式删除句点，并将其替换为空格：

```
SELECT REGEXP_REPLACE('Danny and Matt are friends.', '[!,.?-]', ' ',
'g');
```

上述查询的输出如下：

```
Danny and Matt are friends
```

可以看到，标点符号已被删除。

PostgreSQL 还包括词干提取（stemming）功能，这对于识别标记的根词干很有用。例如，标记"quick"和"quickly"或"run"和"running" 在含义上没有太大区别，并且包含相同的词干。ts_lexize 函数可以通过返回词干来帮助标准化文本，示例如下：

```
SELECT TS_LEXIZE('english_stem', 'running');
```

上述代码返回的结果如下：

```
{run}
```

使用这些技术可以识别文本中的标记，接下来我们将通过一个练习来说明它。

5.6.2　练习 5.05：执行文本分析

本练习将使用文本分析技术以定量方式识别关键字，看看哪些关键字与高于平均评分相对应，哪些关键字与低于平均评分相对应。

在 ZoomZoom 数据库中，可以看到一些客户对产品调查的反馈信息，以及客户对产品的评分（这将影响客户是否会向其朋友推荐 ZoomZoom）。这些关键词将使我们能够确定执行团队未来需要考虑的关键优势和劣势。

请按照以下步骤完成练习。

（1）从客户调查表中查询数据以熟悉数据集：

```
SELECT * FROM customer_survey limit 5;
```

上述查询的输出如图 5.17 所示。

```
 rating |                                    feedback
--------+----------------------------------------------------------------------------------------------
      9 | I highly recommend the lemon scooter. It's so fast
     10 | I really enjoyed the sale - I was able to get the Bat for a 20% discount
      4 | Overall, the experience was ok. I don't think that the customer service rep was really understanding the issue.
      9 | The model epsilon has been a fantastic ride - one of the best cars I have ever driven.
      9 | I've been riding the scooter around town. It's been good in urban areas.
(5 rows)
```

图 5.17　数据库中的示例客户调查响应

在上述结果中可以看到，客户调查表中既有 rating（这是 1～10 之间的数字评分），也有 feedback（这是文本格式的反馈）。

（2）分析文本，将其解析为单个单词及其相关评分。可使用 STRING_TO_ARRAY 和 UNNEST 数组转换来做到这一点：

```
SELECT UNNEST(STRING_TO_ARRAY(feedback, ' ')) AS word, rating FROM
customer_survey limit 10;
```

上述查询的输出如图 5.18 所示。

从此输出中可以看到，标记没有进行标准化，因此这是有问题的。特别是，我们需要处理标点符号（如 It's）、大写字母（如 I 和 It's）、词干和停用词（如 I、the 和 so），以使结果更加相关。

（3）使用 ts_lexize 函数和英语词干分析器'english_stem'对文本进行标准化处理，然后使用 REGEXP_REPLACE 删除原始文本中不是字母的字符。将这两个函数与原始查询进行配对，具体操作如下：

```
SELECT
    (TS_LEXIZE( 'english_stem',
                UNNEST(STRING_TO_ARRAY(
                    REGEXP_REPLACE(feedback, '[^a-zA-Z]+', ' ', 'g'),
                    ' ')
                )))[1] AS token,
    rating
FROM customer_survey
LIMIT 10;
```

该代码的输出如图 5.19 所示。

word。	rating
I	9
highly	9
recommend	9
the	9
lemon	9
scooter.	9
It's	9
so	9
fast	9
I	10

(10 rows)

图 5.18　转换后的文本输出

token	rating
NULL	9
high	9
recommend	9
NULL	9
lemon	9
scooter	9
NULL	9
NULL	9
NULL	9
fast	9

(10 rows)

图 5.19　使用 TS_LEXIZE 和 REGEXP_REPLACE 的输出

注意：

当应用这些转换时，其输出称为“标记”而不是“单词”。标记（token）指的是每个语言单元。

现在我们已经有了可用的关键标记及其相关评分。请注意，此操作的输出会产生 NULL 值，因此我们需要过滤掉那些评分。

（1）使用 GROUP BY 子句查找与每个标记相关的平均评分：

```
SELECT
    (TS_LEXIZE( 'english_stem',
```

```
                    UNNEST(STRING_TO_ARRAY(
                        REGEXP_REPLACE(feedback, '[^a-zA-Z]+', ' ', 'g'),
                        ' ')
                    )))[1] AS token,
    AVG(rating) AS avg_rating
FROM customer_survey
GROUP BY 1
HAVING COUNT(1) >= 3
ORDER BY 2
;
```

在此查询中，我们按执行标记化的 SELECT 语句中的第一个表达式进行分组。现在可以获取与每个标记相关的平均评分。

我们希望确保只获取出现次数超过多次的标记，以便过滤噪声。在本示例中，由于反馈响应的样本量较小，因此只要求标记出现不少于 3 次（HAVING COUNT(1) >= 3）。最后，按第二个表达式（平均分）对结果进行排序。

其输出如图 5.20 所示。

```
   word    |     avg_rating
-----------+--------------------
 pop       | 2.0000000000000000
 batteri   | 2.3333333333333333
 servic    | 2.3333333333333333
 custom    | 2.3333333333333333
 issu      | 2.5000000000000000
 long      | 2.6666666666666667
 ship      | 2.6666666666666667
 email     | 3.5000000000000000
 help      | 4.0000000000000000
 one       | 4.3333333333333333
 littl     | 4.6666666666666667
 hook      | 5.0000000000000000
 get       | 5.0000000000000000
 work      | 5.0000000000000000
 NULL      | 5.1872659176029963
 realli    | 5.5000000000000000
 scooter   | 5.9090909090909091
 ride      | 6.7500000000000000
 model     | 7.3333333333333333
 lemon     | 7.6666666666666667
 great     | 7.7500000000000000
 fast      | 8.0000000000000000
 dealership | 9.0000000000000000
 sale      | 9.5000000000000000
 discount  | 9.6666666666666667
(25 rows)
```

图 5.20　与文本标记相关的平均评分

在评价的一端，可以看到有很多负面的结果。例如，pop 可能是指爆胎，batteri 可能是指电池寿命问题。而在评价的另一端，正面评分则与 discount（折扣）、sale（出售）和 dealership（经销商）等文本标记相关。

（2）通过使用 ILIKE 表达式过滤包含这些标记的调查响应来验证假设，如下所示：

```
SELECT * FROM customer_survey WHERE feedback ILIKE '%pop%';
```

这将返回 3 个相关的调查反馈，如图 5.21 所示。

```
 rating |                                              feedback
--------+------------------------------------------------------------------------------------------------
      1 | On my second trip one of the tires popped. I would have really expected it to get repaired under the warranty.
      3 | I was riding to work and one my wheels popped! It was going to cost $200 to fix it - what a scam!
      2 | I popped a wheel, and can't seem to fix it.
(3 rows)
```

图 5.21　使用 ILIKE 过滤调查反馈

ILIKE 表达式允许我们匹配包含模式的文本。在此示例中，我们试图查找包含文本 pop 的文本，并且该操作不区分大小写。通过将其包装在%符号中，我们指定了文本可以在左侧或右侧包含任意数量的字符。

ℹ️ **注意：**

要获得本小节源代码，请访问以下网址：

https://packt.live/3fimG9W

在收到分析结果后，我们可以将关键问题报告给产品团队进行审查。我们还可以报告高级调查结果：首先，客户喜欢折扣；其次，在引入经销商机制后反馈是积极的。

ℹ️ **注意：**

ILIKE 类似于另一个 SQL 表达式：LIKE。

ILIKE 表达式不区分大小写，而 LIKE 表达式则区分大小写，因此使用 ILIKE 是有意义的。当然，在性能至关重要的情况下，LIKE 可能会稍微快一些。

5.6.3　执行文本搜索

虽然使用聚合执行文本分析的效果很好，但查询数据库以获取相关帖文也会有所帮助，这和使用搜索引擎的作用是类似的。

虽然可以在 WHERE 子句中使用 ILIKE 表达式来执行此操作，但其运行速度并不快，也不可扩展。例如，如果要在文本中搜索多个关键字、纠正拼写错误的搜索，或者处理其中一个词可能完全缺失的情况，该怎么办？

对于这些情况，可以使用 PostgreSQL 中的文本搜索功能。此功能在完全优化后可扩展到数百万个文档。

ℹ️ **注意：**

文档（document）表示搜索数据库中的各个记录。每个文档都代表我们要搜索的实体。例如，在个人网站上，它可能是一篇博客文章，其中包含一个条目的标题、作者和文章。对于调查，它可能包括调查回复，或者可能包括调查回复与调查问题。

一个文档可以跨越多个字段甚至多个表。

我们可以使用 to_tsvector 函数，它将执行与 ts_lexize 函数类似的功能。这不是从一个单词中产生一个标记，而是对整个文档进行标记化。来看一个例子：

```
SELECT
    feedback,
    to_tsvector('english', feedback) AS tsvectorized_feedback
FROM customer_survey
LIMIT 1;
```

这会产生如图 5.22 所示的结果。

feedback	tsvectorized_feedback
I highly recommend the lemon scooter. It's so fast	'fast':10 'high':2 'lemon':5 'recommend':3 'scooter':6

图 5.22 原始反馈信息的 tsvector 标记化表示

在本示例中，I highly recommend the lemon scooter. It's so fast（我强烈推荐 Lemon 摩托车，它简直太快了）这条反馈信息被转换成一个标记化的向量：

```
'fast':10 'high':2 'lemon':5 'recommend':3 'scooter':6
```

与 ts_lexize 函数类似，to_tsvector 函数删除了意义不大的"停用词"，如 I、the、It's 和 so 等。其他词（如 highly）源于它们的词根（high）。单词的顺序没有保留。

to_tsvector 函数还可以采用 JSON 或 JSONB 语法并将值（无键）标记为 tsvector 对象。

此操作的输出数据类型是 tsvector 数据类型。tsvector 数据类型是专门为文本搜索操作而设计的。

除 tsvector 之外，tsquery 数据类型也很有用，它可以将搜索查询转换为 PostgreSQL 可使用的搜索数据类型。例如，假设我们要构建一个包含 lemon scooter 关键字的搜索查询，则可按以下方式编写：

```
SELECT to_tsquery('english', 'lemon & scooter');
```

或者，如果不想指定布尔语法，则可以写得更简单：

```
SELECT plainto_tsquery('english', 'lemon scooter');
```

这两个查询可产生相同的结果：

```
plainto_tsquery
-----------------
'lemon' & 'scooter'
(1 row)
```

ⓘ **注意**：

to_tsquery 接受布尔语法，例如，| 表示 or（或），& 表示 and（与），! 表示 not（非）。

还可以使用布尔操作符连接 tsquery 对象。例如，&& 操作符将生成一个需要左查询和右查询的查询，而 || 操作符将生成一个匹配左侧或右侧 tsquery 对象的查询：

```
SELECT plainto_tsquery('english', 'lemon') && plainto_tsquery('english',
'bat') || plainto_tsquery('english', 'chi');
```

这会产生以下结果：

```
'lemon' & 'bat' | 'chi'
```

还可以使用 @@ 操作符通过 ts_query 对象查询 ts_vector 对象。例如，可以在所有客户反馈中搜索'lemon scooter'：

```
SELECT *
FROM customer_survey
WHERE to_tsvector('english', feedback) @@ plainto_tsquery('english',
'lemon scooter');
```

这将返回如图 5.23 所示的 3 个结果。

```
rating |                          feedback
--------+-------------------------------------------------------------------
     9 | I highly recommend the lemon scooter. It's so fast
     8 | The lemon scooter has been incredible! I love it!
     6 | The lemon scooter was a little too fast for me. I will be returning this item.
(3 rows)
```

图 5.23　使用 PostgreSQL 搜索功能获得的搜索查询输出

接下来，我们将学习如何在 PostgreSQL 上优化文本搜索。

5.6.4　优化 PostgreSQL 上的文本搜索

虽然前面示例中的 PostgreSQL 搜索语法很简单，但每次执行新搜索时，都需要将所有文本文档转换为 tsvector 对象。此外，搜索引擎需要检查每个文档以查看它们是否与查询的词条匹配。

这可以通过以下两种方式改进。

❑　存储 tsvector 对象，以便使用它们时不需要重新计算。

❑　还可以存储标记及其相关文档，类似于在图书后的索引中包含单词或短语及其相关页码的方式，这样就不必检查每个文档以查看其是否匹配。

为了完成这两项改进，需要预先计算和存储每个文档的 tsvector 对象，并计算一个广义倒排索引（generalized inverted index，GIN）。

为了预先计算 tsvector 对象，可以使用物化视图（materialized view）。物化视图被定义为查询，但与每次查询结果的常规视图不同，物化视图的结果是持久的并存储为表。

需要注意的是，因为物化视图将结果存储在存储表中，所以它可能与其查询的基础表不同步。

可使用以下查询创建调查结果的物化视图：

```
CREATE MATERIALIZED VIEW customer_survey_search AS (
    SELECT
        rating,
        feedback,
        to_tsvector('english', feedback)
            || to_tsvector('english', rating::text) AS searchable
    FROM customer_survey
);
```

可以看到，这里的 searchable 列实际上由两列组成：rating 列和 feedback 列。有很多应用场景都需要在多个字段上进行搜索，此时可以使用 || 操作符轻松地将多个 tsvector 对象连接在一起。

可以通过查询一行来测试该视图是否有效：

```
SELECT * FROM customer_survey_search LIMIT 1;
```

这会产生如图 5.24 所示的输出。

```
 rating |                    feedback                     |                          searchable
--------+-------------------------------------------------+-----------------------------------------------------------------
      9 | I highly recommend the lemon scooter. It's so fast | '9':11 'fast':10 'high':2 'lemon':5 'recommend':3 'scooter':6
(1 row)
```

图 5.24　使用 tsvector 的物化视图中的记录

每当需要刷新视图时（例如，在插入或更新操作之后），可使用以下语法：

```
REFRESH MATERIALIZED VIEW customer_survey_search;
```

这将重新计算视图，而视图的旧副本仍然可用且未锁定。

此外，也可以使用以下语法添加 GIN 索引：

```
CREATE INDEX idx_customer_survey_search_searchable ON customer_survey_
search USING GIN(searchable);
```

在经过这两个操作（创建物化视图和创建 GIN 索引）之后，现在可以使用搜索词条轻松查询反馈表：

```
SELECT rating, feedback FROM customer_survey_search WHERE searchable @@
plainto_tsquery('dealership');
```

上述查询的输出如图 5.25 所示。

```
 rating |                                  feedback
--------+-----------------------------------------------------------------------------------
      8 | I really appreciated having a dealership so close to me - it made the transaction much easier!
      9 | The sales people at the dealership were so nice and helpful!
     10 | The millburn dealership is the best! Those folks are great!
(3 rows)
```

图 5.25　针对搜索优化的物化视图的输出

对于本示例仅包含 32 行的小表来说，查询时间的改进效果也许很小或根本不存在，但这些操作将大大提高大表（例如，包含数百万行的表）的执行速度，并使用户能够更快速地搜索其数据库。

在接下来的作业中，将通过创建一个可搜索的销售数据库将这些想法付诸实践，这将使我们能够利用文本查询来查找所需的信息。

5.6.5　作业 5.01：销售搜索和分析

本次作业将建立搜索的物化视图，并使用在前面练习中学到的知识回答一些业务问题。

ZoomZoom 的销售主管发现了一个问题：销售团队没有一个简单的方法来寻找客户。因此，你自愿创建了一个概念验证式的内部搜索引擎，使团队能够通过联系信息和他们过去购买过的产品来搜索特定的客户。

请执行以下步骤以完成此作业。

（1）使用 customer_sales 表创建一个可搜索的物化视图，每个客户都有一条记录。此视图应与 customer_id 列无关，并且可以搜索与该客户相关的所有内容，如姓名、电子邮件、电话和购买过的产品等。也可以包含其他字段。

（2）在这个物化视图上创建一个可搜索的索引。

（3）销售人员询问你是否可以使用新的搜索引擎找到购买 Bat 摩托车的名为 Danny 的客户。使用 Danny Bat 作为关键字查询新的可搜索视图。你得到了多少行？

（4）销售团队想知道是否有人既购买了摩托车又购买了汽车，它们的组合是什么样的。为此，你需要将 products 表连接到自身以获得所有不同的摩托车和汽车的组合。

（5）可以假设限量版能与其标准版组合在一起（例如，Bat 和 Bat Limited Edition 可以被视为同一款摩托车）。这样就可以从产品对中过滤掉 Bat Limited Edition。

（6）使用交叉连接的结果，创建一个查询，计算有多少客户匹配每个产品对。

预期输出如图 5.26 所示。

```
                              query                    | count
---------------------------------------------------------+-------
 'lemon' & 'model' & 'sigma'                            |   340
 'lemon' & 'model' & 'chi'                              |   331
 'bat' & 'model' & 'epsilon'                            |   241
 'bat' & 'model' & 'sigma'                              |   226
 'bat' & 'model' & 'chi'                                |   221
 'lemon' & 'model' & 'epsilon'                          |   217
 'bat' & 'model' & 'gamma'                              |   153
 'lemon' & 'model' & 'gamma'                            |   133
 'lemon' & 'zester' & 'model' & 'chi'                   |    28
 'lemon' & 'zester' & 'model' & 'epsilon'              |    22
 'blade' & 'model' & 'chi'                              |    21
 'lemon' & 'zester' & 'model' & 'sigma'                 |    17
 'blade' & 'model' & 'sigma'                            |    12
 'lemon' & 'zester' & 'model' & 'gamma'                 |    11
 'blade' & 'model' & 'epsilon'                          |     4
 'blade' & 'model' & 'gamma'                            |     4
(16 rows)
```

图 5.26　每个摩托车和汽车组合的客户数量

ⓘ 注意：

本次作业的答案见本书附录。

在本次作业中，我们先使用了物化视图搜索和分析数据，然后使用了 DISTINCT 和 JOINS 来转换查询，最后还学习了如何使用 tsquery 对象查询数据库以获得最终输出。

5.7　小　　结

本章详细介绍了一些特殊数据类型，包括日期和时间、地理空间、复合数据类型和文本数据类型。

对于日期和时间数据类型，我们讨论了如何操作时间序列数据、提取时间组件并以允许构建分析的实用方式表示信息。

对于地理空间数据类型，我们学习了如何将纬度和经度转换为 point 数据类型，以便能够计算位置之间的距离。

对于复合数据类型，我们介绍了几种功能强大的数据类型，包括数组、JSON 和 JSONB。对于这些数据类型，我们还探讨了如何创建此类型的值，以及如何编写复合查询来导航它们的结构等。

最后，本章还阐释了文本数据在分析中的作用。在对关键字进行分析时，以及在文本搜索的环境中，它可能是一种有价值的分析工具。

随着数据集越来越大，对复杂数据的分析将变得越来越慢。下一章我们将深入介绍如何优化查询，加快查询的速度。

第 6 章　高性能 SQL

学习目标

到本章结束，开发人员将能够：

❑ 以更少的资源执行查询。

❑ 深入理解顺序扫描。

❑ 掌握数据库引擎执行基本查询的原理。

❑ 在表上创建索引，优化 SELECT 查询以提高性能。

❑ 理解使用连接代替其他功能的好处。

❑ 为特殊计算创建自定义函数。

❑ 利用触发器在数据库上应用自定义约束。

❑ 终止消耗数据库资源的低效查询。

6.1　本章主题简介

在第 5 章"使用复合数据类型进行分析"中，介绍了在 SQL 数据库中执行有效数据分析所需的技能，本章将把注意力转向这种分析的效率，研究如何提高 SQL 查询的性能。

效率和性能是数据分析的关键组成部分，因为如果不考虑这些因素，则执行时间和处理能力等物理限制会显著影响分析结果。

为了详细说明这些限制，可以考虑两个不同的应用场景。

在第一个场景中，假设我们正在执行事后分析（post hoc analysis）。我们完成了一项研究并收集了一个大型数据集，其中包含对各种不同因子或特征的个人观察。

例如，ZoomZoom 经销商的销售数据库就是这样一个数据库，通过该数据库可分析每个客户的销售数据。

在数据收集过程中，我们希望分析数据以获取问题陈述中指定的模式和见解。如果数据集足够大，并且查询未经过优化，则很快就会遇到问题；最常见的问题是执行查询所花费的时间。虽然这听起来不是什么大问题，但处理时间过长可能会导致以下三种情况。

❑ 完成分析的深度被缩减。由于每个查询耗时较长，项目进度的实际可行性可能会限制查询的数量，因此分析的深度和复杂性可能会受到限制。

❑ 分析数据的选择受到限制。通过使用二次抽样人为地减少数据集，我们也许能够在合理的时间内完成分析，但必须牺牲所使用的观察次数。反过来，这也可能导致分析中意外包含偏差。

❑ 需要同时使用更多资源在合理的时间内完成分析，从而增加了项目成本。

同样，未经优化的查询的另一个潜在问题是所需系统内存和计算能力的增加。这可能导致以下两种情况。

❑ 由于资源不足导致分析失败。

❑ 获取所需资源的项目成本显著增加。

在第二个场景中，假设分析/查询是服务或产品的一部分，其中的数据分析将作为更大的服务或产品的一个组件，因此数据库查询可能需要实时完成，或者至少接近实时。在这种情况下，优化和效率是产品成功的关键。

例如，GPS 导航系统就是这样一个组件，它结合了其他用户报告的交通状态。

为了使这样的系统有效并提供最新的导航信息，必须以跟上汽车速度和旅程进度的速度对数据库进行分析。任何可能阻止导航更新以响应交通状况的分析延迟都会对该应用程序的商业可行性产生重大影响。

通过上述两种应用场景示例的讨论可以看到，如果说对于第一种应用场景（有效和彻底的事后分析）而言效率只是很重要，那么对于第二种应用场景（将数据分析作为单独产品或服务的组件）而言，效率绝对是至关重要的。

虽然确保生产过程和数据库以最佳效率运行通常不是数据科学家或数据分析师的工作，但基础分析的查询尽可能高效仍是至关重要的。如果一开始就没有高效且最新的数据库，那么进一步的改进将无助于提高分析的性能。因此，接下来我们将讨论提高对整个数据库的信息扫描性能的方法。

6.2　数据库扫描方法

SQL 兼容的数据库提供了许多不同的方法来扫描、搜索和选择数据。使用何种扫描方法在很大程度上取决于扫描时的用例和数据库状态。数据库中有多少条记录？我们对哪些字段感兴趣？期望返回多少条记录？需要多久执行一次查询？这些都是我们在选择最合适的扫描方法时需要考虑的问题。

本节将详细阐释一些可用的搜索方法，它们在 SQL 中执行扫描的方式，以及一些应该/不应该使用它们的场景。

6.2.1　查询计划

在研究执行查询或扫描数据库以获取信息的不同方法之前，了解 SQL 服务器如何对要使用的查询类型做出各种决定是很有用的。符合 SQL 规范的数据库拥有一个称为查询计划器（query planner，也称为查询规划器）的强大工具，它可以在服务器中实现一组功能来分析请求并决定执行路径。

查询计划器可以优化请求中的许多不同变量，目的是减少总体执行时间。这些变量在 PostgreSQL 文档中有更详细的描述，包括与顺序页面获取成本、CPU 操作和缓存大小相对应的参数。详情可访问以下网址：

https://www.postgresql.org/docs/current/runtime-config-query.html

由于涉及大量技术细节，因此本章不会详细介绍查询计划器是如何实现其分析的，但是，懂得如何解释查询计划器报告的计划很重要。如果想从数据库中获得高性能，则解释查询计划器是至关重要的，因为这样做允许我们修改查询的内容和结构以优化性能。因此，在开始讨论各种扫描方法之前，让我们先看看如何使用和解释查询计划器的分析。

6.2.2　顺序扫描

当我们从数据库中检索信息时，查询计划器需要搜索可用记录以获取所需数据。数据库中采用了各种策略来排序和分配用于快速检索的信息。SQL 服务器用来搜索数据库的过程称为扫描（scan）。

对于本章中的所有示例，我们将使用命令行界面或 Shell。

本节将从顺序扫描（sequential scan）开始，因为这是最容易理解的，并且可以保证在每种应用场景下都有效。在某些情况下，顺序扫描并不是最快或最有效的；但是，它总是会产生正确的结果。

虽然我们没有正式介绍过，但在前面的章节中其实已经执行了许多顺序扫描。例如，在第 4 章“导入和导出数据”中输入了以下命令：

```
SELECT * FROM customers LIMIT 5
```

上述代码的输出如图 6.1 所示。

使用 SELECT 命令直接从数据库中提取数据时执行的就是顺序扫描，其中数据库服务器可遍历数据库中的每条记录，并将每条记录与顺序扫描中的条件进行比较，以返回符合条件的记录。这本质上是一种蛮力扫描（brute-force scan），因此，总是可以调用它来执行搜索。在许多情况下，顺序扫描通常也是最有效的方法，并且会被 SQL 服务器自动选择。如果以下任何一项为真，则情况尤其如此。

```
customer_id | title | first_name | last_name | suffix |          email
------------+-------+------------+-----------+--------+-------------------------
          1 |       | Arlena     | Riveles   |        | ariveles0@stumbleupon.com
          2 | Dr    | Ode        | Stovin    |        | ostovin1@npr.org
          3 |       | Braden     | Jordan    |        | bjordan2@geocities.com
          4 |       | Jessika    | Nussen    |        | jnussen3@salon.com
          5 |       | Lonnie     | Rembaud   |        | lrembaud4@discovery.com
(5 rows)
```

图 6.1　SELECT 语句的前 6 列输出

❑　表很小。

❑　搜索中使用的字段包含大量重复项。

❑　计划器确定顺序扫描对于给定条件来说比任何其他扫描都有效。

查询计划中返回了大量信息，能够理解此输出对于调整数据库查询的性能至关重要。查询计划本身就是一个复杂的主题，你可能需要一些练习才能熟练解释输出；甚至 PostgreSQL 官方文档也指出，解读查询计划本身就是一门值得关注的艺术。我们将从一个简单的计划开始，然后逐步完成更复杂的查询计划。

接下来，让我们通过一个练习来看看如何解释查询计划器。

ⓘ **注意：**

本章中所有练习和作业都可以在本书配套 GitHub 存储库上找到，其网址如下：

https://packt.live/2XSiV56

对于本章中的所有练习和作业，请注意，查询分析指标会因系统配置而异。因此，你可能会得到不同的输出。关键是本章提供的输出展示了相应的工作原理。

6.2.3　练习 6.01：解释查询计划器

本练习将使用 EXPLAIN 命令解释查询计划器。EXPLAIN 命令在执行查询之前将显示查询计划。当我们将 EXPLAIN 命令与 SQL 语句结合使用时，SQL 解释器不会执行该语句，而是返回解释器将要执行的步骤（查询计划）。

我们将解释 sqlda 数据库中 emails 表的查询计划器。然后使用更复杂的查询，在 clicked_date 字段中搜索两个特定值之间的日期。请注意，你需要确保按照本书"前言"中的描述加载 sqlda 数据库。

请从本书随附的 GitHub 存储库源代码中检索 Exercise 6.01.sql 文件。该文件包含本练习中使用的所有查询。当然，我们将使用 SQL 解释器手动输入它们，以强化对查询计划器操作的理解。

请按以下步骤完成此练习。

（1）打开默认的命令行界面（Windows 系统中的 CMD 或 MacOS/Linux 系统中的 Terminal），连接 sqlda 数据库：

```
C:\> psql sqlda
```

成功连接后，你将看到 PostgreSQL 数据库的界面：

```
Type "help" for help
sqlda=#
```

（2）输入以下命令获取 emails 表的查询计划：

```
sqlda=# EXPLAIN SELECT * FROM emails;
```

然后将显示类似于图 6.2 所示的信息。

```
                        QUERY PLAN
-------------------------------------------------------------
 Seq Scan on emails  (cost=0.00..9606.58 rows=418158 width=79)
(1 row)
```

图 6.2　emails 表的查询计划

该信息由查询计划器返回；虽然这是最简单的示例，但在计划器信息中还有很多内容需要解释，所以让我们逐步查看其输出。

这里提供的计划中第一个元素是查询执行的扫描类型。本章后面将介绍更多的扫描类型，但是 Seq Scan（参见图 6.3）——即顺序扫描是一种简单而强大的查询类型。

```
                        QUERY PLAN
-------------------------------------------------------------
 Seq Scan on emails  (cost=0.00..9606.58 rows=418158 width=79)
(1 row)
```

图 6.3　扫描类型

如图 6.4 所示，该计划器报告的第一个度量是启动成本（cost），即扫描开始之前所花费的时间。

```
                        QUERY PLAN
-------------------------------------------------------------
 Seq Scan on emails  (cost=0.00..9606.58 rows=418158 width=79)
(1 row)
```

图 6.4　启动成本

这个时间成本可能是首先对数据进行排序或完成其他预处理应用所必须的。

同时要注意，所测量的时间实际上是以成本单位报告的（参见图 6.4），而不是以秒或毫秒为单位。

一般来说，成本单位是磁盘请求或页面获取次数的指示，而不是绝对度量。报告的成本通常作为比较各种查询性能的手段会更有用，而不是作为时间的绝对度量。

该序列中的下一个数字（参见图 6.5）表示如果检索到所有可用行，则执行查询的总成本。在某些情况下，可能无法检索到所有可用的行。

```
                         QUERY PLAN
------------------------------------------------------------
 Seq Scan on emails  (cost=0.00..9606.58 rows=418158 width=79)
(1 row)
```

图 6.5　总成本

该计划中的下一个数字（参见图 6.6）表示可返回的总行数。同样，这是指计划完全执行的情况。

```
                         QUERY PLAN
------------------------------------------------------------
 Seq Scan on emails  (cost=0.00..9606.58 rows=418158 width=79)
(1 row)
```

图 6.6　可返回的总行数

该计划中的最后一个数字（参见图 6.7）正如其标题（width）所示的那样，指示了每行的宽度（以字节为单位）。

```
                         QUERY PLAN
------------------------------------------------------------
 Seq Scan on emails  (cost=0.00..9606.58 rows=418158 width=79)
(1 row)
```

图 6.7　每行的宽度

🛈 注意：

执行 EXPLAIN 命令时，PostgreSQL 并没有实际执行查询或返回值。但是，它确实会返回描述，以及执行计划的每个阶段所涉及的处理成本。

（3）查询计划 emails 表并设置限制为 5。在 PostgreSQL 解释器中输入以下语句：

```
sqlda=# EXPLAIN SELECT * FROM emails LIMIT 5;
```

这重复了前面的语句，其中计划器仅限于前 5 个记录。此查询将从计划器生成如图 6.8 所示的输出。

```
                          QUERY PLAN
----------------------------------------------------------------
Limit  (cost=0.00..0.11 rows=5 width=79)
   ->  Seq Scan on emails  (cost=0.00..9606.58 rows=418158 width=79)
(2 rows)
```

图 6.8　有限行的查询计划

从图 6.8 中可以看到，该计划中有两个单独的行。这表明计划由两个独立的步骤组成，该计划的下面一行（在本示例中就是要执行的第一步）是图 6.7 的重复；该计划的上面一行则是将结果限制为仅 5 行的组件。

虽然 Limit 过程是查询的额外成本，但是与下面一行的计划相比，它显得微不足道，后者以 9606 个页面请求为代价检索大约 418158 行，而 Limit 阶段仅以 0.11 个页面请求为代价返回 5 行。

ℹ️ 注意：

请求的总体估计成本包括从磁盘检索信息所花费的时间和需要扫描的行数。

内部参数 seq_page_cost 和 cpu_tuple_cost 定义了数据库的表空间内相应操作的成本。虽然现阶段不推荐，但你可以更改这两个变量来修改计划器准备的步骤。

有关更多信息，请参阅以下 PostgreSQL 文档：

https://www.postgresql.org/docs/current/runtime-config-query.html

（4）现在使用一些更复杂的查询，在 clicked_date 列中搜索两个特定值之间的日期。在 PostgreSQL 解释器中输入以下语句：

```
sqlda=# EXPLAIN SELECT * FROM emails WHERE clicked_date BETWEEN
'2011-01-01' and '2011-02-01';
```

这将产生一个类似于图 6.9 所示的查询计划。

```
Gather  (cost=1000.00..9051.49 rows=130 width=79)
  Workers Planned: 2
  ->  Parallel Seq Scan on emails  (cost=0.00..8038.49 rows=54 width=79)
        Filter: ((clicked_date >= '2011-01-01 00:00:00'::timestamp without time zone) AND
(clicked_date <= '2011-02-01 00:00:00'::timestamp without time zone))
(4 rows)
```

图 6.9　在两个特定值之间搜索日期的顺序扫描

该查询计划需要注意的第一个方面是它包含几个不同的步骤。下面的查询与之前的查询类似，因为它执行的是顺序扫描。但是，我们并没有限制输出，而是根据提供的时间戳字符串对其进行过滤。

请注意，顺序扫描将以并行（parallel）方式完成，这在 Parallel Seq Scan 中已经指示得很清楚。并且该计划使用了两个 Worker。每个单独的序列扫描应该返回约 54 行，完成需要花费 8038.49 的成本。

该计划的上层是 Gather（收集）状态，在查询开始时执行。可以看到前期成本不为零（而为 1000），总计成本为 9051.49，包括收集和搜索步骤。

ℹ️ **注意：**

要获得本小节源代码，请访问以下网址：

https://packt.live/30BwNlY

本练习使用了查询计划器和 EXPLAIN 命令的输出。这些相对简单的查询突出显示了 SQL 查询计划器的许多特性及其提供的详细信息。

对查询计划器及其返回的信息有一个很好的理解，将让你在数据科学工作中受益良多。请记住，这种理解会随着时间和实践的增加而累积。如果有任何疑问，则不妨查阅 PostgreSQL 文档，其网址如下：

https://www.postgresql.org/docs/current/using-explain.html

接下来还将继续练习解读查询计划，因为我们会研究不同的扫描类型和方法，它们可用于提高查询性能。

6.2.4　作业 6.01：查询计划

本次作业将解读查询计划以解释计划器返回的信息。

假设我们仍在处理包含客户记录的 sqlda 数据库，并且营销团队希望实现一个系统来定期生成特定地理区域中的客户活动的报告。

为了确保我们的报告能够及时运行，必须估计 SQL 查询需要多长时间。我们将使用 EXPLAIN 命令找出一些查询需要多长时间的报告。

（1）打开 PostgreSQL 并连接到 sqlda 数据库。

（2）使用 EXPLAIN 命令返回查询计划，用于选择 customers 表中的所有可用记录。

（3）解读计划的输出并确定总查询成本、设置成本、要返回的行数以及每行的宽度。研究一下输出，看看执行此步骤后从计划返回的每个值的单位是什么。

（4）重复本作业步骤（2）中的查询，这次将返回的记录数限制为 15。

研究更新后的查询计划，看看该查询计划涉及多少步骤，限制步骤的成本是多少。

（5）生成查询计划，选择居住在纬度 30°～40°范围内的客户的所有行。看看总计划成本以及查询返回的行数是多少。

预期输出如图 6.10 所示。

```
                              QUERY PLAN
--------------------------------------------------------------------------------
Seq Scan on customers  (cost=0.00..1786.00 rows=26439 width=140)
  Filter: ((latitude > '30'::double precision) AND (latitude < '40'::double precision))
(2 rows)
```

图 6.10　为居住在纬度 30°～40°范围内的客户制订计划

🛈 **注意：**

本次作业的答案见本书附录。

本次作业练习了解读查询计划器返回的计划。如前文所述，解读计划需要大量练习才能掌握。强烈建议你经常使用 EXPLAIN 命令来提高你的计划解读能力。

接下来，我们将学习如何使用索引扫描来提高查询性能。

6.2.5　索引扫描

索引扫描（index scan）是提高数据库查询性能的方法之一。索引扫描与顺序扫描的不同之处在于，在搜索数据库记录之前执行预处理步骤。

对于索引扫描，有一个很简单的比喻就是图书的索引。在创建非小说类书籍时，出版商将解析书籍的内容，在书末提供按字母排序的索引词条，并添加相应的页码。和出版商创建索引供读者参考一样，我们在 PostgreSQL 数据库中也可以创建类似的索引。

数据库中的这个索引可创建一个已准备好的和有组织的集合或在指定条件下对数据进行引用的子集。当执行查询并且存在包含与查询相关的信息的索引时，计划器可以选择使用在索引中预处理和预先安排好的数据。

在不使用索引的情况下，数据库则需要反复扫描所有记录，检查每条记录是否有与查询相关的信息。

即使所有需要的信息都在数据库的开头，如果没有索引，则搜索仍然会扫描所有可用记录。显然，这将花费比必要时间更长的时间。

PostgreSQL 可以使用许多不同的索引策略来创建更有效的搜索，包括 B 树（B-tree）、哈希索引（hash index）、广义倒排索引（generalized inverted index，GIN）和广义搜索树（generalized search tree，GIST）。

这些不同的索引类型都有自己的优点和缺点，因此适合在不同的情况下使用。最常用的索引之一是 B-tree，它是 PostgreSQL 使用的默认索引策略，几乎在所有数据库软件中都可用。因此，接下来我们将首先花一些时间研究 B-tree 索引，看看它的优点及局限性是什么。

6.2.6　B 树索引

B 树索引（B-tree index）属于二叉搜索树（binary search tree，BST）的一种，其特点是，它是一种自平衡结构，可保持自己的数据结构以进行高效搜索。图 6.11 显示了一个通用的 B 树结构，从中可以看到树中的每个节点不超过两个元素（从而提供了平衡性），并且第一个节点有两个子节点。这些特征在 B 树中很常见，其中每个节点被限制为 n 个组件，因此强制拆分为子节点。树的分支终止于叶节点，根据定义，叶节点没有子节点。

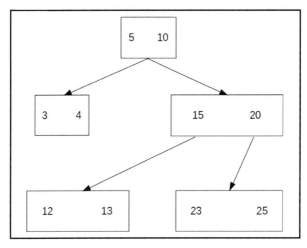

图 6.11　通用 B 树

以图 6.11 为例，假设要在 B 树索引中查找数字 13。我们将从第一个节点开始，选择数字是小于 5 还是大于 10。由于 13 大于 10，因此我们沿着树的右侧分支前进，这一次将在小于 15 和大于 20 之间进行选择。由于 13 小于 15，因此我们沿着树的左侧分支前进并最终到达索引中 13 的位置。

由此可见，此操作比查看所有可用值要快得多。当然，为了提高性能，树必须平衡，以便为遍历提供简单的路径。

此外，必须要有足够的信息才能进行拆分。如果我们有一个树索引，其中只有几个可能的值可以拆分，并且有大量样本，则需要将数据分成若干个组。

考虑数据库搜索上下文中的 B 树，可以看到，我们需要一个条件来划分（或拆分）

信息，并且还需要足够的信息来进行有意义的拆分。我们不需要担心遵循树的逻辑，因为这将由数据库本身管理，并且可以根据搜索条件而有所不同。即便如此，了解该方法的优缺点对于我们来说也很重要，因为只有这样才能在创建索引时做出适当的选择并获得最佳性能。

要为一组数据创建索引，可使用以下语法：

```
CREATE INDEX <index name> ON <table name>(table column);
```

还可以添加额外的条件和约束来使索引更具可选择性：

```
CREATE INDEX <index name> ON <table name>(table column) WHERE
[condition];
```

也可以指定索引的类型：

```
CREATE INDEX <index name> ON <table name> USING TYPE(table column)
```

PostgreSQL 支持多种索引类型，如 B-tree、Hash、GIST 等。例如，执行以下查询以在列上创建 B 树类型索引：

```
CREATE INDEX ix_customers ON customers USING BTREE(customer_id);
```

这将输出以下简单消息：

```
CREATE INDEX
```

这表明索引创建成功。

在接下来的练习中，我们将从一个简单的查询计划开始，然后使用索引扫描完成更复杂的查询计划。

6.2.7　练习 6.02：创建索引扫描

本练习将创建许多不同的索引扫描，并研究每个扫描的性能特征。

继续上一次作业的场景，假设我们已经完成了报表服务，但希望加快查询速度。因此，我们将尝试使用索引和索引扫描。你应该还记得，我们使用的是一个客户信息表，其中包括客户的联系信息，如姓名、电子邮件地址、电话号码和地址等，此外还包含客户地址的纬度和经度详细信息。

请按以下步骤操作以完成此练习。

（1）确保按照本书"前言"中的描述加载 sqlda 数据库。从本书 GitHub 存储库随附的源代码中检索 Exercise6.02.sql 文件。该文件包含本练习中使用的所有查询；当然，我们将使用 SQL 解释器手动输入它们，以强化对查询计划器操作的理解。

（2）打开 PostgreSQL 并连接到 sqlda 数据库：

```
C:\> psql sqlda
```

成功连接后，你将看到 PostgreSQL 数据库的界面：

```
Type "help" for help
sqlda=#
```

（3）从 customers 数据库开始，使用 EXPLAIN 命令确定查询成本和选择所有 state（州）值为 FO 的条目时返回的行数：

```
sqlda=# EXPLAIN SELECT * FROM customers WHERE state='FO';
```

上述代码的输出类似于图 6.12。请注意，在你的计算机上的实际输出可能会有所不同。

```
                           QUERY PLAN
-------------------------------------------------------------
 Seq Scan on customers  (cost=0.00..1661.00 rows=1 width=140)
   Filter: (state = 'FO'::text)
(2 rows)
```

图 6.12　带约束的顺序扫描的查询计划

可以看到，本示例仅返回 1 行，设置成本为 0，但总查询成本为 1661。

（4）再次使用 EXPLAIN 命令确定有多少唯一 state（州）值：

```
sqlda=# EXPLAIN SELECT DISTINCT state FROM customers;
```

输出类似于图 6.13。

```
                           QUERY PLAN
-------------------------------------------------------------
 HashAggregate  (cost=1661.00..1661.51 rows=51 width=3)
   Group Key: state
   -> Seq Scan on customers  (cost=0.00..1536.00 rows=50000 width=3)
```

图 6.13　唯一州的值

可以看到，在 state（州）列中有 51 个唯一值。

（5）使用 customers 中的 state（州）列创建一个名为 ix_state 的索引：

```
sqlda=# CREATE INDEX ix_state ON customers(state);
```

（6）使用步骤（5）创建的索引重新运行 EXPLAIN 语句：

```
sqlda=# EXPLAIN SELECT * FROM customers WHERE state='FO';
```

上述代码的输出类似于图 6.14。

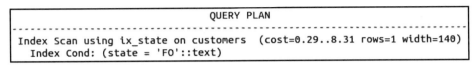

图 6.14　在 customers 表上索引扫描的查询计划

请注意，我们使用了步骤（5）中创建的索引以执行索引扫描。因此可以看到，我们有一个非零的设置成本（0.29），但总成本从之前的 1661 大大降低到 8.31。这就是索引扫描的强大威力。

现在让我们考虑一个稍微不同的例子，看看在 gender（性别）列上返回搜索所需的时间。

（7）使用 EXPLAIN 命令返回查询计划以在数据库中搜索所有男性客户的记录：

```
sqlda=# EXPLAIN SELECT * FROM customers WHERE gender='M';
```

其输出如图 6.15 所示。

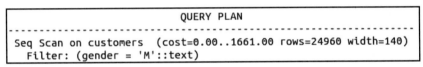

图 6.15　customers 表顺序扫描的查询计划

（8）使用 customers 中的 gender 列创建一个名为 ix_gender 的索引：

```
sqlda=# CREATE INDEX ix_gender ON customers(gender);
```

（9）使用\d 确认索引的存在：

```
\d customers;
```

现在滚动到底部，可以看到使用 ix_前缀的索引，以及用于创建索引的表中的列，如图 6.16 所示。

```
state          | text                        |          |          |
postal_code    | text                        |          |          |
latitude       | double precision            |          |          |
longitude      | double precision            |          |          |
date_added     | timestamp without time zone |          |          |
Indexes:
    "ix_gender" btree (gender)
    "ix_state" btree (state)
```

图 6.16　customers 表的结构

（10）重新运行 EXPLAIN 语句：

```
sqlda=# EXPLAIN SELECT * FROM customers WHERE gender='M';
```

上述代码的输出如图 6.17 所示。

```
                          QUERY PLAN
-----------------------------------------------------------------
 Seq Scan on customers  (cost=0.00..1661.00 rows=24960 width=140)
   Filter: (gender = 'M'::text)
```

图 6.17　带有条件语句的顺序扫描的查询计划输出

可以看到，尽管使用了索引扫描，但查询计划根本没有改变。这是因为没有足够的信息在 gender（性别）列中创建有用的树。

由于只有两个可能的值，即 M（男性）和 F（女性），因此性别索引基本上可以将信息分成两个分支：一个分支用于男性，另一个分支用于女性。该索引没有将数据拆分为树的分支，所以不足以获得任何好处。计划器仍然需要顺序扫描至少一半的数据，因此不值得索引的开销。正是出于这个原因，查询计划器坚持不使用索引。

（11）使用 EXPLAIN 返回查询计划，搜索小于 38° 和大于 30° 的纬度：

```
sqlda=# EXPLAIN SELECT * FROM customers WHERE (latitude < 38) AND
(latitude > 30);
```

上述代码的输出如图 6.18 所示。

```
                          QUERY PLAN
----------------------------------------------------------------------------
 Seq Scan on customers  (cost=0.00..1786.00 rows=17788 width=140)
   Filter: ((latitude < '38'::double precision) AND (latitude > '30'::double precision))
(2 rows)
```

图 6.18　使用多因子条件语句对 customers 表进行顺序扫描的查询计划

请注意，该查询使用了带有过滤器（filter）的顺序扫描。初始顺序扫描在过滤器之前返回 17788，成本为 1786，启动成本为 0。

（12）使用 customers 中的 latitude（纬度）列创建一个名为 ix_latitude 的索引：

```
sqlda=# CREATE INDEX ix_latitude ON customers(latitude);
```

（13）重新运行步骤（11）的查询，观察计划的输出，如图 6.19 所示。

```
                                  QUERY PLAN
----------------------------------------------------------------------------------------
 Bitmap Heap Scan on customers  (cost=382.62..1685.44 rows=17788 width=140)
   Recheck Cond: ((latitude < '38'::double precision) AND (latitude > '30'::double precision))
   ->  Bitmap Index Scan on ix_latitude  (cost=0.00..378.17 rows=17788 width=0)
         Index Cond: ((latitude < '38'::double precision) AND (latitude > '30'::double precision))
(4 rows)
```

图 6.19　重新运行查询后的计划输出

可以看到，该计划比前一个计划涉及的东西更多，使用了位图堆扫描（bitmap heap scan）和位图索引扫描（bitmap index scan）。我们可以通过将 ANALYZE 命令添加到 EXPLAIN 来获取更多信息。

（14）使用 EXPLAIN ANALYZE 查询纬度值在 30°～38°之间的 customers 表的内容：

```
sqlda=# EXPLAIN ANALYZE SELECT * FROM customers WHERE (latitude < 38)
AND (latitude > 30);
```

其输出如图 6.20 所示。

```
                                        QUERY PLAN
--------------------------------------------------------------------------------------------------
Bitmap Heap Scan on customers  (cost=382.62..1685.44 rows=17788 width=140) (actual time=4.064..12.818 rows=17896 loops=1)
  Recheck Cond: ((latitude < '38'::double precision) AND (latitude > '30'::double precision))
  Heap Blocks: exact=1036
  -> Bitmap Index Scan on ix_latitude  (cost=0.00..378.17 rows=17788 width=0) (actual time=3.700..3.701 rows=17896 loops=1)
        Index Cond: ((latitude < '38'::double precision) AND (latitude > '30'::double precision))
Planning Time: 0.301 ms
Execution Time: 14.582 ms
(7 rows)
```

图 6.20　包含额外 EXPLAIN ANALYZE 内容的查询计划输出

有了这些额外的信息，我们可以看到有 0.301 ms 的计划时间和 14.582 ms 的执行时间，索引扫描的执行时间与位图堆扫描开始的时间几乎相同。

（15）在 customers 表上创建另一个 latitude（纬度）在 30°～38°之间的索引：

```
sqlda=# CREATE INDEX ix_latitude_less ON customers(latitude) WHERE
(latitude < 38) and (latitude > 30);
```

（16）重新执行步骤（14）的查询，对比查询计划，如图 6.21 所示。

```
                                        QUERY PLAN
--------------------------------------------------------------------------------------------------
Bitmap Heap Scan on customers  (cost=297.67..1600.49 rows=17788 width=140) (actual time=3.107..12.117 rows=17896 loops=1)
  Recheck Cond: ((latitude < '38'::double precision) AND (latitude > '30'::double precision))
  Heap Blocks: exact=1036
  -> Bitmap Index Scan on ix_latitude_less  (cost=0.00..293.23 rows=17788 width=0) (actual time=2.726..2.727 rows=17896 loops=1)
Planning Time: 0.681 ms
Execution Time: 13.905 ms
(6 rows)
```

图 6.21　查询计划显示计划和执行时间之间的权衡

当我们使用通用列索引时，计划时间为 0.301 ms，执行时间为 14.582 ms。使用更有针对性的索引时，计划时间与执行时间分别为 0.681 ms 和 13.905 ms。这意味着使用这个更有针对性的索引，能够以额外 0.3 ms 的计划时间为代价将执行时间缩短 0.681 ms。

🛈 注意：

要获得本小节源代码，请访问以下网址：

https://packt.live/2YuHeVI

因此，我们从查询中挤出了一些额外的性能，因为索引使得搜索过程更加高效。我们可能不得不支付一些前期成本来创建索引，但是一旦创建，则重复查询可以更快地执行。

6.2.8　作业 6.02：实现索引扫描

本作业将确定是否可以使用索引扫描来减少查询时间。

在 6.2.4 节"作业 6.01：查询计划"中，为营销部门创建客户报告系统后，我们收到了另一个请求：允许通过 IP 地址或关联的客户名称来识别记录。我们知道数据集中有很多不同的 IP 地址，因此需要高性能搜索。查询计划执行的示例：按 IP 地址搜索记录，以及搜索名称中带有后缀 Jr 的某些客户。

请按以下步骤操作以完成此作业。

（1）使用 EXPLAIN 和 ANALYZE 命令配置查询计划以搜索 IP 地址为 18.131.58.65 的所有记录。该查询的计划和执行需要多长时间？

（2）根据 IP 地址列创建通用索引。

（3）重新运行步骤（1）的查询。看看现在该查询的计划和执行需要多长时间？

（4）根据 IP 地址列创建更详细的索引，条件为 IP 地址为 18.131.58.65。

（5）重新运行步骤（1）的查询。看看现在该查询的计划和执行需要多长时间，这些查询之间有什么区别。

（6）使用 EXPLAIN 和 ANALYZE 命令配置查询计划以搜索所有后缀为 Jr 的记录。该查询的计划和执行需要多长时间？

（7）根据 suffix（后缀）列创建通用索引。

（8）重新运行步骤（6）的查询。看看现在该查询的计划和执行需要多长时间。

预期输出如图 6.22 所示。

```
                                        QUERY PLAN
----------------------------------------------------------------------------------------------
Bitmap Heap Scan on customers  (cost=5.12..318.44 rows=107 width=140) (actual time=0.146..0.440 rows=102 loops=1)
  Recheck Cond: (suffix = 'Jr'::text)
  Heap Blocks: exact=100
  -> Bitmap Index Scan on ix_jr  (cost=0.00..5.09 rows=107 width=0) (actual time=0.092..0.092 rows=102 loops=1)
          Index Cond: (suffix = 'Jr'::text)
Planning Time: 0.411 ms
Execution Time: 0.511 ms
(7 rows)
```

图 6.22　在后缀列上创建索引后扫描的查询计划

ⓘ注意：

本次作业的答案见本书附录。

本次作业从查询中挤出了一些额外的性能，因为索引使搜索过程更加高效。

接下来，让我们来看看哈希索引是如何工作的。

6.2.9　哈希索引

我们将介绍的最后一种索引类型是哈希索引。哈希索引最近才被视为 PostgreSQL 中的一个稳定可靠的特性，之前的版本曾经发出了该特性不安全的警告，并报告该方法的性能通常不如 B-tree 索引。在撰写本书时，哈希索引功能在它可以运行的比较语句中相对受限，只有相等（=）是可用的。

既然该功能在使用选项上有所限制，那么为什么还会有人使用它呢？这是因为哈希索引能够使用非常少的数据来描述大型数据集（数万行或更多），从而允许将更多数据保存在内存中并减少某些查询的搜索时间。这对于至少有几字节大小的数据库尤为重要。

哈希索引是一种利用哈希函数来实现其性能优势的索引方法。哈希函数是一种数学函数，它可以获取数据或一系列数据，并根据提供的信息和使用的唯一哈希码返回唯一长度的字母数字字符。

假设我们有一个名为 Josephine Marquez 的客户。我们可以将此信息传递给一个哈希函数，它可以产生一个哈希结果，如 01f38e。假设我们还有 Josephine（约瑟芬）的丈夫 Julio（胡里奥）的记录；Julio 对应的哈希值可能是 43eb38a。哈希映射可以使用键值对关系来查找数据。

我们可以（并且也被要求）使用哈希函数的值来提供键，使用数据库相应行中包含的数据作为其值。

只要键（key）对值（value）是唯一的，即可快速访问我们需要的信息。如果只存储相应的哈希值，这种方法还可以减少内存中索引的整体大小，从而显著减少查询的搜索时间。

与创建 B 树索引的语法类似，可使用以下语法创建哈希索引：

```
CREATE INDEX <index name> ON <table name> USING HASH(table column)
```

以下示例显示了如何在 customers 表中的 gender（性别）列上创建哈希索引：

```
sqlda=# CREATE INDEX ix_gender ON customers USING HASH(gender);
```

你应该还记得，如果查询计划器认为创建的索引没有明显更快或更适合现有查询，则它可以忽略这些索引。由于哈希扫描在使用中受到一些限制，因此不同的搜索忽略该索引的情况可能并不少见。

接下来，让我们执行一个练习来实现哈希索引。通过以下练习，你还将看到不同索引类型之间的性能差异。

6.2.10　练习 6.03：生成若干个哈希索引来比较性能

本练习将生成一些哈希索引，并研究使用它们可以获得的潜在性能提升。

我们将通过重新运行之前练习的一些查询并比较执行时间来进行此项研究。

请按以下步骤操作以完成此练习。

（1）对本章之前创建的索引（ix_gender、ix_state 和 ix_latitude_less）使用 DROP INDEX 命令以删除所有现有索引：

```
DROP INDEX <index name>;
```

（2）在 gender（性别）为 M（男性）的 customers 表上使用 EXPLAIN 和 ANALYZE，但不使用哈希索引：

```
sqlda=# EXPLAIN ANALYZE SELECT * FROM customers WHERE gender='M';
```

其输出类似于图 6.23。

```
                                        QUERY PLAN
----------------------------------------------------------------------------------------------
 Seq Scan on customers  (cost=0.00..1661.00 rows=24960 width=140) (actual time=0.024..26.937 rows=24956 loops=1)
   Filter: (gender = 'M'::text)
   Rows Removed by Filter: 25044
 Planning Time: 0.107 ms
 Execution Time: 29.905 ms
(5 rows)
```

图 6.23　标准顺序扫描

可以看到，估计的计划时间是 0.107 ms，执行时间是 29.905 ms。但是，不会执行相同的查询计划来始终生成相同的值。

（3）在 gender（性别）列上创建 B-tree 索引，使用默认索引重复查询以确定其性能：

```
sqlda=# CREATE INDEX ix_gender ON customers USING btree(gender);
```

上述代码的输出如图 6.24 所示。

```
                                        QUERY PLAN
----------------------------------------------------------------------------------------------
 Seq Scan on customers  (cost=0.00..1661.00 rows=24960 width=140) (actual time=0.028..21.504 rows=24956 loops=1)
   Filter: (gender = 'M'::text)
   Rows Removed by Filter: 25044
 Planning Time: 0.444 ms
 Execution Time: 23.955 ms
(5 rows)
```

图 6.24　忽略 B-tree 索引的查询计划器

可以看到，查询计划器并没有选择 B-tree 索引，而是选择了顺序扫描。扫描的成本没有差异，但估计的计划和执行时间已被修改。这并不意外，因为这些测量正是基于各种不同条件的估计，如内存中的数据和 I/O 限制。

（4）手动重复以下查询至少 5 次，并观察每次执行后估计的时间：

```
sqlda=# EXPLAIN ANALYZE SELECT * FROM customers WHERE gender='M';
```

图 6.25 显示了 5 次单独查询的结果。可以看到，每次单独执行查询的计划时间和执行时间都不相同。

```
                                 QUERY PLAN
-------------------------------------------------------------------------------------
 Seq Scan on customers  (cost=0.00..1661.00 rows=24960 width=140) (actual time=0.020..21.596 rows=24956 loops=1)
   Filter: (gender = 'M'::text)
   Rows Removed by Filter: 25044
 Planning Time: 0.521 ms
 Execution Time: 24.105 ms
(5 rows)

sqlda=# EXPLAIN ANALYZE SELECT * FROM customers WHERE gender='M';
                                 QUERY PLAN
-------------------------------------------------------------------------------------
 Seq Scan on customers  (cost=0.00..1661.00 rows=24960 width=140) (actual time=0.023..22.629 rows=24956 loops=1)
   Filter: (gender = 'M'::text)
   Rows Removed by Filter: 25044
 Planning Time: 0.158 ms
 Execution Time: 25.162 ms
(5 rows)

sqlda=# EXPLAIN ANALYZE SELECT * FROM customers WHERE gender='M';
                                 QUERY PLAN
-------------------------------------------------------------------------------------
 Seq Scan on customers  (cost=0.00..1661.00 rows=24960 width=140) (actual time=0.023..21.765 rows=24956 loops=1)
   Filter: (gender = 'M'::text)
   Rows Removed by Filter: 25044
 Planning Time: 0.153 ms
 Execution Time: 24.198 ms
(5 rows)

sqlda=# EXPLAIN ANALYZE SELECT * FROM customers WHERE gender='M';
                                 QUERY PLAN
-------------------------------------------------------------------------------------
 Seq Scan on customers  (cost=0.00..1661.00 rows=24960 width=140) (actual time=0.023..21.758 rows=24956 loops=1)
   Filter: (gender = 'M'::text)
   Rows Removed by Filter: 25044
 Planning Time: 0.158 ms
 Execution Time: 24.277 ms
(5 rows)

sqlda=# EXPLAIN ANALYZE SELECT * FROM customers WHERE gender='M';
                                 QUERY PLAN
-------------------------------------------------------------------------------------
 Seq Scan on customers  (cost=0.00..1661.00 rows=24960 width=140) (actual time=0.023..21.967 rows=24956 loops=1)
   Filter: (gender = 'M'::text)
   Rows Removed by Filter: 25044
 Planning Time: 0.163 ms
 Execution Time: 24.444 ms
(5 rows)
```

图 6.25　同一顺序扫描的 5 次重复的结果

（5）删除索引：

```
sqlda=# DROP INDEX ix_gender;
```

（6）在 gender（性别）列上创建哈希索引：

```
sqlda=# CREATE INDEX ix_gender ON customers USING HASH(gender);
```

（7）重复步骤（4）的查询，注意查看执行时间：

```
sqlda=# EXPLAIN ANALYZE SELECT * FROM customers WHERE gender='M';
```

此时的输出如图 6.26 所示。

```
                                    QUERY PLAN
---------------------------------------------------------------------------------------
Seq Scan on customers  (cost=0.00..1661.00 rows=24960 width=140) (actual time=0.020..22.642 rows=24956 loops=1)
  Filter: (gender = 'M'::text)
  Rows Removed by Filter: 25044
Planning Time: 0.300 ms
Execution Time: 25.155 ms
(5 rows)
```

图 6.26　忽略哈希索引的查询计划器

与 B 树索引一样，在 gender（性别）列上使用哈希索引不会带来任何好处，因此计划器没有使用它。这是因为 gender（性别）列只有两个可能的值。

（8）现在可以使用 EXPLAIN ANALYZE 命令分析选择 state（州）为 FO 的所有客户的查询的性能：

```
sqlda=# EXPLAIN ANALYZE SELECT * FROM customers WHERE state='FO';
```

其输出如图 6.27 所示。

```
                                    QUERY PLAN
---------------------------------------------------------------------------------------
Seq Scan on customers  (cost=0.00..1661.00 rows=1 width=140) (actual time=22.293..22.293 rows=0 loops=1)
  Filter: (state = 'FO'::text)
  Rows Removed by Filter: 50000
Planning Time: 0.188 ms
Execution Time: 22.328 ms
(5 rows)
```

图 6.27　按特定州过滤的顺序扫描

（9）在 customers 表的 state（州）列上创建 B 树索引并重复该查询的分析：

```
sqlda=# CREATE INDEX ix_state ON customers USING BTREE(state);
sqlda=# EXPLAIN ANALYZE SELECT * FROM customers WHERE state='FO';
```

上述代码的输出如图 6.28 所示。

在这里可以看到由 B-tree 索引带来的显著性能提升，并且设置成本很小。

```
                                    QUERY PLAN
--------------------------------------------------------------------------------------------
 Index Scan using ix_state on customers  (cost=0.29..8.31 rows=1 width=140) (actual time=0.060..0.060 rows=0 loops=1)
   Index Cond: (state = 'FO'::text)
 Planning Time: 0.374 ms
 Execution Time: 0.103 ms
(4 rows)
```

图 6.28　B 树索引带来的性能优势

哈希扫描如何执行？鉴于执行时间已从 22.328 ms 降至 0.103 ms，可以合理地得出结论：计划成本增加了约 50%。

（10）删除 ix_state B-tree 索引并创建哈希扫描：

```
sqlda=# DROP INDEX ix_state;
sqlda=# CREATE INDEX ix_state ON customers USING HASH(state);
```

（11）使用 EXPLAIN 和 ANALYZE 分析哈希扫描的性能：

```
sqlda=# EXPLAIN ANALYZE SELECT * FROM customers WHERE state='FO';
```

上述代码的输出如图 6.29 所示。

```
                                    QUERY PLAN
--------------------------------------------------------------------------------------------
 Index Scan using ix_state on customers  (cost=0.00..8.02 rows=1 width=140) (actual time=0.014..0.014 rows=0 loops=1)
   Index Cond: (state = 'FO'::text)
 Planning Time: 0.271 ms
 Execution Time: 0.048 ms
(4 rows)
```

图 6.29　使用哈希索引的额外性能提升

可以看到，对于这个特定的查询，哈希索引特别有效，既减少了 B-tree 索引的计划/设置时间和成本，也将执行时间从大约 25ms 减少到 1ms 以下。

ⓘ 注意：

要获得本小节源代码，请访问以下网址：

https://packt.live/37lcMS4

本练习使用了哈希索引来验证它在特定查询上的有效性。

6.2.11　作业 6.03：实现哈希索引

本次作业将研究通过哈希索引来提高 sqlda 数据库中 emails 表的使用性能。

我们收到了市场营销部门的另一个请求，这一次，他们希望我们能够分析电子邮件营销活动的性能。

鉴于电子邮件营销活动的成功率很低，因此企业往往会抱着"有枣没枣打三竿"的态度一次性向许多客户发送大量不同的电子邮件。使用 EXPLAIN 和 ANALYZE 命令确定选择电子邮件主题为 Shocking Holiday Savings On Electric Scooters（电动摩托车假期大放价）的所有记录的计划时间和成本，以及执行时间和成本。

（1）使用 EXPLAIN 和 ANALYZE 命令确定两次查询的计划时间和成本，以及执行时间和成本。

第一次查询：选择电子邮件主题为 Shocking Holiday Savings On Electric Scooters （电动摩托车假期大放价）的所有行。

第二次查询：选择电子邮件主题为 Black Friday. Green Cars（黑色星期五，绿色小汽车）的所有行。黑色星期五类似于我国的双十一购物节。

（2）在 email_subject 列上创建哈希扫描。

（3）重复步骤（1）。将没有哈希索引的查询计划器的输出与有哈希索引的查询计划器的输出进行比较，查看哈希扫描对这两个查询的性能有什么影响。

（4）在 customer_id 列上创建哈希扫描。

（5）使用 EXPLAIN 和 ANALYZE 估计选择所有 customer_id 值大于 100 的行需要多长时间。使用什么类型的扫描？为什么？

预期输出如图 6.30 所示。

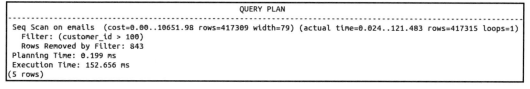

```
                                  QUERY PLAN
----------------------------------------------------------------------------------------
 Seq Scan on emails  (cost=0.00..10651.98 rows=417309 width=79) (actual time=0.024..121.483 rows=417315 loops=1)
   Filter: (customer_id > 100)
   Rows Removed by Filter: 843
 Planning Time: 0.199 ms
 Execution Time: 152.656 ms
(5 rows)
```

图 6.30　查询计划器由于限制而忽略哈希索引

ⓘ 注意：

本次作业的答案见本书附录。

本次作业在查询中使用了顺序扫描而不是已创建的哈希扫描，这是由于当前哈希扫描受到限制而被忽略。

在撰写本书时，哈希扫描的使用仅限于相等比较，即搜索等于给定值的值。

6.2.12　有效的索引使用

到目前为止，我们已经研究了许多不同的扫描方法，以及如何使用 B-tree 和哈希扫描作为减少查询时间的一种手段。

我们还提供了许多不同的示例，说明索引是为字段或条件创建的，并且在执行查询时，如果索引被认为是一种效率较低的选择，则查询计划器将忽略该索引。

本小节将花一些时间来讨论如何适当使用索引以减少查询时间，因为虽然索引似乎是提高查询性能的明显选择，但情况并非总是如此。

考虑以下情况。

❑ 用于索引的字段经常更改：由于经常在表中插入或删除行，因此你所创建的索引可能很快就变得低效，因为它是为不再相关的数据构建的，或者在索引创建之后字段的值发生了改变。

这就像有些图书后面提供的索引。如果你改变了图书章节的顺序，那么这些索引显然将不再有效，需要重新整理发布。在这种情况下，你可能需要定期重新索引数据以确保对数据的引用是最新的。

在 SQL 中，可以使用 REINDEX 命令重建数据索引，但是在此之前，你需要考虑频繁重建索引的成本、手段和策略，看看由索引带来的查询上的好处是否值得这样做，数据库的大小是否需要这样做，或者更改数据库的结构是否可以避免这个问题。

❑ 索引已过期且现有引用无效或存在没有索引的数据段，从而阻止查询计划器使用索引：在这种情况下，索引太旧以至于无法使用，因此需要更新。

❑ 经常在特定字段中查找包含相同搜索条件的记录：例如，假设我们要在数据库中查找包含的位置纬度值小于 38° 和大于 30° 的客户，则可使用以下语句：

```
SELECT * FROM customers WHERE (latitude < 38) and (latitude > 30)
```

在此示例中，使用数据子集创建部分索引可能更有效，如下所示：

```
CREATE INDEX ix_latitude_less ON customers(latitude)
WHERE (latitude < 38) and (latitude > 30)
```

这样，索引只使用我们感兴趣的数据创建，因此体积更小、扫描更快、更易于维护，也可以用于更复杂的查询。

❑ 数据库不是特别大：在这种情况下，创建和使用索引的开销可能根本不值得。顺序扫描，尤其是那些使用内存中已有数据的扫描，速度非常快。

如果你在小型数据集上创建索引，则无法保证查询计划器会使用它或从使用它中获得任何显著好处。

接下来，我们将讨论如何通过利用索引来加速表的连接。

6.3　高性能 JOIN

在符合 SQL 规范的数据库中，JOIN 功能提供了一种非常强大且高效的方法来组合不同来源的数据，而无须复杂的循环结构或一系列单独的 SQL 语句。本书第 2 章"SQL 和数据准备"中详细介绍了 JOIN 和连接理论。

正如 JOIN 命令的名称所暗示的，它可以从两个或多个表中获取信息，并使用每个表中记录的内容来组合两组信息。因为我们将在不使用循环结构的情况下组合这些信息，所以这可以非常高效地完成。

本节将考虑使用 JOIN 连接作为循环结构的更高效替代方案。图 6.31 显示了一个 Customer Information（客户信息）表示例。

Customer ID	First Name	Last Name	Address
1	Meat	Hook	Melee Island
2	Captain	Blondebeard	Puerto Pollo
3	Griswold	Goodsoup	Blood Island

图 6.31　Customer Information（客户信息）表

图 6.32 显示了 Order Information（订单信息）表。

Order ID	Customer ID	Product Code	Qty
1618	3	GROG1	12
1619	2	POULET3	3

图 6.32　Order Information（订单信息）表

有了这些信息之后，我们可能想看看基于客户地址销售的商品是否存在一些趋势。可以使用 JOIN 将这两组信息放在一起；我们将使用 Customer ID 列来组合两个数据集并生成图 6.33 中显示的信息。

从上述示例中可以看到，JOIN 连接包括所有记录，其中有客户和订单可用的信息。由于没有可用的订单信息，因此从组合信息中省略了客户 Meat Hook。

Customer ID	First Name	Last Name	Address	Order ID	Product Code	Qty
2	Captain	Blondebeard	Puerto Pollo	1619	POULET3	3
3	Griswald	Goodsoup	Blood Island	1618	GROG1	12

图 6.33　按客户 ID 进行 JOIN 连接

在该示例中，执行的是 INNER JOIN；当然，还有许多不同类型的连接可用，我们可以花点时间来仔细研究一下。下面是一个展示如何使用高性能 INNER JOIN 的示例：

```
smalljoins=# EXPLAIN ANALYZE SELECT customers.*, order_info.order_id,
order_info.product_code, order_info.qty FROM customers INNER JOIN order_
info ON customers.customer_id=order_info.customer_id;
```

该查询计划的输出如下：

```
Hash Join (cost=24.18..172.89 rows=3560 width=140) (actual
time=0.100..0.103 rows=5 loops=1)
   Hash Cond: (order_info.customer_id = customers.customer_id)
   -> Seq Scan on order_info (cost=0.00..21.30 rows=1130 width=44)
(actual time=0.027..0.027 rows=5 loops=1)
   -> Hash (cost=16.30..16.30 rows=630 width=100) (actual
time=0.032..0.032 rows=5 loops=1)
        Buckets: 1024 Batches: 1 Memory Usage: 9kB
        -> Seq Scan on customers (cost=0.00..16.30 rows=630 width=100)
(actual time=0.008..0.009 rows=5 loops=1)
Planning Time: 0.626 ms
Execution Time: 0.181 ms
(8 rows)
```

有关 JOIN 连接的更多信息，请参阅第 2 章 "SQL 和数据准备"。

在下面的练习中，我们将研究高性能内连接的使用。

6.3.1　练习 6.04：使用 INNER JOIN

本练习将研究如何使用 INNER JOIN 连接从两个不同的表中有效地选择多行数据。

假设市场营销部门给了我们两个独立的数据库：一个来自 SalesForce，一个来自 Oracle。我们可以使用 JOIN 语句将来自两个源的相应信息合并到一个源中。

请按以下步骤操作。

（1）在 PostgreSQL 服务器上创建一个名为 smalljoins 的数据库：

```
$ createdb -U postgres smalljoins
```

（2）从本书配套 GitHub 存储库加载随附源代码中提供的 smalljoins.dump 文件。其网址如下：

https://packt.live/3hl6G8Y

加载语句如下：

```
$psql smalljoins < smalljoins.dump
```

（3）打开该数据库：

```
$ psql -U postgres smalljoins
```

（4）检查 customers 表中的信息：

```
SELECT * FROM customers;
```

上述代码的输出如图 6.34 所示。

```
 customer_id | first_name | last_name   |    address
-------------+------------+-------------+----------------
           4 | Guybrush   | Threepwood  | Melee Island
           5 | Murray     | TheSkull    | Plunder island
           1 | Meat       | Hook        | Melee Island
           2 | Captain    | Blondebeard | Puerto Pollo
           3 | Griswold   | Goodsoup    | Blood Island
(5 rows)
```

图 6.34　customers 表

（5）检查 order_info（订单信息）表的可用信息：

```
smalljoins=# SELECT * FROM order_info;
```

其输出如图 6.35 所示。

```
 order_id | customer_id | product_code | qty
----------+-------------+--------------+-----
     1620 |           4 | MON123       |   1
     1621 |           4 | MON636       |   3
     1622 |           5 | MON666       |   1
     1618 |           3 | GROG1        |  12
     1619 |           2 | POULET3      |   3
(5 rows)
```

图 6.35　order_info（订单信息）表

（6）执行内连接，从两个表中检索所有列，但是不复制 customer_id 列，这样产生的结果将和图 6.33 所示类似。

我们将左表设置为 customers，右表设置为 order_info。因此，需要明确的是，当客户下订单时，我们需要来自 customers 表的所有列以及来自 order_info 表的 order_id、product_code 和 qty 列。该 SQL 语句的编写如下：

```
smalljoins=# SELECT customers.*, order_info.order_id, order_info.
product_code, order_info.qty FROM customers INNER JOIN order_info ON
customers.customer_id=order_info.customer_id;
```

上述代码的输出如图 6.36 所示。

```
customer_id | first_name | last_name  | address       | order_id | product_code | qty
-------------+------------+------------+---------------+----------+--------------+-----
          4 | Guybrush   | Threepwood | Melee Island  |     1620 | MON123       |   1
          4 | Guybrush   | Threepwood | Melee Island  |     1621 | MON636       |   3
          5 | Murray     | TheSkull   | Plunder island|     1622 | MON666       |   1
          3 | Griswold   | Goodsoup   | Blood Island  |     1618 | GROG1        |  12
          2 | Captain    | Blondebeard| Puerto Pollo  |     1619 | POULET3      |   3
(5 rows)
```

图 6.36　连接客户和订单信息表

（7）通过插入 INTO table_name 关键字将此查询的结果保存为单独的表：

```
smalljoins=# SELECT customers.*, order_info.order_id, order_info.
product_code, order_info.qty INTO join_results FROM customers INNER
JOIN order_info ON customers.customer_id=order_info.customer_id;
```

上述代码的输出如图 6.37 所示。

```
smalljoins=# SELECT customers.*, order_info.order_id, order_info.product_code, order_info.qty INTO join_
results FROM customers INNER JOIN order_info ON customers.customer_id=order_info.customer_id;
SELECT 5
```

图 6.37　保存连接到新表的结果

（8）使用 EXPLAIN ANALYZE 来估计执行 JOIN 连接所花费的时间。现在，JOIN 连接的速度有多快？

```
smalljoins=# EXPLAIN ANALYZE SELECT customers.*, order_info.order_id,
order_info.product_code, order_info.qty FROM customers INNER JOIN
order_info ON customers.customer_id=order_info.customer_id;
```

这将产生如图 6.38 所示的输出，表明此查询效率相对较低。

（9）选择 order_info 中的所有 customer_id 值并使用 EXPLAIN ANALYZE 找出执行这些单独查询需要多长时间：

```
                                   QUERY PLAN
------------------------------------------------------------------------------------------
Hash Join  (cost=24.18..172.89 rows=3560 width=140) (actual time=0.537..0.548 rows=10 loops=1)
  Hash Cond: (order_info.customer_id = customers.customer_id)
  -> Seq Scan on order_info  (cost=0.00..21.30 rows=1130 width=44) (actual time=0.238..0.240 rows=10 loops=1)
  -> Hash  (cost=16.30..16.30 rows=630 width=100) (actual time=0.225..0.226 rows=5 loops=1)
       Buckets: 1024  Batches: 1  Memory Usage: 9kB
       -> Seq Scan on customers  (cost=0.00..16.30 rows=630 width=100) (actual time=0.199..0.202 rows=5 loops=1)
Planning Time: 7.077 ms
Execution Time: 1.533 ms
(8 rows)
```

图 6.38　比较 JOIN 性能的基准读数

```
smalljoins=# EXPLAIN ANALYZE SELECT * FROM customers WHERE customer_
id IN (SELECT customer_id FROM order_info);
```

上述代码的输出如图 6.39 所示。

```
                                   QUERY PLAN
------------------------------------------------------------------------------------------
Hash Join  (cost=28.62..50.08 rows=315 width=100) (actual time=0.104..0.110 rows=4 loops=1)
  Hash Cond: (customers.customer_id = order_info.customer_id)
  -> Seq Scan on customers  (cost=0.00..16.30 rows=630 width=100) (actual time=0.015..0.017 rows=5 loops=1)
  -> Hash  (cost=26.12..26.12 rows=200 width=4) (actual time=0.057..0.057 rows=4 loops=1)
       Buckets: 1024  Batches: 1  Memory Usage: 9kB
       -> HashAggregate  (cost=24.12..26.12 rows=200 width=4) (actual time=0.026..0.030 rows=4 loops=1)
            Group Key: order_info.customer_id
            -> Seq Scan on order_info  (cost=0.00..21.30 rows=1130 width=4) (actual time=0.008..0.011 rows=5 loops=1)
Planning Time: 0.199 ms
Execution Time: 0.177 ms
(10 rows)
```

图 6.39　使用哈希索引提高 JOIN 连接的性能

通过查看两个查询计划器的结果可知，此时的内连接不仅仅只有顺序查询大约十分之一的时间（0.177 ms 相比 1.533ms），而且使用内连接还返回了更多信息，其中 order_id、product_code 和 qty 也被返回。

（10）使用 customers 表作为左表、order_info 表作为右表来执行左连接：

```
smalljoins=# SELECT customers.*, order_info.order_id, order_info.
product_code, order_info.qty FROM customers LEFT JOIN order_info ON
customers.customer_id=order_info.customer_id;
```

上述代码的输出如图 6.40 所示。

```
customer_id | first_name | last_name  |   address     | order_id | product_code | qty
------------+------------+------------+---------------+----------+--------------+-----
          4 | Guybrush   | Threepwood | Melee Island  |    1620  | MON123       |   1
          4 | Guybrush   | Threepwood | Melee Island  |    1621  | MON636       |   3
          5 | Murray     | TheSkull   | Plunder island|    1622  | MON666       |   1
          3 | Griswold   | Goodsoup   | Blood Island  |    1618  | GROG1        |  12
          2 | Captain    | Blondebeard| Puerto Pollo  |    1619  | POULET3      |   3
          1 | Meat       | Hook       | Melee Island  |          |              |
(6 rows)
```

图 6.40　customers 和 order_info 表的左连接

请注意左连接和内连接之间的区别。左连接包含了 customer_id 4 的结果两次，并且包含了一次 Meat Hook 的结果，尽管该客户没有可用的订单信息。这是因为它包含了左表的结果，而右表中不存在的信息则显示为空白条目。

（11）使用 EXPLAIN ANALYZE 确定执行该连接的时间和成本：

```
smalljoins=# EXPLAIN ANALYZE SELECT customers.*, order_info.order_
id, order_info.product_code, order_info.qty FROM customers LEFT JOIN
order_info ON customers.customer_id=order_info.customer_id;
```

这将显示如图 6.41 所示的输出。

```
                                    QUERY PLAN
--------------------------------------------------------------------------------
Hash Right Join  (cost=24.18..172.89 rows=3560 width=140) (actual time=0.068..0.089 rows=6 loops=1)
  Hash Cond: (order_info.customer_id = customers.customer_id)
  ->  Seq Scan on order_info  (cost=0.00..21.30 rows=1130 width=44) (actual time=0.007..0.009 rows=5 loops=1)
  ->  Hash  (cost=16.30..16.30 rows=630 width=100) (actual time=0.034..0.034 rows=5 loops=1)
        Buckets: 1024  Batches: 1  Memory Usage: 9kB
        ->  Seq Scan on customers  (cost=0.00..16.30 rows=630 width=100) (actual time=0.020..0.024 rows=5 loops=1)
Planning Time: 0.219 ms
Execution Time: 0.188 ms
(8 rows)
```

图 6.41 执行左连接的查询计划器

（12）将步骤（11）的 LEFT JOIN（左连接）替换为 RIGHT JOIN（右连接），然后观察结果：

```
smalljoins=# EXPLAIN ANALYZE SELECT customers.*, order_info.order_id,
order_info.product_code, order_info.qty FROM customers RIGHT JOIN
order_info ON customers.customer_id=order_info.customer_id;
```

上述代码的输出如图 6.42 所示。

customer_id	first_name	last_name	address	order_id	product_code	qty
4	Guybrush	Threepwood	Melee Island	1620	MON123	1
4	Guybrush	Threepwood	Melee Island	1621	MON636	3
5	Murray	TheSkull	Plunder island	1622	MON666	1
3	Griswold	Goodsoup	Blood Island	1618	GROG1	12
2	Captain	Blondebeard	Puerto Pollo	1619	POULET3	3

(5 rows)

图 6.42 右连接的结果

可以看到，我们同样获得了两个 customer_id 4、Guybrush Threepwood 客户的条目，但此时 customer_id 1 的条目 Meat Hook 客户已经不再存在了，因为右连接是根据 order_id 表中的信息连接的。

（13）使用 EXPLAIN ANALYZE 确定右连接的时间和成本：

```
smalljoins=# EXPLAIN ANALYZE SELECT customers.*, order_info.order_id,
order_info.product_code, order_info.qty FROM customers RIGHT JOIN
order_info ON customers.customer_id=order_info.customer_id;
```

上述代码的输出如图 6.43 所示。

```
                                        QUERY PLAN
-----------------------------------------------------------------------------------------------
Hash Left Join  (cost=24.18..172.89 rows=3560 width=140) (actual time=0.066..0.075 rows=5 loops=1)
  Hash Cond: (order_info.customer_id = customers.customer_id)
  -> Seq Scan on order_info  (cost=0.00..21.30 rows=1130 width=44) (actual time=0.022..0.024 rows=5 loops=1)
  -> Hash  (cost=16.30..16.30 rows=630 width=100) (actual time=0.021..0.022 rows=5 loops=1)
       Buckets: 1024  Batches: 1  Memory Usage: 9kB
       -> Seq Scan on customers  (cost=0.00..16.30 rows=630 width=100) (actual time=0.007..0.012 rows=5 loops=1)
Planning Time: 0.220 ms
Execution Time: 0.141 ms
(8 rows)
```

图 6.43　右连接的查询计划

可以看到，右连接稍微快一点并且更具成本效益，这可以归因于右连接返回的行比左连接少。

（14）在 order_info 表中插入一个额外的行，并且要求其 customer_id 值不存在于 customers 表中：

```
smalljoins=# INSERT INTO order_info (order_id, customer_id, product_
code, qty) VALUES (1621, 6, 'MEL386', 1);
```

（15）将步骤（11）的 LEFT JOIN（左连接）替换为 FULL OUTER JOIN（全外连接），然后观察结果：

```
smalljoins=# SELECT customers.*, order_info.order_id, order_info.
product_code, order_info.qty FROM customers FULL OUTER JOIN order_
info ON customers.customer_id=order_info.customer_id;
```

其输出如图 6.44 所示。

customer_id	first_name	last_name	address	order_id	product_code	qty
4	Guybrush	Threepwood	Melee Island	1620	MON123	1
4	Guybrush	Threepwood	Melee Island	1621	MON636	3
5	Murray	TheSkull	Plunder island	1622	MON666	1
3	Griswold	Goodsoup	Blood Island	1618	GROG1	12
2	Captain	Blondebeard	Puerto Pollo	1619	POULET3	3
				1621	MEL386	1
1	Meat	Hook	Melee Island			
(7 rows)						

图 6.44　全外连接的结果

现在可以看到，结果中包含 product_code MEL386 的行，但没有关于客户的信息；customer_id 1 的 Meat Hook 客户所在的行也有类似的情况。由此可见，对于全外连接来说，即使某些信息在任一表中不可用，也将组合所有可用信息。

（16）使用 EXPLAIN ANALYZE 命令确定该查询的性能：

```
smalljoins=#
```

上述代码的输出如图 6.45 所示。

```
                                     QUERY PLAN
------------------------------------------------------------------------------------------
Hash Full Join  (cost=24.18..172.89 rows=3560 width=140) (actual time=0.126..0.148 rows=7 loops=1)
  Hash Cond: (order_info.customer_id = customers.customer_id)
  ->  Seq Scan on order_info  (cost=0.00..21.30 rows=1130 width=44) (actual time=0.009..0.012 rows=6 loops=1)
  ->  Hash  (cost=16.30..16.30 rows=630 width=100) (actual time=0.064..0.065 rows=5 loops=1)
        Buckets: 1024  Batches: 1  Memory Usage: 9kB
        ->  Seq Scan on customers  (cost=0.00..16.30 rows=630 width=100) (actual time=0.021..0.026 rows=5 loops=1)
Planning Time: 0.226 ms
Execution Time: 0.232 ms
(8 rows)
```

图 6.45　全外连接的查询计划

可以看到其性能与其他查询非常相似，略有差异也可以认为是因为提供了额外的行。

ⓘ注意：

要获得本小节源代码，请访问以下网址：

https://packt.live/2WYKQPI

本练习仔细比较了 JOIN 连接的使用和性能优势。我们观察到，来自两个单独表的信息组合使用的资源少于单个搜索所需的资源。

在接下来的作业中，我们将在更大数据集的基础上构建对 JOIN 连接的理解。

6.3.2　作业 6.04：实现高性能连接

本次作业的目标是实现各种高性能 JOIN 连接。

我们将使用 JOIN 连接来组合来自客户表的信息以及来自营销电子邮件数据集的信息。假设我们刚刚从各种不同的数据库中整理了许多不同的电子邮件记录，现在希望将信息提取到一个表中，以便可以执行一些更详细的分析。

请按以下步骤操作。

（1）打开 PostgreSQL 并连接到 sqlda 数据库。

（2）确定已发送电子邮件的客户的列表（customer_id、first_name 和 last_name 列），包括有关电子邮件主题的信息，以及客户是否打开并单击了电子邮件。因此，结果表应包括 customer_id、first_name、last_name、email_subject、opened 和 clicked 列。

（3）将结果表保存到新表 customer_emails。

（4）查找打开过或单击过电子邮件的客户。

（5）找到所在城市有经销商的客户。如果客户所在的城市没有经销商，则该客户的 city（城市）列应该有一个空白值。

（6）列出所在城市没有经销商的客户（提示：空白字段为 NULL）。

预期输出如图 6.46 所示。

```
customer_id |  first_name    |  last_name      | city
------------+----------------+-----------------+------
          1 | Arlena         | Riveles         |
         12 | Tyne           | Duggan          |
         21 | Pryce          | Geist           |
         24 | Barbi          | Lanegran        |
         30 | Kath           | Rivel           |
         38 | Carter         | Lagneaux        |
         44 | Waldemar       | Paroni          |
         49 | Hannah         | McGlew          |
         56 | Riva           | Cathesyed       |
         63 | Gweneth        | Maior           |
         70 | Caty           | Woolveridge     |
         72 | Jodi           | Fautly          |
```

图 6.46　没有城市信息的客户

该输出显示了所在城市没有经销商的客户的列表。

ℹ **注意：**

本次作业的答案见本书附录。

本次作业使用了 JOIN 连接来组合来自客户表和营销电子邮件数据集的信息，并帮助营销经理解决他们的查询需求。

接下来，我们将学习如何在 SQL 查询中使用函数和触发器并分析数据。

6.4　函数和触发器

到目前为止，本章已经详细介绍了如何通过查询计划器量化查询性能，以及如何使用 JOIN 连接从多个数据库表中整理和提取信息。本节将通过函数构造可重用的查询和语句，并通过触发器回调来自动执行函数。

这两个 SQL 功能的组合不仅可用于在向数据库添加数据/更新数据/从数据库中删除数据时运行查询或重新索引表，还可以在数据库的整个生命周期内运行假设检验（hypothesis test）并跟踪其结果。

6.4.1　函数定义

与几乎所有其他编程或脚本语言一样，SQL 中的函数包含代码段，这具有很多好处，例如，高效的代码重用和简易的故障排除过程。我们可以使用函数来重复/修改语句或查询，而无须每次都重新输入语句或在更长的代码段中搜索它的使用。函数最强大的方面之一是它允许我们将代码分解成更小的、可测试的块。在计算机科学领域流行着这样一句话："如果代码未经测试，则无法被信任。"

那么，如何在 SQL 中定义函数呢？有一个相对简单的语法，使用 SQL 语法关键字：

```
CREATE FUNCTION some_function_name (function_arguments)
RETURNS return_type AS $return_name$
DECLARE return_name return_type;
BEGIN
  <function statements>;
RETURN <some_value>;
END; $return_name$
LANGUAGE PLPGSQL;
```

以下是对上述代码中使用的函数的简短说明。

❑　some_function_name 是分配给函数的名称，用于在稍后阶段调用该函数。

❑　function_arguments 是函数参数的可选列表。如果不需要向函数提供任何附加信息，那么这可能是空的，无须提供任何参数。要提供更多信息，可以使用不同数据类型的列表作为参数（如整数和数字数据类型）或使用参数名称的参数列表（如 min_val 和 max_val 数字数据类型）。

❑　return_type 是从函数返回的数据类型。

❑　return_name 是要返回的变量的名称（可选）。

请注意，仅当提供了 return_name 并且要从函数返回一个变量时，才需要使用 DECLARE return_name return_type 语句。如果不需要 return_name，则可以从函数定义中省略此行。

❑　function statement 是要在函数内执行的 SQL 语句。

❑　some_value 是要从函数返回的数据。

❑　PLPGSQL 指定了函数中使用的语言。PostgreSQL 允许使用其他语言，当然，它们不在本书的讨论范围内。

例如，我们可以创建一个简单的函数来将 3 个数字相加，示例如下：

```
CREATE FUNCTION add_three(a integer, b integer, c integer)
```

```
RETURNS integer AS $$
BEGIN
    RETURN a + b + c;
END;
$$ LANGUAGE PLPGSQL;
```

然后可以在查询中调用它，如下所示：

```
SELECT add_three(1, 2, 3);
```

该代码的输出如下：

```
add_three
-----------
        6
(1 row)
```

接下来，我们将通过一个练习来创建一个没有参数的函数。

🛈 注意：

完整的 PostgreSQL 函数网址如下：

https://www.postgresql.org/docs/current/extend.html

6.4.2　练习 6.05：创建没有参数的函数

本练习将创建最基本的函数，即一个简单地返回一个常量值的函数，这样做的主要目的是熟悉其语法。

我们将构造第一个 SQL 函数，它不接受任何参数作为附加信息。此函数可用于重复 SQL 查询语句，这些语句可提供有关 sqlda 数据库表中数据的基本统计信息。

请按以下步骤操作。

（1）通过命令行界面连接到 sqlda 数据库：

```
$ psql sqlda
```

（2）创建一个名为 fixed_val 的函数，它不接受任何参数并返回一个整数。这是一个多行运行过程。首先输入以下行：

```
sqlda=# CREATE FUNCTION fixed_val() RETURNS integer AS $$
```

这一行从 fixed_val 函数的声明开始，可以看到该函数没有参数，括号（）中是空的，也没有返回任何变量。

（3）在下一行中，请注意，命令提示符中的字符已调整为表示它正在等待函数下一行的输入：

```
sqlda$#
```

（4）输入 BEGIN 关键字（请注意，由于我们没有返回变量，所以省略了包含 DECLARE 语句的行）：

```
sqlda$# BEGIN
```

（5）我们想从这个函数返回值 1，所以输入语句 RETURN 1：

```
sqlda$# RETURN 1;
```

（6）结束函数定义：

```
sqlda$# END; $$
```

（7）添加 LANGUAGE 语句，示例如下：

```
sqlda-# LANGUAGE PLPGSQL;
```

这样就完成了函数定义。

（8）在函数定义完成之后，即可使用它。与至此我们所完成的其他 SQL 语句一样，这里只需要使用 SELECT 命令：

```
sqlda=# SELECT * FROM fixed_val();
```

这将产生以下输出：

```
fixed_val
----------
1
(1 row)
```

请注意，该函数是使用 SELECT 语句中的左括号和右括号调用的。

（9）结合此语句，使用 EXPLAIN 和 ANALYZE 来看看该函数的性能：

```
sqlda=# EXPLAIN ANALYZE SELECT * FROM fixed_val();
```

上述代码的输出如图 6.47 所示。

```
                                        QUERY PLAN
------------------------------------------------------------------------------------------
 Function Scan on fixed_val  (cost=0.25..0.26 rows=1 width=4) (actual time=0.031..0.032 rows=1 loops=1)
 Planning Time: 0.060 ms
 Execution Time: 0.060 ms
(3 rows)
```

图 6.47　函数调用的性能

到目前为止，我们已经看到了如何创建一个简单的函数，但是简单地返回一个固定值并不是特别有用，因此接下来我们将创建一个函数来确定 sales 表中的样本数量。

请注意，图 6.47 中引用的 3 行不是 SELECT * FROM fixed_val();的结果，而是查询计划器的结果。查看查询计划器返回的第一行信息，我们可以看到该 SELECT 语句只返回了一行信息。

（10）创建一个名为 num_samples 的函数，它不接受任何参数，但返回一个名为 total 的整数，表示 sales 表中的样本数：

```
sqlda=# CREATE FUNCTION num_samples() RETURNS integer AS $total$
```

（11）我们想要返回一个名为 total 的变量，因此需要先声明它。
将 total 变量声明为整数：

```
sqlda$# DECLARE total integer;
```

（12）输入 BEGIN 关键字：

```
sqlda$# BEGIN
```

（13）输入语句以确定 sales 表中样本的数量，并将结果赋值给 total 变量：

```
sqlda$# SELECT COUNT(*) INTO total FROM sales;
```

（14）返回 total 变量的值：

```
sqlda$# RETURN total;
```

（15）以变量名结束函数：

```
sqlda$# END; $total$
```

（16）在函数定义中添加以下 LANGUAGE 语句：

```
sqlda-# LANGUAGE PLPGSQL;
```

这将完成函数定义，并在成功创建后，将显示 CREATE_FUNCTION 语句。
（17）使用该函数判断 sales 表中有多少行或样本：

```
sqlda=# SELECT num_samples();
```

上述代码的输出如下：

```
num_samples
---------
37711
(1 row)
```

结合 SQL 函数使用 SELECT 语句可以看到，sales 数据库中有 37711 条记录。

🛈 **注意：**

要获得本小节源代码，请访问以下网址：

https://packt.live/2zqBi7H

本练习创建了一个用户定义的 SQL 函数，并详细演示了如何在函数中创建变量，以及如何从变量返回信息。

在接下来的作业中，我们将创建一个可以在查询中调用的新函数。

6.4.3　作业 6.05：定义最大销售额函数

本次作业将创建一个用户定义的函数，以便可以在单个函数调用中计算最大销售额。此过程还将加强我们对函数的了解。

营销部门对我们提出了大量的数据分析请求，我们需要更高效地完成它们，目前花费的时间还是太长了，因此我们要定义一些函数来执行分析。

请执行以下步骤。

（1）连接到 sqlda 数据库。

（2）创建一个名为 max_sale 的函数，它不接受任何输入参数，但返回一个名为 big_sale 的数值。

（3）声明 big_sale 变量并开始函数。

（4）将最大销售金额赋值给 big_sale 变量。

（5）返回 big_sale 的值。

（6）用 LANGUAGE 语句结束函数。

（7）调用该函数以查找数据库中的最大销售额是多少。

预期输出如下：

```
Max
-------
115000
(1 row)
```

🛈 **注意：**

本次作业的答案见本书附录。

本次作业创建了一个用户定义的函数，以使用 MAX 函数从单个函数调用中计算最大销售额。接下来，我们将创建一个带参数的函数。

6.4.4　练习 6.06：创建带参数的函数

本练习将创建一个函数，以允许从多个表中计算所需数据。

现在让我们创建一个函数来确定 amount（销售额）列对于相应渠道的值的平均值。在之前的作业中，我们创建了一个自定义的函数来确定数据库中最大的销售额，并可以看到满足营销部门要求的效率明显提高。

请按以下步骤完成练习。

（1）连接 sqlda 数据库：

```
$ psql sqlda
```

（2）创建一个名为 avg_sales 的函数，它接受一个文本参数输入 channel_type，并返回一个数字输出：

```
sqlda=# CREATE FUNCTION avg_sales(channel_type TEXT) RETURNS numeric
AS $channel_avg$
```

（3）声明数字 channel_avg 变量并开始该函数：

```
sqlda$# DECLARE channel_avg numeric;
sqlda$# BEGIN
```

（4）仅当 channel 值等于 channel_type 时才可以确定平均 sales_amount：

```
sqlda$# SELECT AVG(sales_amount) INTO channel_avg FROM sales WHERE
channel=channel_type;
```

（5）返回 channel_avg：

```
sqlda$# RETURN channel_avg;
```

（6）结束函数并指定 LANGUAGE 语句：

```
sqlda$# END; $channel_avg$
sqlda-# LANGUAGE PLPGSQL;
```

（7）确定 internet（互联网）渠道的平均销售额：

```
sqlda=# SELECT avg_sales('internet');
```

上述代码的输出如下：

```
avg_sales
----------------
```

```
6413.11540412024
(1 row)
```

确定 dealership（经销商）渠道的平均销售额：

```
sqlda=# SELECT avg_sales('dealership');
```

上述代码的输出如下：

```
avg_sales
----------------
7939.33132075954
(1 row)
```

此输出显示经销商渠道的平均销售额为 7939.331，高于互联网渠道的平均销售额 6413.115。

🛈 注意：

要获得本小节源代码，请访问以下网址：

https://packt.live/3hrZJTF

本练习演示了如何使用函数参数来进一步修改函数的行为及其返回的输出。

接下来，让我们看看\df 和\sf 命令。

6.4.5　关于\df 和\sf 命令

在 PostgreSQL 中，可使用\df 命令来获取内存中可用函数的列表，包括作为参数传递的变量和数据类型，如图 6.48 所示。

```
                            List of functions
 Schema |      Name       | Result data type | Argument data types | Type
--------+-----------------+------------------+---------------------+------
 public | avg_sales       | numeric          | channel_type text   | func
 public | avg_sales_since | numeric          | since_date date     | func
 public | fixed_val       | integer          |                     | func
 public | max_sale        | numeric          |                     | func
 public | num_samples     | integer          |                     | func
(5 rows)
```

图 6.48　sqlda 数据库中\df 命令的结果

PostgreSQL 中的\sf function_name 命令可用于查看已定义函数的函数定义。

例如，假设我们有一个名为 num_samples 的函数，如果执行以下查询：

```
\sf num_samples
```

则输出将显示该函数的定义，如图 6.49 所示。

```
CREATE OR REPLACE FUNCTION public.num_samples()
 RETURNS integer
 LANGUAGE plpgsql
AS $function$
DECLARE total integer;
BEGIN
SELECT COUNT(*) INTO total FROM sales;
RETURN total;
END; $function$
```

图 6.49　使用\sf 的函数内容

前面我们已经完成了几个练习来创建带参数和不带参数的函数，现在可以将这些知识应用于现实世界的问题。在以下作业中，我们将练习创建带参数的函数。

6.4.6　作业 6.06：创建带参数的函数

本次作业的目标是创建一个带参数的函数并计算输出。我们将构建一个函数来计算特定日期范围内交易的平均销售额。每个日期都将作为文本字符串提供给函数。

请按以下步骤操作以完成此作业。

（1）给名为 avg_sales_window 的函数创建函数定义，该函数返回一个数值并采用两个 DATE 值来指定 YYYY-MM-DD 形式的起始日期和结束日期。

（2）将返回变量声明为数值数据类型并开始函数。

（3）以销售交易日期在指定日期内为过滤条件，选择平均销售额作为返回变量。

（4）返回函数变量，结束该函数，指定 LANGUAGE 语句。

（5）使用该函数确定 2013-04-12 和 2014-04-12 之间的平均销售额。

预期输出如下：

```
avg_sales_window
----------------
477.6862463110066
(1 row)
```

🛈 注意：

本次作业的答案见本书附录。

本次作业构建了一个函数，用于计算数据库中特定日期范围内的交易销售记录的平均销售额。

接下来，我们将学习创建和运行触发器来自动化数据库处理。

6.4.7　触发器

触发器（trigger）在其他编程语言中称为事件（event）或回调（callback），是非常有用的功能。顾名思义，它将触发 SQL 语句或函数的执行以响应特定事件。

当发生以下情况之一时，可以启动触发器。

❑ 将某一行插入表中。

❑ 行中的字段被更新。

❑ 表中的某一行被删除。

❑ 表被截断；也就是说，所有行都会从表中快速删除。

也可以指定触发器的发生时间，具体如下。

❑ 在插入、更新、删除或截断操作之前。

❑ 在插入、更新、删除或截断操作之后。

❑ 代替插入、更新、删除或截断操作。

根据数据库的上下文和目的，触发器可以有多种不同的用例和应用程序。在使用数据库存储业务信息和做出流程决策的生产环境中（例如，拼车应用程序或在线电商程序就是如此），可以在任何操作之前使用触发器来创建对数据库的访问日志。

可以使用这些日志来确定谁访问或修改了数据库中的数据。或者，触发器也可用于使用 INSTEAD OF 触发器将数据库操作重新映射到不同的数据库或表。

在数据分析应用程序的上下文环境中，触发器可用于实时创建特定特征的数据集（例如，确定随时间变化的数据平均值或样本间差异），测试有关数据的假设，或标记在数据集中插入/修改的异常值。

鉴于触发器经常用于执行 SQL 语句以响应事件或操作，我们还可以了解为什么函数通常是专门为触发器编写的或与触发器配对编写的。自包含的、可重复的功能块既可用于试验/调试功能内的逻辑，也可用于在触发器中插入实际代码。那么，如何创建触发器呢？与函数定义的情况类似，有一个标准的语法；同样，它们也使用 SQL 关键字：

```
CREATE TRIGGER some_trigger_name { BEFORE | AFTER | INSTEAD OF } { INSERT
| DELETE | UPDATE | TRUNCATE } ON table_name
FOR EACH { ROW | STATEMENT }
EXECUTE PROCEDURE function_name ( function_arguments)
```

研究一下这个通用触发器定义，可以看到有几个单独的组件，具体如下。

❑ 需要为触发器提供一个名称来代替 some_trigger_name。

- ❑ 需要选择触发事件的发生时间，可以是 BEFORE、AFTER 或 INSTEAD OF 事件。
- ❑ 需要选择要触发的事件类型，可以是 INSERT、DELETE、UPDATE 或 TRUNCATE。
- ❑ 需要在 table_name 中提供要监控的事件的表。
- ❑ FOR EACH 语句用于指定触发器的触发方式。我们可以为触发器范围内的每个 ROW 触发该触发器，或者尽管有多行数据被插入到表中，但每个 STATEMENT 只触发一次。
- ❑ 最后，需要提供 function_name 和任何相关/必需的 function_arguments，以提供希望在每个触发器上使用的功能。

我们将使用的其他一些函数如下。

- ❑ get_stock 函数将产品代码作为 TEXT 输入并返回特定产品代码的当前可用库存。
- ❑ insert_order 函数用于向 order_info 表添加新订单，并以 customer_id INTEGER、product_code TEXT 和 qty INTEGER 作为输入；它将返回为新记录生成的 order_id 实例。
- ❑ update_stock 函数将从最近的订单中提取信息，并从 products 表中为相应的 product_code 更新相应的库存信息。

现在来看一个示例。假设我们要添加一项检查，以防止意外地以低于基本建议零售价（MSRP）一半的金额进行销售。在创建触发器之前，需要定义一个触发器函数：

```
CREATE OR REPLACE FUNCTION check_sale_amt_vs_msrp()
RETURNS TRIGGER AS $$
DECLARE min_allowed_price numeric;
BEGIN
    SELECT base_msrp * 0.5 INTO min_allowed_price FROM products WHERE
product_id = NEW.product_id;
    IF NEW.sales_amount < min_allowed_price THEN
        RAISE EXCEPTION 'Sales amount cannot be less than half of MSRP';
    END IF;
    RETURN NEW;
END;
$$ LANGUAGE PLPGSQL;
```

接下来，创建在添加或更新记录时将运行的触发器：

```
CREATE TRIGGER sales_product_sales_amount_msrp AFTER INSERT OR UPDATE ON
sales
FOR EACH ROW
EXECUTE PROCEDURE check_sale_amt_vs_msrp()
```

可以通过测试不满足最低销售额标准的销售表插入来测试这是否有效：

```
INSERT INTO sales (SELECT customer_id, product_id, sales_transaction_
date, sales_amount/3.0, channel, dealership_id FROM sales LIMIT 1);
```

其输出如下：

```
ERROR: Sales amount cannot be less than half of MSRP
CONTEXT: PL/pgSQL function check_sale_amt_vs_msrp() line 6 at RAISE
```

🛈 注意：

SQL 触发器有许多不同的可用选项，对于这些选项的解释超出了本书的讨论范围。完整的触发器文档可访问：

https://www.postgresql.org/docs/current/sql-createtrigger.html

接下来，我们将通过一个练习来创建更新字段的触发器。

6.4.8　练习 6.07：创建触发器来更新字段

本练习将创建一个触发器，以在添加数据时更新字段。

在本练习中，我们将使用第 6.3 节"高性能 JOIN"中的 smalljoins 数据库，并创建一个触发器，每次将订单插入 order_info 表时，该触发器会更新产品的库存值。

使用这样的触发器之后，即可在最终用户与数据库交互时实时更新我们的分析。这些触发器使得我们无须手动为营销部门运行分析，它们将为我们生成结果。

对于这种应用场景，我们将创建一个触发器来更新数据库中每个产品的可用库存记录。随着商品的销售，触发器将被触发，并且可用库存的数量将被更新。

请按以下步骤操作。

（1）使用 Functions.sql 文件将准备好的函数加载到 smalljoins 数据库中，该文件可以在随附的源代码中找到，也可以在 GitHub 存储库中找到，其网址如下：

https://packt.live/2BS3Yr0

加载语句如下：

```
$ psql smalljoins < Functions.sql
```

（2）连接到 smalljoins 数据库：

```
$ psql smalljoins postgres
```

（3）加载函数定义后，使用 \df 命令获取函数列表：

```
smalljoins=# \df
```

其输出如图 6.50 所示。

```
                            List of functions
 Schema |      Name      | Result data type | Argument data types      | Type
--------+----------------+------------------+--------------------------+------
 public | get_stock      | integer          | text                     | func
 public | insert_order   | integer          | integer, text, integer   | func
 public | update_stock   | integer          |                          | func
(3 rows)
```

图 6.50　函数的列表

（4）首先来看一下 products 表的当前状态：

```
smalljoins=# SELECT * FROM products;
```

上述代码的输出如图 6.51 所示。

```
 product_code |          name          | stock
--------------+------------------------+-------
 MON636       | Red Herring            |    99
 GROG1        | Grog                   |    65
 POULET3      | El Pollo Diablo        |     2
 MON123       | Rubber Chicken + Pulley |    7
 MON666       | Murray"s Arm           |     0
(5 rows)
```

图 6.51　产品列表

对于 order_info（订单信息）表，可以编写如下查询：

```
smalljoins=# SELECT * FROM order_info;
```

上述代码的输出如图 6.52 所示。

```
 order_id | customer_id | product_code | qty
----------+-------------+--------------+-----
     1618 |           3 | GROG1        |  12
     1619 |           2 | POULET3      |   3
     1620 |           4 | MON123       |   1
     1621 |           4 | MON636       |   3
     1622 |           5 | MON666       |   1
(5 rows)
```

图 6.52　订单信息列表

（5）使用 insert_order 函数插入一条新订单，该订单的参数为 customer_id 4、product_code MON636 和 qty 10：

```
smalljoins=# SELECT insert_order(4, 'MON636', 10);
```

上述代码的输出如下：

```
insert_order
------------
1623
(1 row)
```

（6）现在查看 order_info 表的条目：

```
smalljoins=# SELECT * FROM order_info;
```

其输出如图 6.53 所示。

```
 order_id | customer_id | product_code | qty
----------+-------------+--------------+-----
     1618 |           3 | GROG1        |  12
     1619 |           2 | POULET3      |   3
     1620 |           4 | MON123       |   1
     1621 |           4 | MON636       |   3
     1622 |           5 | MON666       |   1
     1623 |           4 | MON636       |  10
(6 rows)
```

图 6.53　更新后的订单信息列表

可以看到，现在多了 order_id 1623 这一行。

（7）使用 update_stock 函数更新 products 表以计入新售出的 10 台 Red Herring（红鲱鱼）小型摩托车：

```
smalljoins=# SELECT update_stock();
```

上述代码的输出如下：

```
update_stock
------------
89
(1 row)
```

该函数调用将确定库存中剩余的 Red Herring（红鲱鱼）摩托车数量（在售出 10 台 Red Herring 后），并将相应地更新表。

（8）查看 products 表并注意 Red Herring 更新后的库存值：

```
smalljoins=# SELECT * FROM products;
```

上述代码的输出如图 6.54 所示。

每次都手动更新库存值显然是一项很乏味的工作，因此，我们可以创建一个触发器，以便在下新订单时自动执行此操作。

```
product_code |              name               | stock
-------------+---------------------------------+-------
GROG1        | Grog                            |    65
POULET3      | El Pollo Diablo                 |     2
MON123       | Rubber Chicken + Pulley         |     7
MON666       | Murray"s Arm                    |     0
MON636       | Red Herring                     |    89
(5 rows)
```

图 6.54　更新之后的产品值列表

（9）使用 DROP 删除之前的 update_stock 函数。在可以创建触发器之前，我们必须首先调整 update_stock 函数以返回一个触发器，它的好处是允许使用一些简化的代码：

```
smalljoins=# DROP FUNCTION update_stock;
```

（10）创建一个返回触发器的新 update_stock 函数。请注意，该函数定义也包含在 Trigger.sql 文件中，可供参考或直接加载到数据库中：

```
smalljoins=# CREATE FUNCTION update_stock() RETURNS TRIGGER AS
$stock_trigger$
smalljoins$# DECLARE stock_qty integer;
smalljoins$# BEGIN
smalljoins$# stock_qty := get_stock(NEW.product_code) - NEW.qty;
smalljoins$# UPDATE products SET stock=stock_qty WHERE product_
code=NEW.product_code;
smalljoins$# RETURN NEW;
smalljoins$# END; $stock_trigger$
smalljoins-# LANGUAGE PLPGSQL;
```

请注意，在此函数定义中，我们使用了 NEW 关键字，后跟点运算符(.)以及 order_info 表中的 product_code（NEW.product_code）和 qty（NEW.qty）字段名称。NEW 关键字是指最近插入、更新或删除的记录，并提供对记录中信息的引用。

本练习希望在将记录插入 order_info 后触发触发器，因此 NEW 引用将包含此信息。因此，我们可以使用带有 NEW.product_code 的 get_stock 函数来获取记录的当前可用库存，并简单地从订单记录中减去 NEW.qty 值。

（11）最后，创建触发器。我们希望在 order_info 表上触发 AFTER INSERT 操作。对于每一行，可执行新修改的 update_stock 函数来更新产品表中的库存值：

```
smalljoins=# CREATE TRIGGER update_trigger
smalljoins-# AFTER INSERT ON order_info
```

```
smalljoins-# FOR EACH ROW
smalljoins-# EXECUTE PROCEDURE update_stock();
```

（12）新的触发器创建完毕，让我们测试一下。调用 insert_order 函数在 order_info 表中插入一条新记录：

```
smalljoins=# SELECT insert_order(4, 'MON123', 2);
```

上述代码的输出如下：

```
insert_order
------------
1624
(1 row)
```

（13）查看 order_info 表中的记录：

```
smalljoins=# SELECT * FROM order_info;
```

其输出如图 6.55 所示。

```
 order_id | customer_id | product_code | qty
----------+-------------+--------------+-----
     1618 |           3 | GROG1        |  12
     1619 |           2 | POULET3      |   3
     1620 |           4 | MON123       |   1
     1621 |           4 | MON636       |   3
     1622 |           5 | MON666       |   1
     1623 |           3 | MON636       |  10
     1624 |           4 | MON123       |   2
(7 rows)
```

图 6.55　来自触发器的包含更新的订单信息

（14）查看 products 表的记录：

```
smalljoins=# SELECT * FROM products;
```

上述代码的输出如图 6.56 所示。

```
 product_code |         name          | stock
--------------+-----------------------+-------
 MON666       | Murray"s Arm          |     0
 GROG1        | Grog                  |    65
 POULET3      | El Pollo Diablo       |     2
 MON636       | Red Herring           |    89
 MON123       | Rubber Chicken + Pulley |   5
(5 rows)
```

图 6.56　从触发器更新的产品信息

可以看到，触发器已经正常工作。Rubber Chicken + Pulley MON123 的可用库存已根据插入订单的数量从 7 个减少到 5 个。

ℹ **注意：**

要获得本小节源代码，请访问以下网址：

https://packt.live/2YqG51v

本练习成功地构造了一个触发器，以在将新记录插入数据库后执行第二个函数。
在接下来的作业中，我们将创建一个触发器来跟踪更新的数据。

6.4.9　作业 6.07：创建触发器以跟踪平均购买量

本次作业的目标是创建一个触发器来跟踪更新的数据。

假设你在 Monkey Islands（猴儿岛）担任数据科学家，该公司是某商品的最佳经销商。该公司正在考虑尝试几种不同的策略来增加每次销售中的商品数量。为了简化分析，你决定添加一个简单的触发器，该触发器针对每个新订单计算所有订单的平均数量，并将结果与相应的 order_id 一起放入一个新表中。

请按以下步骤操作。

（1）连接到 smalljoins 数据库。

（2）创建一个名为 avg_qty_log 的新表，该表由一个 order_id integer 字段和一个 avg_qty numeric 字段组成。

（3）创建一个名为 avg_qty 的函数，它不接受任何参数但会返回一个触发器。该函数将计算所有订单数量（order_info.qty）的平均值，并将该平均值与最近的 order_id 一起插入 avg_qty 中。

（4）创建一个名为 avg_trigger 的触发器，该触发器每次在将一行记录插入 order_info 表后都会调用 avg_qty 函数。

（5）在 order_info 表中插入一些新行，销售量分别为 6、7 和 8。

（6）查看 avg_qty_log 中的条目。每个订单的平均数量是否在增加？

预期输出如图 6.57 所示。

```
order_id |      avg_qty
---------+--------------------
    1625 | 4.7500000000000000
    1626 | 5.0000000000000000
    1627 | 5.3000000000000000
(3 rows)
```

图 6.57　随时间变化的平均订单数量

ⓘ 注意：

本次作业的答案见本书附录。

在本次作业中，我们创建了一个触发器，用于持续跟踪更新的数据以分析数据库中的产品库存情况。

6.4.10　终止查询

有时你可能有很多数据但是却没有足够的硬件资源，或者某个查询已经运行了很长时间，在这种情况下，你可能需要终止查询——这样你可以实现一个替代查询来获取你需要的信息，而且不会造成延迟响应。

本小节将研究如何通过使用辅助 PostgreSQL 解释器停止悬挂状态，或者至少不要长时间悬挂运行中的查询。以下是可用来终止查询的一些命令。

- ❑ pg_sleep 命令允许你告诉 SQL 解释器，在函数输入定义的下一个时间段（以秒为单位）内不执行任何操作。
- ❑ pg_cancel_backend 命令使解释器结束由进程 ID（pid）指定的查询。该进程将被干净地终止，以便进行适当的资源清理。干净终止应该是首选，因为它可以减少数据损坏和数据库损坏的可能性。
- ❑ pg_terminate_background 命令可停止现有进程，但与 pg_cancel_background 不同的是，它将强制进程终止而不清理查询所使用的任何资源。查询会立即终止，因此可能会发生数据损坏。

为了调用这些命令，你需要对命令进行评估，一种常见的方法是使用简单的 SELECT 语句，如下所示：

```
SELECT pg_terminate_background(<PID>);
```

PID 是你要终止的查询的进程 ID。如果运行成功，则其输出如下：

```
pg_terminate_backend
---------------------
 t
(1 row)
```

现在我们已经学会了如何以干净和强制的方式终止查询，接下来将通过一个练习来掌握如何终止长时间运行的查询。

6.4.11　练习 6.08：取消长时间运行的查询

本练习将取消一个长时间运行的查询，以在陷入查询执行时能节约时间。

你很幸运地收到了一个大型数据库，并且决定运行一个你认为足够简单的查询，以获取数据的一些基本描述性统计信息。然而，由于某种原因，该查询需要很长时间，你甚至不确定它是否仍在运行。

在这种情况下，你决定取消该查询，这意味着你希望向查询发送停止信号，但要留出足够的时间来妥善地清理其资源。

由于有各种各样的硬件可供我们使用，并且导致长时间运行的查询所需的数据可能很大，因此我们将使用 pg_sleep 命令模拟一个长时间运行的查询。

请注意，对于本练习，你需要在单独的窗口中运行两个单独的 SQL 解释器会话。

请按以下步骤操作。

（1）通过运行 psql sqlda 启动两个单独的解释器：

```
C:\> psql sqlda postgres
```

这将在两个单独的窗口中显示如图 6.58 所示的输出。

```
ben@hillValley:~$ psql sqlda            ben@hillValley:~$ psql sqlda
psql (11.4 (Ubuntu 11.4-0ubuntu0.19.04.1))   psql (11.4 (Ubuntu 11.4-0ubuntu0.19.04.1))
Type "help" for help.                   Type "help" for help.

sqlda=#                                 sqlda=#
```

图 6.58　运行多个终端

（2）在第一个终端中，执行 sleep 命令并设置其参数为 1000（秒）：

```
sqlda=# SELECT pg_sleep(1000);
```

按 Enter 键后，你应该注意到解释器的光标没有返回，如图 6.59 所示。

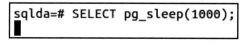

图 6.59　休眠中的解释器

（3）在第二个终端中，从 pg_stat_activity 表中选择 pid 和 query 列，过滤条件为 state 为 active：

```
sqlda=# SELECT pid, query FROM pg_stat_activity WHERE state =
'active';
```

上述代码的输出如图 6.60 所示。

```
 pid   |                              query
-------+----------------------------------------------------------------
 14117 | SELECT pid, query FROM pg_stat_activity WHERE state = 'active';
 14131 | SELECT pg_sleep(1000);
(2 rows)
```

图 6.60　活动查询

（4）在第二个终端中，将 pg_sleep 查询的进程 ID 传递给 pg_cancel_backend 命令，以终止 pg_sleep 查询并执行妥善的清理工作。请注意，你的 PID 也许和这里显示的 PID（14131）不一样，但使用你的 PID 即可。

```
sqlda=# SELECT pg_cancel_backend(14131);
```

上述代码的输出如下：

```
pg_cancel_backend
-----------------------
t
(1 row)
```

（5）观察第一个终端，可注意到 sleep 命令不再执行，并显示了一条错误消息，如图 6.61 所示。

```
ERROR:  canceling statement due to user request
sqlda=# █
```

图 6.61　指示取消查询的消息

错误消息 ERROR: canceling statement due to user request 的意思是，由于用户请求而取消了语句执行。

ℹ️ **注意：**

要获得本小节源代码，请访问以下网址：

https://packt.live/3dWLpQP

本练习演示了如何取消陷入长时间运行的查询。

在接下来的作业中，我们将尝试使用已掌握的知识来终止一个长时间运行的查询。

6.4.12　作业 6.08：终止长时间运行的查询

本次作业将使用 pg_terminate_background 命令终止一个陷入长时间运行的查询，就像之前使用 pg_cancel_backend 停止进程一样。

在使用了 pg_cancel_backend 取消查询但仍不足以终止过长的执行进程的情况下，我们需要采取一些更严厉的措施，不再是请求取消进程并妥善地执行清理，而是强制终止进程。

同样，你也需要启动两个单独的 SQL 解释器，然后按以下步骤操作。

（1）在第一个终端中执行 sleep 命令，参数为 1000（秒）。

（2）在第二个终端中，找到 sleep 查询的进程 ID。

（3）通过该 pid 值使用 pg_terminate_background 命令强制 sleep 命令终止。

（4）在第一个终端中验证 sleep 命令是否已终止。注意解释器返回的消息。

预期输出如图 6.62 所示。

```
sqlda=# SELECT pg_sleep(1000);
FATAL:  terminating connection due to administrator command
server closed the connection unexpectedly
        This probably means the server terminated abnormally
        before or while processing the request.
The connection to the server was lost. Attempting reset: Succeeded.
sqlda=# █
```

图 6.62　已终止的 pg_sleep 进程

🛈 注意：

本次作业的答案见本书附录。

本次作业使用了 pg_terminate_background 命令强制终止陷入长时间运行的查询。

6.5　小　　结

本章讨论了各种不同的主题，旨在帮助数据分析人员理解和提高 SQL 查询的性能。我们从对查询计划器（包括 EXPLAIN 和 ANALYZE 语句）以及各种索引方法的全面讨论开始，讨论了许多不同的折中方案和考虑因素，以减少执行查询所需的时间。

本章探讨了一些索引方法会带来好处的应用场景，也提示了查询计划器可能会忽略索引从而降低查询效率的其他场景。

此外，本章还介绍了如何使用 JOIN 连接来有效地组合多个表的信息、如何使用触发器实现自动函数调用、有关/df 和/sf 命令的意义，以及如何终止长时间运行的查询等。

下一章我们将结合本书至此涵盖的所有主题，应用已经掌握的 SQL 知识和科学方法解决一些实际问题。

第7章 科学方法和应用问题求解

学习目标

到本章结束，数据分析人员将能够：

❑ 通过使用已经获得的技能来解决本书描述的问题之外的实际问题。

❑ 使用科学方法和批判性思维，分析数据并将其转换为可操作的任务和信息。

为了实现这些目标，本章将提供对销售数据的广泛而详细的真实案例研究。本案例研究不仅将展示 SQL 分析中用于为实际问题找到解决方案的过程，还将为你提供解决此类问题的信心和经验。

7.1 本章主题简介

在本书前面的章节中，你学习了一系列技能（包括基本的描述性统计、SQL 命令以及在 PostgreSQL 中导入和导出数据）以及优化和自动化 SQL 的更高级方法（如函数和触发器）等。本章将把这些技能与科学方法和批判性思维结合在一起，以解决一些现实世界中的问题并确定销量意外下降的原因。

本章提供了一个案例研究，以帮助你建立信心，将已经掌握的 SQL 技能组合应用于实际问题。为了解决该案例中提出的问题，你需要使用到多种技能，例如，使用基本 SQL 搜索过滤出可用信息，聚合和连接多组信息，使用窗口方法将数据按合乎逻辑的方式进行分组，等等。总之，完成此类案例研究将为你提供解决类似实际问题的有益经验。

7.2 案 例 分 析

本章将主要进行以下案例研究。

新款 ZoomZoom Bat Scooter 小型摩托车现在可以通过其网站独家销售。销售情况看起来还不错，但是两周之后，预购量突然开始下降 20%。这是怎么回事？作为 ZoomZoom 的最佳数据分析师，你被指派解决这个问题。

7.2.1　科学方法

在本案例研究中，我们将遵循科学方法来帮助解决该问题，其核心是使用客观收集的数据来测试猜测（也称为"假设"）。我们可以将科学方法分解为以下几个关键步骤。

（1）定义问题以回答导致 Bat Scooter 在大约两周后销量下降的原因。

（2）完成背景研究以收集足够的信息，为事件或现象提出初步假设。

（3）构建一个假设来解释事件或回答问题。

（4）定义并执行客观实验来检验假设。在理想情况下，实验的所有方面都应该得到控制和固定，除了在假设下测试的现象。

（5）分析实验期间收集到的数据。

（6）报告结果分析，这有望解释 Bat Scooter 销量下降的原因。

请注意，本章执行的是对数据的事后分析；也就是说，事件已经发生，并且所有可用的数据都已收集。当记录的事件无法重复或某些外部因素无法控制时，事后数据分析特别有用。

正是有了这些数据，我们才能进行分析，因此，我们将提取信息来支持或反驳假设。但是，如果没有实际实验，我们将无法明确接受或拒绝该假设。

本案例研究需要回答的问题：为什么 ZoomZoom Bat Scooter 的销量在大约两周后下降了大约 20%？

接下来，让我们从最基础的步骤开始。

7.2.2　练习 7.01：使用 SQL 技术进行初步数据收集

本练习将使用 SQL 技术收集初步数据。

有人告诉我们，ZoomZoom Bat Scooter 的预购情况很好，但订单却突然下降了 20%。那么，该款小型摩托车是什么时候开始生产的？售价是多少？Bat Scooter 在价格方面与其他类型的小型摩托车相比如何？本练习的目的就是回答这些问题。

请执行以下步骤以完成此练习。

（1）从本书配套的 GitHub 存储库下载 sqlda 数据库，其网址如下：

https://packt.live/2znKY2K

加载 sqlda 数据库：

```
$ psql sqlda
```

（2）列出 products 表中 product_type（产品类型）与 scooter（小型摩托车）匹配的产品的 model（型号）、base_msrp（制造商建议零售价）和 production_start_date（开始生产日期）字段，如下所示：

```
sqlda=# SELECT model, base_msrp, production_start_date FROM products
WHERE product_type='scooter';
```

图 7.1 显示了 scooter（小型摩托车）产品类型的所有产品的详细信息：

```
         model         | base_msrp | production_start_date
-----------------------+-----------+-----------------------
 Lemon                 |    399.99 | 2010-03-03 00:00:00
 Lemon Limited Edition |    799.99 | 2011-01-03 00:00:00
 Lemon                 |    499.99 | 2013-05-01 00:00:00
 Blade                 |    699.99 | 2014-06-23 00:00:00
 Bat                   |    599.99 | 2016-10-10 00:00:00
 Bat Limited Edition   |    699.99 | 2017-02-15 00:00:00
 Lemon Zester          |    349.99 | 2019-02-04 00:00:00
(7 rows)
```

图 7.1　包含产品型号、制造商建议零售价和生产日期的小型摩托车产品列表

从搜索结果来看，有两款以 Bat 命名的小型摩托车产品：Bat 和 Bat Limited Edition（限量版）。其中，Bat Scooter 于 2016 年 10 月 10 日开始生产，建议零售价为 599.99 美元；Bat Limited Edition Scooter（限量版）大约在其后 4 个月，即 2017 年 2 月 15 日开始生产，建议零售价为 699.99 美元。

仔细研究一下这些产品信息，我们可以看到从价格角度来看，Bat Scooter 有些独特，是唯一的一款建议零售价为 599.99 美元的小型摩托车。还有两款建议零售价为 699.99 美元，一款建议零售价为 499.99 美元。

同样，如果单独考虑开始生产日期，那么 Bat Scooter 也是比较独特的，因为它是唯一一款在下半年晚些时候（10 月）开始生产的小型摩托车（日期格式：YYYY-MM-DD）。所有其他小型摩托车都在当年的上半年开始生产，只有 Blade Scooter 稍晚在 6 月份开始生产。

为了将销售信息与可用的产品信息结合在一起使用，我们还需要获取每款小型摩托车的产品 ID。

（3）提取数据库中可用小型摩托车的型号名称和产品 ID。我们将需要此信息来协调产品信息与可用的销售信息：

```
sqlda=# SELECT model, product_id FROM products WHERE product_
type='scooter';
```

上述查询将产生如图 7.2 所示的产品 ID 列表。

```
        model          | product_id
-----------------------+------------
 Lemon                 |          1
 Lemon Limited Edition |          2
 Lemon                 |          3
 Blade                 |          5
 Bat                   |          7
 Bat Limited Edition   |          8
 Lemon Zester          |         12
(7 rows)
```

图 7.2　小型摩托车产品 ID 列表

（4）将此查询的结果插入名为 product_names 的新表中，然后选择新插入的内容：

```
SELECT model, product_id INTO product_names FROM products WHERE
product_type='scooter';
SELECT * FROM product_names;
```

product_names 表的内容如图 7.3 所示。

```
        model          | product_id
-----------------------+------------
 Lemon                 |          1
 Lemon Limited Edition |          2
 Lemon                 |          3
 Blade                 |          5
 Bat                   |          7
 Bat Limited Edition   |          8
 Lemon Zester          |         12
(7 rows)
```

图 7.3　新的 product_names 表的内容

总结一下，Bat Scooter 的价格介于其他一些小型摩托车的价格之间，并且与其他小型摩托车相比，它是在当年晚些时候生产的。

🛈 注意：

要获得本小节源代码，请访问以下网址：

https://packt.live/2MQ2QXd

在完成这个非常基本的数据收集步骤后，我们已经获得了收集 Bat Scooter 以及其他小型摩托车产品的销售数据以进行比较所需的信息。虽然这个练习仅涉及使用最简单的

SQL 命令，但它已经产生了一些有用的信息。

该练习表明，即使是最简单的 SQL 命令也可以揭示有用的信息，它们不应被低估。

在下面的练习中，我们将尝试提取与 Bat Scooter 销量减少相关的销售信息。

7.2.3 练习 7.02：提取销售信息

本练习将结合使用简单的 SELECT 语句以及聚合函数和窗口函数来检查销售数据。

在获得了上述初步信息之后，可以用它来提取 Bat Scooter 的销售记录，并了解实际情况。我们有一个名为 product_names 的表，其中包含模型名称和产品 ID。我们需要将此信息与销售记录相结合，并仅提取 Bat Scooter 的相应信息。

（1）加载 sqlda 数据库：

```
$ psql sqlda
```

（2）列出 sqlda 数据库中的可用字段：

```
sqlda=# \d
```

上述查询产生的字段如图 7.4 所示。

```
sqlda-# \d
                            List of relations
 Schema |            Name              |       Type        |  Owner
--------+------------------------------+-------------------+----------
 public | closest_dealerships          | table             | postgres
 public | countries                    | table             | postgres
 public | countries2                   | table             | postgres
 public | customer_dealers             | table             | postgres
 public | customer_emails              | table             | postgres
 public | customer_sales               | table             | postgres
 public | customer_search              | materialized view | postgres
 public | customer_search2             | materialized view | postgres
 public | customer_survey              | table             | postgres
 public | customer_survey_search       | materialized view | postgres
 public | customer_survey_search2      | materialized view | postgres
 public | customers                    | table             | postgres
 public | dealerships                  | table             | postgres
 public | emails                       | table             | postgres
 public | product_names                | table             | postgres
 public | products                     | table             | postgres
 public | public_transportation_by_zip | table             | postgres
```

图 7.4 销售表的结构

可以看到，我们引用了客户 ID 和产品 ID，以及交易日期、销售信息、销售渠道和经销商 ID 等。

（3）对 product_names 表和 sales 表的 product_id 列使用内连接。从内连接的结果中，选择 model（模型）、customer_id（客户 ID）、sales_transaction_date（交易日期）、sales_amount（销售额）、channel（渠道）和 dealership_id（经销商 ID），并将值存储在名为 product_sales 的单独表中：

```
DROP TABLE IF EXISTS products_sales;
SELECT model, customer_id, sales_transaction_date, sales_amount,
channel, dealership_id INTO products_sales FROM sales INNER JOIN
product_names ON sales.product_id=product_names.product_id;
```

（4）如果出现错误，则可以使用 DROP 查询删除 products_sales 表（已包含在上述代码中），然后重新运行该代码。

上述代码的输出可以在步骤（5）中看到。

🛈 **注意：**

本章会将查询和计算的结果存储在单独的表中，因为这样就可以随时查看分析中各个步骤的结果。但是，在商业/生产环境中，我们通常只会将最终结果存储在单独的表中，具体做法取决于所解决问题的环境。

（5）使用以下查询查看这个新表的前 5 行：

```
sqlda=# SELECT * FROM products_sales LIMIT 5;
```

图 7.5 列出了已购买产品的前 5 名客户。它还显示了一些交易详情，如销售金额、销售的日期和时间等。

```
model | customer_id | sales_transaction_date | sales_amount | channel  | dealership_id
------+-------------+------------------------+--------------+----------+--------------
Lemon |       41604 | 2012-03-30 22:45:29    |       399.99 | internet |
Lemon |       41531 | 2010-09-07 22:53:16    |       399.99 | internet |
Lemon |       41443 | 2011-05-24 02:19:11    |       399.99 | internet |
Lemon |       41291 | 2010-08-08 14:12:52    |      319.992 | internet |
Lemon |       41084 | 2012-01-09 03:34:52    |      319.992 | internet |
(5 rows)
```

图 7.5　组合之后的产品销售表

（6）从 product_sales 表中选择适用于 Bat Scooter 产品的所有信息，并按 sales_transaction_date 升序排列销售信息。通过这种方式选择数据，我们可以详细查看前面几天的销售记录：

```
sqlda=# SELECT * FROM products_sales WHERE model='Bat' ORDER BY
sales_transaction_date;
```

上述查询生成的输出如图 7.6 所示。

model text	customer_id bigint	sales_transaction_date timestamp without time zone	sales_amount double precision	channel text	dealership_id double precision
Bat	4319	2016-10-10 00:41:57	599.99	internet	[null]
Bat	40250	2016-10-10 02:47:28	599.99	dealership	4
Bat	35497	2016-10-10 04:21:08	599.99	dealership	2
Bat	4553	2016-10-10 07:42:59	599.99	dealership	11
Bat	11678	2016-10-10 09:21:08	599.99	internet	[null]
Bat	45868	2016-10-10 10:29:29	599.99	internet	[null]
Bat	24125	2016-10-10 18:57:25	599.99	dealership	1
Bat	31307	2016-10-10 21:22:38	599.99	internet	[null]
Bat	42213	2016-10-10 21:27:36	599.99	internet	[null]
Bat	47790	2016-10-11 01:28:58	599.99	dealership	20
Bat	6342	2016-10-11 03:04:57	599.99	internet	[null]
Bat	45880	2016-10-11 04:09:19	599.99	dealership	7
Bat	43477	2016-10-11 05:24:50	599.99	internet	[null]

图 7.6　已下订单的销售记录

（7）使用以下查询计算可用记录数：

```
sqlda=# SELECT COUNT(model) FROM products_sales WHERE model='Bat';
```

Bat 型号的计数如下：

```
count
---------
7328
(1 row)
```

这意味着从 2016 年 10 月 10 日开始，我们有 7328 笔 Bat 型号的销售。

对于该数据还可以执行进一步的检查。

（8）通过选择 sales_transaction_date 的最大值（使用 MAX 函数）来确定 Bat Scooter 的最近销售日期：

```
sqlda=# SELECT MAX(sales_transaction_date) FROM products_sales WHERE
model='Bat';
```

最近销售日期如下：

```
max
--------------------
2019-05-31 22:15:30
```

数据库中的最近一次销售发生在 2019 年 5 月 31 日。

（9）收集 Bat Scooter 的每日销量并将其放在一个名为 bat_sales 的新表中，以确认销售团队提供的信息，即两周后销量下降了 20%：

```
sqlda=# SELECT * INTO bat_sales FROM products_sales WHERE model='Bat'
ORDER BY sales_transaction_date;
```

（10）删除与时间相关的信息，以便仅按日期跟踪销售，因为在目前这个阶段，我们对每笔销售发生的具体时间不感兴趣。

要执行该操作，请运行以下查询，将 sales_transaction_date 字段传递到 DATE 函数，仅在该列中留下日、月和年信息：

```
sqlda=# UPDATE bat_sales SET sales_transaction_date=DATE(sales_
transaction_date);
```

其输出如下：

```
UPDATE 7328
```

（11）显示按 sales_transaction_date 排序的 bat_sales 表的前 5 条记录：

```
sqlda=# SELECT * FROM bat_sales ORDER BY sales_transaction_date LIMIT
5;
```

上述代码的输出如图 7.7 所示。

```
 model | customer_id | sales_transaction_date | sales_amount |  channel   | dealership_id
-------+-------------+------------------------+--------------+------------+---------------
 Bat   |        4553 | 2016-10-10 00:00:00    |       599.99 | dealership |            11
 Bat   |       35497 | 2016-10-10 00:00:00    |       599.99 | dealership |             2
 Bat   |       40250 | 2016-10-10 00:00:00    |       599.99 | dealership |             4
 Bat   |        4319 | 2016-10-10 00:00:00    |       599.99 | internet   |
 Bat   |       11678 | 2016-10-10 00:00:00    |       599.99 | internet   |
(5 rows)
```

图 7.7 Bat Scooter 销售的前 5 项记录

（12）创建一个包含销售交易日期和每日总销售额的新表（bat_sales_daily）：

```
sqlda=# SELECT sales_transaction_date, COUNT(sales_transaction_date)
INTO bat_sales_daily FROM bat_sales GROUP BY sales_transaction_date
ORDER BY sales_transaction_date;
```

（13）检查前 22 条记录（涵盖的交易日期为 3 周多），因为根据营销团队的说法，大约在两周后销量下降：

```
sqlda=# SELECT * FROM bat_sales_daily LIMIT 22;
```

其输出如图 7.8 所示。

```
 sales_transaction_date | count
------------------------+-------
 2016-10-10 00:00:00    |     9
 2016-10-11 00:00:00    |     6
 2016-10-12 00:00:00    |    10
 2016-10-13 00:00:00    |    10
 2016-10-14 00:00:00    |     5
 2016-10-15 00:00:00    |    10
 2016-10-16 00:00:00    |    14
 2016-10-17 00:00:00    |     9
 2016-10-18 00:00:00    |    11
 2016-10-19 00:00:00    |    12
 2016-10-20 00:00:00    |    10
 2016-10-21 00:00:00    |     6
 2016-10-22 00:00:00    |     2
 2016-10-23 00:00:00    |     5
 2016-10-24 00:00:00    |     6
 2016-10-25 00:00:00    |     9
 2016-10-26 00:00:00    |     2
 2016-10-27 00:00:00    |     4
 2016-10-28 00:00:00    |     7
 2016-10-29 00:00:00    |     5
 2016-10-30 00:00:00    |     5
 2016-10-31 00:00:00    |     3
(22 rows)
```

图 7.8　前 3 周的销售数

可以看到 10 月 20 日之后的销售数量确实出现了明显的下降，因为前 11 行中有 7 天销售数达到了两位数，而接下来的 11 天则没有。

ℹ️ **注意：**

要获得本小节源代码，请访问以下网址：

https://packt.live/3cVQffy

至此，我们可以确认销售量确实出现了下降，但是还没有准确量化下降的程度或销量下降的原因，在接下来的作业中将发现这一点。

7.2.4　作业 7.01：量化销量下降的情况

本作业将使用我们在第 3 章 "聚合和窗口函数" 中学到的有关窗口函数的知识。

在之前的练习中，我们已经确认销售下降发生在产品发布大约 10 天之后，现在我们将尝试量化 Bat Scooter 的销量下降情况。

请执行以下步骤以完成此作业。

（1）从本书配套 GitHub 存储库随附源代码中加载 sqlda 数据库。其网址如下：

https://packt.live/2znKY2K

（2）使用 OVER 和 ORDER BY 语句计算销售的每日累计总和。这为我们提供了以天为基数的一段时间内的离散销售量。将结果插入一个名为 bat_sales_growth 的新表中。

（3）计算 sum 列的 7 天 lag，然后将 bat_sales_daily 的所有列和新的 lag 列插入新表 bat_sales_daily_delay 中。该 lag 列将指示给定记录前一周的销售量，使我们能够将当前销售量与前一周进行比较。

（4）检查 bat_sales_growth 的前 15 行。

（5）计算销量增长百分比，将当前销售量与一周前的销售量进行比较。将生成的表插入名为 bat_sales_delay_vol 的新表中。

（6）比较 bat_sales_delay_vol 表的前 22 个值以确定销售量下降情况。

预期输出如图 7.9 所示。

```
sales_transaction_date | count | sum | lag |        volume
-----------------------+-------+-----+-----+------------------------
2016-10-10 00:00:00    |     9 |   9 |     |
2016-10-11 00:00:00    |     6 |  15 |     |
2016-10-12 00:00:00    |    10 |  25 |     |
2016-10-13 00:00:00    |    10 |  35 |     |
2016-10-14 00:00:00    |     5 |  40 |     |
2016-10-15 00:00:00    |    10 |  50 |     |
2016-10-16 00:00:00    |    14 |  64 |     |
2016-10-17 00:00:00    |     9 |  73 |   9 | 7.1111111111111111
2016-10-18 00:00:00    |    11 |  84 |  15 | 4.6000000000000000
2016-10-19 00:00:00    |    12 |  96 |  25 | 2.8400000000000000
2016-10-20 00:00:00    |    10 | 106 |  35 | 2.0285714285714286
2016-10-21 00:00:00    |     6 | 112 |  40 | 1.8000000000000000
2016-10-22 00:00:00    |     2 | 114 |  50 | 1.2800000000000000
2016-10-23 00:00:00    |     5 | 119 |  64 | 0.8593750000000000
2016-10-24 00:00:00    |     6 | 125 |  73 | 0.7123287671232876712 3
2016-10-25 00:00:00    |     9 | 134 |  84 | 0.5952380952380952 3810
2016-10-26 00:00:00    |     2 | 136 |  96 | 0.4166666666666666 6667
2016-10-27 00:00:00    |     4 | 140 | 106 | 0.3207547169811320 7547
2016-10-28 00:00:00    |     7 | 147 | 112 | 0.3125000000000000 0000
2016-10-29 00:00:00    |     5 | 152 | 114 | 0.3333333333333333 3333
2016-10-30 00:00:00    |     5 | 157 | 119 | 0.3193277310924369 7479
2016-10-31 00:00:00    |     3 | 160 | 125 | 0.2800000000000000 0000
(22 rows)
```

图 7.9　Bat Scooter 在 3 周内的相对销量

ⓘ 注意：

本次作业的答案见本书附录。

既然 count（计数）和 sum（累计总和）列相当简单，那为什么我们还需要 lag（滞后）和 volume（销量）列呢？本示例需要它们，是因为我们正在寻找前几周销售量下降的情况；因此，需要将每日销售量的总和与 7 天前的相同值（lag）进行比较。通过将 sum（总和）值减去 lag（滞后）值并除以 lag（滞后）值，即可获得 volume（销量）值，并且可以确定与前一周相比的销量增长情况。

从图 7.9 中可以看到，10 月 17 日的销量比 10 月 10 日产品发布日高出 700%。到 10 月 22 日，销量是前一周的两倍多。但随着时间的推移，这种相对差异开始明显减小。到 10 月底，交易量仅比前一周增加了 28%。

至此，我们已经观察到并确认了在前两周之后出现了销量下降的情况，接下来要做的就是试图解释销量下降的原因。

7.2.5 练习 7.03：启动时序分析

本练习将尝试确定销量下降的原因。

既然已经确认了销售量下降的存在，那么接下来要做的自然就是尝试解释事件的原因。我们将假设销量下降的原因是该型号摩托车的推出时间不合适，然后检验该假设。你应该还记得，在 7.2.2 节"练习 7.01：使用 SQL 技术进行初步数据收集"中，我们已经观察到，ZoomZoom Bat Scooter 于 2016 年 10 月 10 日推出。

请执行以下步骤以完成此练习。

（1）加载 sqlda 数据库：

```
$ psql sqlda
```

（2）检查数据库中的其他产品。为了确定销量下降是否可以归因于发布日期，我们需要根据发布日期将 ZoomZoom Bat Scooter 与其他小型摩托车产品进行比较。

执行以下查询以检查发布日期：

```
sqlda=# SELECT * FROM products;
```

图 7.10 显示了所有产品的发布日期。

可以看到，Bat Scooter 是 10 月推出的，而其他产品都是在 7 月之前推出的。

（3）列出 products 表中的所有 scooter（小型摩托车）产品，因为我们只对比较小型摩托车感兴趣：

```
sqlda=# SELECT * FROM products WHERE product_type='scooter';
```

```
product_id |       model          | year | product_type | base_msrp  | production_start_date | production_end_date
-----------+----------------------+------+--------------+------------+-----------------------+---------------------
         1 | Lemon                | 2010 | scooter      | 399.99     | 2010-03-03 00:00:00   | 2012-06-08 00:00:00
         2 | Lemon Limited Edition | 2011 | scooter     | 799.99     | 2011-01-03 00:00:00   | 2011-03-30 00:00:00
         3 | Lemon                | 2013 | scooter      | 499.99     | 2013-05-01 00:00:00   | 2018-12-28 00:00:00
         4 | Model Chi            | 2014 | automobile   | 115,000.00 | 2014-06-23 00:00:00   | 2018-12-28 00:00:00
         5 | Blade                | 2014 | scooter      | 699.99     | 2014-06-23 00:00:00   | 2015-01-27 00:00:00
         6 | Model Sigma          | 2015 | automobile   | 65,500.00  | 2015-04-15 00:00:00   | 2018-10-01 00:00:00
         7 | Bat                  | 2016 | scooter      | 599.99     | 2016-10-10 00:00:00   |
         8 | Bat Limited Edition  | 2017 | scooter      | 699.99     | 2017-02-15 00:00:00   |
         9 | Model Epsilon        | 2017 | automobile   | 35,000.00  | 2017-02-15 00:00:00   |
        10 | Model Gamma          | 2017 | automobile   | 85,750.00  | 2017-02-15 00:00:00   |
        11 | Model Chi            | 2019 | automobile   | 95,000.00  | 2019-02-04 00:00:00   |
        12 | Lemon Zester         | 2019 | scooter      | 349.99     | 2019-02-04 00:00:00   |
(12 rows)
```

图 7.10　查看所有产品发布日期信息

图 7.11 显示了 scooter 类型产品的所有信息。

```
product_id |       model          | year | product_type | base_msrp | production_start_date | production_end_date
-----------+----------------------+------+--------------+-----------+-----------------------+---------------------
         1 | Lemon                | 2010 | scooter      | 399.99    | 2010-03-03 00:00:00   | 2012-06-08 00:00:00
         2 | Lemon Limited Edition | 2011 | scooter     | 799.99    | 2011-01-03 00:00:00   | 2011-03-30 00:00:00
         3 | Lemon                | 2013 | scooter      | 499.99    | 2013-05-01 00:00:00   | 2018-12-28 00:00:00
         5 | Blade                | 2014 | scooter      | 699.99    | 2014-06-23 00:00:00   | 2015-01-27 00:00:00
         7 | Bat                  | 2016 | scooter      | 599.99    | 2016-10-10 00:00:00   |
         8 | Bat Limited Edition  | 2017 | scooter      | 699.99    | 2017-02-15 00:00:00   |
        12 | Lemon Zester         | 2019 | scooter      | 349.99    | 2019-02-04 00:00:00   |
(7 rows)
```

图 7.11　小型摩托车产品的发布日期

为了检验一年中的发布时间对销售业绩有影响这一假设，我们需要一个小型摩托车的车型作为对照组或参考组。例如，在理想情况下，我们可以在不同的地区推出 ZoomZoom Bat Scooter，但是在不同的时间对两者进行比较。当然，在这里由于缺乏足够的数据支持，所以无法这样做，只能选择对比在不同时间推出的类似 scooter 产品。

在 ZoomZoom 的产品数据库中有几个不同的选项，每个选项与实验组（ZoomZoom Bat Scooter）都有一些相似和不同之处。在我们看来，Bat Limited Edition Scooter 适合进行比较（作为对照组）。它稍微贵一些，但它是在 Bat Scooter 之后仅 4 个月推出的。

看看它们的名字就知道，Bat Scooter 和 Bat Limited Edition Scooter 应该有大部分功能是相同的，考虑到后者是限量版，因此它应该还有一些额外的功能。

（4）选择 sales 数据库的前 5 行：

```
sqlda=# SELECT * FROM sales LIMIT 5;
```

前 5 位客户的销售信息如图 7.12 所示。

（5）从 products 和 sales 表中选择 Bat Limited Edition Scooter 产品的 model 和 sales_transaction_date 列。将结果存储在 bat_ltd_sales 表中，按 sales_transaction_date 列从最早日期到最晚日期排序：

```
sqlda=# SELECT products.model, sales.sales_transaction_date INTO
```

```
bat_ltd_sales FROM sales INNER JOIN products ON sales.product_
id=products.product_id WHERE sales.product_id=8 ORDER BY sales.sales_
transaction_date;
```

```
customer_id | product_id | sales_transaction_date | sales_amount | channel    | dealership_id
------------+------------+------------------------+--------------+------------+--------------
          1 |          7 | 2017-07-19 08:38:41    |      479.992 | internet   |
         22 |          7 | 2017-08-14 09:59:02    |       599.99 | dealership |            20
        145 |          7 | 2019-01-20 10:40:11    |      479.992 | internet   |
        289 |          7 | 2017-05-09 14:20:04    |      539.991 | dealership |             7
        331 |          7 | 2019-05-21 20:03:21    |      539.991 | dealership |             4
(5 rows)
```

图 7.12　销售数据的前 5 行

你将获得以下输出：

```
SELECT 5803
```

（6）使用以下查询选择 bat_ltd_sales 的前 5 行：

```
sqlda=# SELECT * FROM bat_ltd_sales LIMIT 5;
```

图 7.13 显示了 Bat Limited Edition Scooter 前 5 个条目的交易详情。

```
        model         | sales_transaction_date
----------------------+------------------------
Bat Limited Edition   | 2017-02-15 01:49:02
Bat Limited Edition   | 2017-02-15 09:42:37
Bat Limited Edition   | 2017-02-15 10:48:31
Bat Limited Edition   | 2017-02-15 12:22:41
Bat Limited Edition   | 2017-02-15 13:51:34
(5 rows)
```

图 7.13　Bat Limited Edition Scooter 摩托车的前 5 次销售

（7）计算 Bat Limited Edition Scooter 的总销量。可以使用 COUNT 函数来做到这一点：

```
sqlda=# SELECT COUNT(model) FROM bat_ltd_sales;
```

总销量的计数输出如下：

```
Count
--------
5803
(1 row)
```

相比之下，Bat Scooter 的销量为 7328。

（8）查看最近的 Bat Limited Edition Scooter 销售的交易详情。可以使用 MAX 函数来做到这一点：

```
sqlda=# SELECT MAX(sales_transaction_date) FROM bat_ltd_sales;
```

最近的 Bat Limited Edition Scooter 产品的交易详情如下：

```
max
-------------------
2019-05-31 15:08:03
```

（9）调整表格，将交易日期列转换为日期，丢弃时间信息。与最初的 Bat Scooter 版本一样，我们只关心销售日期，而对销售时间不感兴趣。因此可编写以下查询：

```
sqlda=# ALTER TABLE bat_ltd_sales ALTER COLUMN sales_transaction_date
TYPE date;
```

（10）再次选择 bat_ltd_sales 的前 5 条记录，检查 sales_transaction_date 列的类型是否已更改为 date：

```
sqlda=# SELECT * FROM bat_ltd_sales LIMIT 5;
```

图 7.14 显示了 bat_ltd_sales 的前 5 条记录。

```
         model        | sales_transaction_date
----------------------+------------------------
 Bat Limited Edition  | 2017-02-15
 Bat Limited Edition  | 2017-02-15
 Bat Limited Edition  | 2017-02-15
 Bat Limited Edition  | 2017-02-15
 Bat Limited Edition  | 2017-02-15
(5 rows)
```

图 7.14　按日期选择前 5 条 Bat Limited Edition Scooter 的销售记录

（11）以与标准 Bat Scooter 版本类似的方式，按天创建销售计数。使用以下查询将结果插入 bat_ltd_sales_count 表：

```
sqlda=# SELECT sales_transaction_date, count(sales_transaction_
date) INTO bat_ltd_sales_count FROM bat_ltd_sales GROUP BY sales_
transaction_date ORDER BY sales_transaction_date;
```

（12）使用以下查询列出所有 Bat Limited Edition Scooter 产品的销售数量：

```
sqlda=# SELECT * FROM bat_ltd_sales_count;
```

图 7.15 显示了其销售计数。

（13）计算每日销售数字的累计总和，并将结果表插入 bat_ltd_sales_growth 中：

```
sqlda=# SELECT *, sum(count) OVER (ORDER BY sales_transaction_date)
INTO bat_ltd_sales_growth FROM bat_ltd_sales_count;
```

```
sales_transaction_date | count
-----------------------+------
2017-02-15             |     6
2017-02-16             |     2
2017-02-17             |     1
2017-02-18             |     4
2017-02-19             |     5
2017-02-20             |     6
2017-02-21             |     5
2017-02-22             |     4
2017-02-23             |     6
2017-02-24             |     2
2017-02-25             |     2
2017-02-26             |     2
2017-02-27             |     4
2017-02-28             |     4
2017-03-01             |     5
2017-03-02             |     1
```

图 7.15　Bat Limited Edition Scooter 产品的每日销量

（14）从 bat_ltd_sales_growth 中选择前 22 天的销售记录：

```
sqlda=# SELECT * FROM bat_ltd_sales_growth LIMIT 22;
```

图 7.16 显示了销量增长的前 22 条记录。

```
sales_transaction_date | count | sum
-----------------------+-------+-----
2017-02-15             |     6 |   6
2017-02-16             |     2 |   8
2017-02-17             |     1 |   9
2017-02-18             |     4 |  13
2017-02-19             |     5 |  18
2017-02-20             |     6 |  24
2017-02-21             |     5 |  29
2017-02-22             |     4 |  33
2017-02-23             |     6 |  39
2017-02-24             |     2 |  41
2017-02-25             |     2 |  43
2017-02-26             |     2 |  45
2017-02-27             |     4 |  49
2017-02-28             |     4 |  53
2017-03-01             |     5 |  58
2017-03-02             |     1 |  59
2017-03-03             |     3 |  62
2017-03-04             |     8 |  70
2017-03-05             |     4 |  74
2017-03-06             |     7 |  81
2017-03-07             |     7 |  88
2017-03-08             |     8 |  96
(22 rows)
```

图 7.16　Bat Limited Edition Scooter 产品销量——累计总和

（15）将此销售记录与 Bat Scooter 型号的销售记录进行比较，如以下代码所示：

```
sqlda=# SELECT * FROM bat_sales_growth LIMIT 22;
```

图 7.17 显示了 bat_sales_growth 表的前 22 条记录的销售详情。

```
sales_transaction_date | count | sum
-----------------------+-------+-----
2016-10-10 00:00:00    |     9 |   9
2016-10-11 00:00:00    |     6 |  15
2016-10-12 00:00:00    |    10 |  25
2016-10-13 00:00:00    |    10 |  35
2016-10-14 00:00:00    |     5 |  40
2016-10-15 00:00:00    |    10 |  50
2016-10-16 00:00:00    |    14 |  64
2016-10-17 00:00:00    |     9 |  73
2016-10-18 00:00:00    |    11 |  84
2016-10-19 00:00:00    |    12 |  96
2016-10-20 00:00:00    |    10 | 106
2016-10-21 00:00:00    |     6 | 112
2016-10-22 00:00:00    |     2 | 114
2016-10-23 00:00:00    |     5 | 119
2016-10-24 00:00:00    |     6 | 125
2016-10-25 00:00:00    |     9 | 134
2016-10-26 00:00:00    |     2 | 136
2016-10-27 00:00:00    |     4 | 140
2016-10-28 00:00:00    |     7 | 147
2016-10-29 00:00:00    |     5 | 152
2016-10-30 00:00:00    |     5 | 157
2016-10-31 00:00:00    |     3 | 160
(22 rows)
```

图 7.17　Bat Scooter 产品前 22 条累计销量

从图 7.16 中可以看到，Bat Limited Edition Scooter 的销量在前 22 天都没有达到两位数，日销量也没有太大波动。与整体销售数据一致，Bat Limited Edition Scooter 在前 22 天的销量比标准版 Bat Scooter 产品的销量少了 64 辆。

（16）计算 sum 列的 7 天 lag 函数，并将结果插入 bat_ltd_sales_delay 表：

```
sqlda=# SELECT *, lag(sum , 7) OVER (ORDER BY sales_transaction_date)
INTO bat_ltd_sales_delay FROM bat_ltd_sales_growth;
```

（17）计算 bat_ltd_sales_delay 的销量增长，方法与我们在 7.2.4 节"作业 7.01：量化销量下降的情况"中完成的操作类似。将该计算的结果的列标记为 volume，并将结果表存储在 bat_ltd_sales_vol 中：

```
sqlda=# SELECT *, (sum-lag)/lag AS volume INTO bat_ltd_sales_vol FROM
bat_ltd_sales_delay;
```

（18）查看 bat_ltd_sales_vol 中前 22 条销售记录：

```
sqlda=# SELECT * FROM bat_ltd_sales_vol LIMIT 22;
```

图 7.18 显示了该累计销量。

```
 sales_transaction_date | count | sum | lag |           volume
------------------------+-------+-----+-----+----------------------------
 2017-02-15             |     6 |   6 |     |
 2017-02-16             |     2 |   8 |     |
 2017-02-17             |     1 |   9 |     |
 2017-02-18             |     4 |  13 |     |
 2017-02-19             |     5 |  18 |     |
 2017-02-20             |     6 |  24 |     |
 2017-02-21             |     5 |  29 |     |
 2017-02-22             |     4 |  33 |   6 |     4.5000000000000000
 2017-02-23             |     6 |  39 |   8 |     3.8750000000000000
 2017-02-24             |     2 |  41 |   9 |     3.5555555555555556
 2017-02-25             |     2 |  43 |  13 |     2.3076923076923077
 2017-02-26             |     2 |  45 |  18 |     1.5000000000000000
 2017-02-27             |     4 |  49 |  24 |     1.0416666666666667
 2017-02-28             |     4 |  53 |  29 | 0.8275862068965517241
 2017-03-01             |     5 |  58 |  33 | 0.7575757575757575757
 2017-03-02             |     1 |  59 |  39 | 0.5128205128205128205
 2017-03-03             |     3 |  62 |  41 | 0.5121951219512195122
 2017-03-04             |     8 |  70 |  43 | 0.6279069767441860465
 2017-03-05             |     4 |  74 |  45 | 0.6444444444444444444
 2017-03-06             |     7 |  81 |  49 | 0.6530612244897959183
 2017-03-07             |     7 |  88 |  53 | 0.6603773584905660377
 2017-03-08             |     8 |  96 |  58 | 0.6551724137931034482
(22 rows)
```

图 7.18　Bat Scooter 累计销量显示

查看图 7.18 中的 volume 列，可以看到限量版小型摩托车的销量增长比 Bat Scooter 标准版更加平稳。第一周内的增长低于标准版，但持续时间较长。经过 22 天的销售，限量版小型摩托车的销售量与前一周相比增长了 65%，而在 7.2.4 节 "作业 7.01：量化销量下降的情况" 中确定的标准版小型摩托车的销量增长为 28%。

ℹ️ 注意：

要获得本小节源代码，请访问以下网址：

https://packt.live/2YtuLS5

在目前这个阶段，我们已经收集了两个在不同时间段推出的类似产品的数据，发现它们在前 3 周的销量增长轨迹存在一些差异。在专业环境中，还可以考虑采用更复杂的统计比较方法，如均值差异检验、方差检验、生存分析（survival analysis）或其他技术。这些方法超出了本书的讨论范围，因此我们将使用更简单的比较方法。

虽然我们已经证明两款 Bat Scooter 之间的销量存在差异，但也不能排除该销量差异可归因于两款小型摩托车价格差的事实，限量版小型摩托车比标准版贵 100 美元。

在接下来的作业中，我们会将 Bat Scooter 的销售情况与 2013 年推出 Lemon 进行比较，后者便宜 100 美元，且比前者早 3 年推出（上半年生产），现已不再生产。

7.2.6　作业 7.02：分析销售价格假设的差异

在本次作业中，我们将调查销量增长下降可归因于 Bat Scooter 价格点的假设。

在前面的练习中，我们考虑的是产品发布日期差异假设。但是，这样的销量差异的形成也可能缘于其他因素——包括销售价格。

让我们仔细研究一下图 7.19 中的小型摩托车产品列表，如果排除掉 Bat Scooter，则可以看到有两个价格类别：699.99 美元及以上，或 499.99 美元及以下。Bat Scooter 正好位于这两组之间。也许销量增长率的下降可以归因于不同的定价模式。在本次作业中，我们将通过比较 Bat Scooter 与 2013 年推出的 Lemon Scooter 的销量来验证该假设。

```
product_id |        model        | year | product_type | base_msrp | production_start_date | production_end_date
-----------+---------------------+------+--------------+-----------+-----------------------+---------------------
        12 | Lemon Zester        | 2019 | scooter      |    349.99 | 2019-02-04 00:00:00   |
         1 | Lemon               | 2010 | scooter      |    399.99 | 2010-03-03 00:00:00   | 2012-06-08 00:00:00
         3 | Lemon               | 2013 | scooter      |    499.99 | 2013-05-01 00:00:00   | 2018-12-28 00:00:00
         7 | Bat                 | 2016 | scooter      |    599.99 | 2016-10-10 00:00:00   |
         5 | Blade               | 2014 | scooter      |    699.99 | 2014-06-23 00:00:00   | 2015-01-27 00:00:00
         8 | Bat Limited Edition | 2017 | scooter      |    699.99 | 2017-02-15 00:00:00   |
         2 | Lemon Limited Edition | 2011 | scooter    |    799.99 | 2011-01-03 00:00:00   | 2011-03-30 00:00:00
(7 rows)
```

图 7.19　小型摩托车型号列表

执行以下步骤以完成此作业。

（1）从本书随附源代码中加载 sqlda 数据库。其网址如下：

https://packt.live/2znKY2K

（2）选择反映 2013 年 Lemon 型号销售情况的 sales_transaction_date 列，并将该列插入名为 lemon_sales 的表中。

（3）统计 2013 年 Lemon 车型的销售情况。

（4）显示最新的 sales_transaction_date 列。

（5）将 sales_transaction_date 列转换为 date 类型。

（6）计算 lemon_sales 表中每天的销量，并将该数据插入一个名为 lemon_sales_count 的表中。

（7）计算累计销售总额，将对应的表插入一个新表 lemon_sales_sum 中。

（8）在 sum 列上计算 7 天 lag 函数并将结果保存到 lemon_sales_delay 中。

（9）使用来自 lemon_sales_delay 的数据计算销量增长率，并将结果表存储在

lemon_sales_growth 中。

（10）通过检查 volume（销量）数据来查看 lemon_sales_growth 表的前 22 条记录。
预期输出如图 7.20 所示。

```
sales_transaction_date | count | sum | lag |        volume
-----------------------+-------+-----+-----+----------------------
2013-05-01             |     6 |   6 |     |
2013-05-02             |     8 |  14 |     |
2013-05-03             |     4 |  18 |     |
2013-05-04             |     9 |  27 |     |
2013-05-05             |     9 |  36 |     |
2013-05-06             |     6 |  42 |     |
2013-05-07             |     8 |  50 |     |
2013-05-08             |     6 |  56 |   6 | 8.3333333333333333
2013-05-09             |     6 |  62 |  14 | 3.4285714285714286
2013-05-10             |     9 |  71 |  18 | 2.9444444444444444
2013-05-11             |     3 |  74 |  27 | 1.7407407407407407
2013-05-12             |     4 |  78 |  36 | 1.1666666666666667
2013-05-13             |     7 |  85 |  42 | 1.0238095238095238
2013-05-14             |     3 |  88 |  50 | 0.760000000000000000
2013-05-15             |     3 |  91 |  56 | 0.625000000000000000
2013-05-16             |     4 |  95 |  62 | 0.5322580645161290326
2013-05-17             |     6 | 101 |  71 | 0.4225352112676056338 0
2013-05-18             |     9 | 110 |  74 | 0.4864864864864864649
2013-05-19             |     6 | 116 |  78 | 0.4871794871794871949
2013-05-20             |     6 | 122 |  85 | 0.4352941176470588235 3
2013-05-21             |    11 | 133 |  88 | 0.5113636363636363636 4
2013-05-22             |     8 | 141 |  91 | 0.5494505494505494955 5
(22 rows)
```

图 7.20　Lemon Scooter 的销量增长情况

ⓘ注意：

本次作业的答案见本书附录。

在收集了数据来检验发布时间和售价这两个假设之后，我们可以进行哪些观察并得
出什么样的结论？

我们进行的第一个观察是关于 3 种不同小型摩托车产品的总销量。Lemon Scooter 在
其 4.5 年的生产生命周期中售出了 16558 辆，而两款 Bat Scooter（包括标准版和限量版）
车型分别售出 7328 辆和 5803 辆，目前仍在生产中，Bat Scooter 大约提前 4 个月推出，
并且提供了大约 2.5 年的销售数据。

纵观 3 款不同小型摩托车的销量增长情况，我们也可以做出一些不同的观察。

❑　Bat Scooter 标准版于 2016 年 10 月以 599.99 美元的价格推出，在生产的第二周
　　经历了 700% 的销量增长，并在前 22 天完成了 160 辆的销售数字和 28% 的增长。

❑　Bat Scooter 限量版于 2017 年 2 月以 699.99 美元的价格推出，在生产的第二周经
　　历了 450% 的销量增长，并在前 22 天完成了 96 辆的销售数字和 66% 的增长。

❑　Lemon Scooter 于 2013 年 5 月以 499.99 美元的价格推出，在生产的第二周经历

了 830% 的销量增长，并在前 22 天完成了 141 辆的销售数字和 55% 的增长。

基于这些信息，我们可以得出以下不同的结论。

❑ 从销售的第二周开始的初始增长率与小型摩托车的成本相关。随着售价增加到 699.99 美元，初始增长率从 830% 下降到 450%。

❑ 前 22 天售出的单位数量与售价没有直接关系。尽管价格存在差异，但售价 599.99 美元的 Bat Scooter 标准版在第一阶段的销量超过了 2013 年的 Lemon Scooter。

❑ 有一些证据表明，销售量的下降可合理归因于季节性变化，因为 Bat Scooter 标准版是 2016 年 10 月发布的唯一一款，并且其销量增长出现了明显的下降。到目前为止，有证据表明该下降可归因于推出时间的差异。

在得出差异可归因于季节性变化和发布时间的结论之前，还应该确保已经广泛检验一系列可能性。也许一些市场营销工作（如电子邮件营销，在数据集中显示为邮件发送的时间）也会对销量有影响。

我们已经将小型摩托车的产品发布时间和建议零售价都考虑为销量下降的可能原因，接下来可以转向其他潜在原因，如打开营销电子邮件的比率。营销电子邮件的打开率是否会影响前 3 周的销量增长？我们将在下面的练习中找到答案。

7.2.7　练习 7.04：通过电子邮件打开率分析销量增长情况

本练习将使用营销电子邮件打开率来分析销量增长情况。

为了研究电子邮件打开率降低会影响 Bat Scooter 销售率这一假设，我们将再次选择 Bat Scooter 和 Lemon Scooter 并比较电子邮件打开率。

执行以下步骤以完成此练习。

（1）加载 sqlda 数据库：

```
$ psql sqlda
```

（2）首先，查看 emails 表以查看可用的信息。选择 emails 表的前 5 行：

```
sqlda=# SELECT * FROM emails LIMIT 5;
```

emails 表的前 5 行如图 7.21 所示。

```
 email_id | customer_id |       email_subject        | opened | clicked | bounced |      sent_date      |     opened_date     | clicked_date
----------+-------------+----------------------------+--------+---------+---------+---------------------+---------------------+--------------
        1 |          18 | Introducing A Limited Edition | f      | f       | f       | 2011-01-03 15:00:00 |                     |
        2 |          30 | Introducing A Limited Edition | f      | f       | f       | 2011-01-03 15:00:00 |                     |
        3 |          41 | Introducing A Limited Edition | t      | f       | f       | 2011-01-03 15:00:00 | 2011-01-04 10:41:11 |
        4 |          52 | Introducing A Limited Edition | f      | f       | f       | 2011-01-03 15:00:00 |                     |
        5 |          59 | Introducing A Limited Edition | f      | f       | f       | 2011-01-03 15:00:00 |                     |
(5 rows)
```

图 7.21　Lemon Scooter 销量增长

为了调查我们的假设是否成立，需要知道一封电子邮件是否被打开、何时打开、打开电子邮件的客户是谁以及该客户是否购买了小型摩托车等信息。如果电子邮件营销活动成功地保持了销售增长率，则预计客户会在购买小型摩托车之前打开一封电子邮件。

发送电子邮件的时间段以及接收和打开电子邮件的客户 ID 可以帮助我们确定，客户是否是在收到电子邮件之后才愿意购买的。

（3）为了确定这个假设，我们需要从 emails 表和 Bat Scooter 的 bat_sales 表中收集 customer_id 列，从 emails 表中收集 opened、sent_date、opened_date 和 email_subject 列，以及从 bat_sales 表中收集 sales_transaction_date 列。

由于我们只需要已购买 Bat Scooter 的客户的电子邮件记录，因此可以连接两个表中的 customer_id 列，然后将结果插入一个新表 bat_emails 中：

```
sqlda=# SELECT emails.email_subject, emails.customer_id, emails.
opened, emails.sent_date, emails.opened_date, bat_sales.sales_
transaction_date INTO bat_emails FROM emails INNER JOIN bat_sales ON
bat_sales.customer_id=emails.customer_id ORDER BY bat_sales.sales_
transaction_date;
```

其输出如下：

```
SELECT 40190
```

（4）选择 bat_emails 表的前 10 行，按 sales_transaction_date 对结果进行排序：

```
sqlda=# SELECT * FROM bat_emails LIMIT 10;
```

图 7.22 显示了按 sales_transaction_date 排序的 bat_emails 表的前 10 行。

```
               email_subject              | customer_id | opened |      sent_date      |     opened_date     | sales_transaction_date
------------------------------------------+-------------+--------+---------------------+---------------------+------------------------
 A New Year, And Some New EVs             |       11678 | f      | 2019-01-07 15:00:00 |                     | 2016-10-10 00:00:00
 A Brand New Scooter...and Car            |       40250 | f      | 2014-05-06 15:00:00 |                     | 2016-10-10 00:00:00
 We Really Outdid Ourselves this Year     |       24125 | f      | 2017-01-15 15:00:00 |                     | 2016-10-10 00:00:00
 Tis' the Season for Savings              |       31307 | t      | 2015-11-26 15:00:00 | 2015-11-27 04:55:07 | 2016-10-10 00:00:00
 25% off all EVs. It's a Christmas Miracle! |     42213 | f      | 2016-11-25 15:00:00 |                     | 2016-10-10 00:00:00
 Zoom Zoom Black Friday Sale              |       40250 | f      | 2014-11-28 15:00:00 |                     | 2016-10-10 00:00:00
 Save the Planet with some Holiday Savings. |      4553 | f      | 2018-11-23 15:00:00 |                     | 2016-10-10 00:00:00
 The 2013 Lemon Scooter is Here           |       24125 | t      | 2013-03-01 15:00:00 | 2013-03-02 14:43:34 | 2016-10-10 00:00:00
 The 2013 Lemon Scooter is Here           |       40250 | f      | 2013-03-01 15:00:00 |                     | 2016-10-10 00:00:00
 Save the Planet with some Holiday Savings. |     40250 | f      | 2018-11-23 15:00:00 |                     | 2016-10-10 00:00:00
(10 rows)
```

图 7.22 连接 emails 表和 Bat Scooter 的 bat_sales 表的 customer_id 列获得的 bat_emails 表

在图 7.22 中可以看到，在发送日期范围内有几封未打开的电子邮件（opened 列中的值为 f），并且有些客户收到了多封电子邮件。仔细分析这些电子邮件的主题，可以发现其中一些邮件似乎与 ZoomZoom 小型摩托车无关。

（5）选择 send_date 早于 sales_transaction_date 列的电子邮件的所有行，按 customer_id 排序，并将输出限制为前 22 行。这将帮助我们了解在每位客户购买小型摩托车之前向他们发送了哪些电子邮件。为此可编写以下查询：

```
sqlda=# SELECT * FROM bat_emails WHERE sent_date < sales_transaction_
date ORDER BY customer_id LIMIT 22;
```

图 7.23 显示了在 sales_transaction_date 列的时间之前发送给客户的电子邮件。

```
             email_subject             | customer_id | opened |     sent_date       |     opened_date     | sales_transaction_date
---------------------------------------+-------------+--------+---------------------+---------------------+------------------------
 An Electric Car for a New Age         |           7 | t      | 2015-04-01 15:00:00 | 2015-04-02 15:10:55 | 2019-04-25 00:00:00
 The 2013 Lemon Scooter is Here        |           7 | f      | 2013-03-01 15:00:00 |                     | 2019-04-25 00:00:00
 Tis' the Season for Savings           |           7 | f      | 2015-11-26 15:00:00 |                     | 2019-04-25 00:00:00
 Black Friday. Green Cars.             |           7 | f      | 2017-11-24 15:00:00 |                     | 2019-04-25 00:00:00
 We cut you a deal: 20%% off a Blade   |           7 | t      | 2014-09-18 15:00:00 | 2014-09-19 15:11:17 | 2019-04-25 00:00:00
 Zoom Zoom Black Friday Sale           |           7 | f      | 2014-11-28 15:00:00 |                     | 2019-04-25 00:00:00
 Like a Bat out of Heaven              |           7 | f      | 2016-09-21 15:00:00 |                     | 2019-04-25 00:00:00
 Save the Planet with some Holiday Savings. |      7 | f      | 2018-11-23 15:00:00 |                     | 2019-04-25 00:00:00
 Shocking Holiday Savings On Electric Scooters |   7 | f      | 2013-11-29 15:00:00 |                     | 2019-04-25 00:00:00
 25% off all EVs. It's a Christmas Miracle!    |   7 | t      | 2016-11-25 15:00:00 | 2016-11-26 03:55:30 | 2019-04-25 00:00:00
 We Really Outdid Ourselves this Year  |           7 | f      | 2017-01-15 15:00:00 |                     | 2019-04-25 00:00:00
 A Brand New Scooter...and Car         |           7 | f      | 2014-05-06 15:00:00 |                     | 2019-04-25 00:00:00
 A New Year, And Some New EVs          |           7 | f      | 2019-01-07 15:00:00 |                     | 2019-04-25 00:00:00
 Tis' the Season for Savings           |          22 | f      | 2015-11-26 15:00:00 |                     | 2017-08-14 00:00:00
 Like a Bat out of Heaven              |          22 | f      | 2016-09-21 15:00:00 |                     | 2017-08-14 00:00:00
 Zoom Zoom Black Friday Sale           |          22 | t      | 2014-11-28 15:00:00 | 2014-11-29 11:31:03 | 2017-08-14 00:00:00
 The 2013 Lemon Scooter is Here        |          22 | f      | 2013-03-01 15:00:00 |                     | 2017-08-14 00:00:00
 25% off all EVs. It's a Christmas Miracle!    |  22 | f      | 2016-11-25 15:00:00 |                     | 2017-08-14 00:00:00
 We Really Outdid Ourselves this Year  |          22 | f      | 2017-01-15 15:00:00 |                     | 2017-08-14 00:00:00
 Shocking Holiday Savings On Electric Scooters |  22 | f      | 2013-11-29 15:00:00 |                     | 2017-08-14 00:00:00
 We cut you a deal: 20%% off a Blade   |          22 | f      | 2014-09-18 15:00:00 |                     | 2017-08-14 00:00:00
 An Electric Car for a New Age         |          22 | f      | 2015-04-01 15:00:00 |                     | 2017-08-14 00:00:00
(22 rows)
```

图 7.23　在销售交易日期之前发送给客户的电子邮件

（6）删除 bat_emails 表中电子邮件发送日期过早（在产品推出之前 6 个月以上）的行。正如我们所看到的，有些电子邮件是在交易日期前几年发送的。因此，我们可以通过删除在 Bat Scooter 投入生产之前发送的电子邮件来轻松排除一些对于本次分析无用的电子邮件。在 products 表中，Bat Scooter 的生产开始日期为 2016 年 10 月 10 日：

```
sqlda=# DELETE FROM bat_emails WHERE sent_date < '2016-04-10';
```

🛈 注意：

本练习将从现有表中删除不再需要的信息。这与之前的练习不同。在之前的练习中，我们创建了多个表——每个表的信息都略有不同。你应用的技术也可以有所不同，具体取决于所解决问题的要求。如果你需要可追溯的分析记录，则可以考虑保留信息；如果你强调的是效率和节约存储空间，则可以删除不需要的信息。

（7）删除电子邮件发送日期在交易日期之后的行，因为它们也与销售无关：

```
sqlda=# DELETE FROM bat_emails WHERE sent_date > sales_transaction_
date;
```

（8）删除交易日期和发送日期之差超过 30 的那些行，因为我们只想要那些在购买小型摩托车前不久发送的电子邮件。一年前的电子邮件不太可能影响到客户的购买决定，而更接近购买日期的电子邮件则更可能会影响到销售决定。我们将设置一个购买前 1 个月（30 天）的限制。为此可编写以下查询：

```
sqlda=# DELETE FROM bat_emails WHERE (sales_transaction_date-sent_
date) > '30 days';
```

（9）通过运行以下查询，再次检查按 customer_id 排序的前 22 行：

```
sqlda=# SELECT * FROM bat_emails ORDER BY customer_id LIMIT 22;
```

图 7.24 显示了交易日期与发送日期之差小于 30 的电子邮件。

```
          email_subject          | customer_id | opened |      sent_date      |     opened_date     | sales_transaction_date
---------------------------------+-------------+--------+---------------------+---------------------+------------------------
 25% off all EVs. It's a Christmas Miracle! |   129 | t      | 2016-11-25 15:00:00 | 2016-11-26 06:31:37 | 2016-11-28 00:00:00
 A New Year, And Some New EVs     |         145 | f      | 2019-01-07 15:00:00 |                     | 2019-01-20 00:00:00
 Black Friday. Green Cars.        |         150 | f      | 2017-11-24 15:00:00 |                     | 2017-12-19 00:00:00
 Black Friday. Green Cars.        |         173 | f      | 2017-11-24 15:00:00 |                     | 2017-12-03 00:00:00
 We Really Outdid Ourselves this Year |     196 | f      | 2017-01-15 15:00:00 |                     | 2017-01-23 00:00:00
 We Really Outdid Ourselves this Year |     319 | f      | 2017-01-15 15:00:00 |                     | 2017-01-23 00:00:00
 Like a Bat out of Heaven         |         369 | f      | 2016-09-21 15:00:00 |                     | 2016-10-13 00:00:00
 Like a Bat out of Heaven         |         414 | f      | 2016-09-21 15:00:00 |                     | 2016-10-00 00:00:00
 25% off all EVs. It's a Christmas Miracle! |   418 | f    | 2016-11-25 15:00:00 |                     | 2016-12-21 00:00:00
 A New Year, And Some New EVs     |         560 | t      | 2019-01-07 15:00:00 | 2019-01-08 15:56:14 | 2019-01-29 00:00:00
 We Really Outdid Ourselves this Year |     600 | f      | 2017-01-15 15:00:00 |                     | 2017-01-22 00:00:00
 A New Year, And Some New EVs     |         660 | t      | 2019-01-07 15:00:00 | 2019-01-08 23:37:03 | 2019-01-08 00:00:00
 A New Year, And Some New EVs     |         681 | f      | 2019-01-07 15:00:00 |                     | 2019-01-13 00:00:00
 Black Friday. Green Cars.        |         806 | t      | 2017-11-24 15:00:00 | 2017-11-25 16:59:40 | 2017-11-29 00:00:00
 A New Year, And Some New EVs     |         881 | t      | 2019-01-07 15:00:00 | 2019-01-08 21:07:28 | 2019-01-22 00:00:00
 25% off all EVs. It's a Christmas Miracle! |   934 | t    | 2016-11-25 15:00:00 | 2016-11-26 09:22:45 | 2016-12-24 00:00:00
 25% off all EVs. It's a Christmas Miracle! |   983 | f    | 2016-11-25 15:00:00 |                     | 2016-11-29 00:00:00
 A New Year, And Some New EVs     |        1060 | f      | 2019-01-07 15:00:00 |                     | 2019-01-12 00:00:00
 25% off all EVs. It's a Christmas Miracle! |  1288 | f    | 2016-11-25 15:00:00 |                     | 2016-12-11 00:00:00
 25% off all EVs. It's a Christmas Miracle! |  1317 | f    | 2016-11-25 15:00:00 |                     | 2016-12-13 00:00:00
 A New Year, And Some New EVs     |        1400 | t      | 2019-01-07 15:00:00 | 2019-01-08 15:01:00 | 2019-01-10 00:00:00
 Save the Planet with some Holiday Savings. | 1417 | f   | 2018-11-23 15:00:00 |                     | 2018-11-26 00:00:00
(22 rows)
```

图 7.24　接近销售日期发送的电子邮件

到目前为止，我们已经根据电子邮件发送和打开的日期合理地筛选出了可用数据。

仔细研究一下图 7.24 中的 email_subject 列，似乎还有一些与 Bat Scooter 无关的电子邮件。例如，25% off all EVs. It's a Christmas Miracle!（圣诞节大放价，所有电动汽车七五折），Black Friday. Green Cars（黑色星期五，绿色小汽车）。这些电子邮件似乎与电动汽车促销相关而不是小型摩托车，因此可以将它们从我们的分析中删除。

（10）从 email_subject 列中选择不同的值，以获取发送给客户的不同电子邮件的列表：

```
sqlda=# SELECT DISTINCT(email_subject) FROM bat_emails;
```

图 7.25 显示了不同电子邮件主题的列表。

（11）删除邮件主题中包含 Black Friday（黑色星期五）的所有记录。这些电子邮件与 Bat Scooter 的销售无关：

```
sqlda=# DELETE FROM bat_emails WHERE position('Black Friday' in
email_subject)>0;
```

```
                    email_subject
-------------------------------------------------
Black Friday. Green Cars.
25% off all EVs. It's a Christmas Miracle!
A New Year, And Some New EVs
Like a Bat out of Heaven
Save the Planet with some Holiday Savings.
We Really Outdid Ourselves this Year
(6 rows)
```

图 7.25　发送给 Bat Scooter 潜在客户的唯一电子邮件主题

ℹ️ **注意：**

上述示例中的 position 函数用于查找在电子邮件主题中包含'Black Friday'字符串的任何记录。因此，该操作的结果就是删除电子邮件主题中包含'Black Friday'字符串的所有行。

有关 PostgreSQL 字符串函数的更多信息，请参阅以下文档：

https://www.postgresql.org/docs/current/functions-string.html

（12）删除邮件主题中包含 25% off all EVs. It's a Christmas Miracle!（圣诞节大放价，所有电动汽车七五折）和 A New Year, And Some New EVs（新的一年，新电动汽车）的所有记录。它们可以在 email_subject 列中找到：

```
sqlda=# DELETE FROM bat_emails WHERE position('25% off all EV' in
email_subject)>0;
sqlda=# DELETE FROM bat_emails WHERE position('Some New EV' in email_
subject)>0;
```

（13）至此，我们已经获得了发送给客户的电子邮件的最终数据集。可通过编写以下查询来计算样本中剩余的行数：

```
sqlda=# SELECT count(sales_transaction_date) FROM bat_emails;
```

可以看到样本中还剩下 401 行：

```
count
-------
401
(1 row)
```

（14）现在我们将计算已打开的电子邮件相对于销售数的百分比。可通过编写以下查询来计算已打开的电子邮件：

```
sqlda=# SELECT count(opened) FROM bat_emails WHERE opened='t'
```

可以看到已打开的电子邮件有 98 封：

```
count
-------
98
(1 row)
```

（15）统计收到电子邮件并进行购买的客户。我们将通过计算 bat_emails 表中唯一（或不同）客户的数量来确定这一点：

```
sqlda=# SELECT COUNT(DISTINCT(customer_id)) FROM bat_emails;
```

可以看到，收到电子邮件的客户有 396 位进行了购买：

```
count
-------
396
(1 row)
```

（16）通过编写以下查询来统计进行了购买的唯一（或不同）客户：

```
sqlda=# SELECT COUNT(DISTINCT(customer_id)) FROM bat_sales;
```

上述代码的输出如下：

```
count
-------
6659
(1 row)
```

（17）计算收到电子邮件后购买 Bat Scooter 的客户的百分比：

```
sqlda=# SELECT 396.0/6659.0 AS email_rate;
```

上述查询的输出如下：

```
email_rate
-------
0.0594683886469439858
(1 row)
```

🛈 注意：

在上述计算中，可以看到我们在数字中包含了小数位（例如，我们使用了 396.0 而不是简单的整数值 396）。这是因为结果值将被表示为小于 1 的百分点值。如果排除这些小数位，则 SQL Server 会以整数形式完成除法运算，其结果将为 0。

从上述输出结果可见，不到 6% 的已购买客户收到了有关 Bat Scooter 的电子邮件。由于收到电子邮件的客户中有 18% 进行了购买，因此一个强有力的论据认为，积极增加接收营销电子邮件的客户群规模可以增加 Bat Scooter 的销量。

（18）将我们的数据范围限制为 2016 年 11 月 1 日之前的所有销售记录，并将数据放入一个名为 bat_emails_threewks 的新表中。到目前为止，我们已经检查了 Bat Scooter 的所有可用数据中的电子邮件打开率。

检查前 3 周的电子邮件打开率，因为我们发现前 3 周的销量增长有所下降：

```
sqlda=# SELECT * INTO bat_emails_threewks FROM bat_emails WHERE
sales_transaction_date < '2016-11-01';
```

输出结果如下：

```
SELECT 82
```

（19）现在计算在此期间发送的电子邮件数量：

```
sqlda=# SELECT COUNT(opened) FROM bat_emails_threewks;
```

可以看到，在此期间我们发送了 82 封电子邮件：

```
count
-------
82
(1 row)
```

（20）计算前 3 周打开的电子邮件数量：

```
sqlda=# SELECT COUNT(opened) FROM bat_emails_threewks WHERE
opened='t';
```

上述代码的输出如下：

```
count
-------
15
(1 row)
```

可以看到，前 3 周打开了 15 封电子邮件。

（21）计算在销售的前 3 周内收到电子邮件并随后进行了购买的客户的数量，这可以使用以下查询：

```
sqlda=# SELECT COUNT(DISTINCT(customer_id)) FROM bat_emails_threewks;
```

可以看到有 82 位客户在前 3 周收到了电子邮件：

```
count
-------
82
(1 row)
```

（22）使用以下查询计算在前 3 周内打开过与 Bat Scooter 相关的电子邮件并进行了购买的客户的百分比：

```
sqlda=# SELECT 15.0/82.0 AS sale_rate;
```

上述代码计算的比率值如下：

```
sale_rate
-------
0.18292682926829268293
(1 row)
```

在收到有关 Bat Scooter 的电子邮件的客户中，约有 18% 的人在前 3 周内进行了购买。这与 Bat Scooter 的所有可用数据的比率一致。

（23）计算前 3 周内总共拥有多少唯一客户。在考虑刚刚计算的百分比时，此信息是有用的上下文环境。例如，如果有 3 个客户进行了 4 次购买，则这个百分比应该是 75%而不应算作 100%。在这种情况下，更大的客户群会得到更低的邮件打开率。

有关较大客户群的信息通常更有用，因为它往往更能代表整个客户群，而不是其中的一小部分样本。我们已经知道有 82 位客户收到了电子邮件：

```
sqlda=# SELECT COUNT(DISTINCT(customer_id)) FROM bat_sales WHERE
sales_transaction_date < '2016-11-01';
```

以下输出反映了 2016 年 11 月 1 日之前发生交易的 160 位客户：

```
count
-------
160
(1 row)
```

前 3 周有 160 位客户，其中 82 位收到了电子邮件，略高于 50%。在小型摩托车的整个可用数据集中，该比率也超过了 6%。

ⓘ 注意：

要获得本小节源代码，请访问以下网址：

https://packt.live/3hkH3Vw

在研究了 Bat Scooter 的电子邮件营销活动的表现之后，我们还需要一个对照组或比较组来确定该结果是否与其他产品的结果一致。如果没有一个可比较的组，那么我们根本不知道 Bat Scooter 的电子邮件营销活动的结果是好是坏，抑或两者都不是。因此，在下面的练习中我们将研究电子邮件营销活动的效果。

7.2.8　练习 7.05：分析电子邮件营销活动的效果

本练习将研究 Lemon Scooter 的电子邮件营销活动的效果，以便与 Bat Scooter 电子邮件营销活动的效果进行比较。

我们的假设是，如果 Bat Scooter 的电子邮件营销活动的效果与另一个产品（如 2013 Lemon Scooter）一致，那么 Bat Scooter 销量增长率的下降就不能归因于电子邮件营销活动方面的差异。

请执行以下步骤以完成此练习。

（1）加载 sqlda 数据库：

```
$ psql sqlda
```

（2）删除现有的 lemon_sales 表：

```
sqlda=# DROP TABLE lemon_sales;
```

（3）2013 Lemon Scooter 产品的 product_id = 3。从 2013 Lemon Scooter 的销售表中选择 customer_id 和 sales_transaction_date 列。将此信息插入名为 lemon_sales 的表中：

```
sqlda=# SELECT customer_id, sales_transaction_date INTO lemon_sales
FROM sales WHERE product_id=3;
```

（4）从 emails 数据库中选择已购买 2013 Lemon Scooter 的客户的所有信息。将此信息放在一个名为 lemon_emails 的新表中：

```
sqlda=# SELECT emails.customer_id, emails.email_subject, emails.
opened, emails.sent_date, emails.opened_date, lemon_sales.sales_
transaction_date INTO lemon_emails FROM emails INNER JOIN lemon_sales
ON emails.customer_id=lemon_sales.customer_id;
```

（5）删除所有在 2013 Lemon Scooter 开始生产前发送的邮件。为此，我们需要该产品生产开始的日期（production_start_date 列）：

```
sqlda=# SELECT production_start_date FROM products Where product_
id=3;
```

Lemon Scooter 开始生产的日期如下所示：

```
production_start_date
-------------------
2013-05-01 00:00:00
(1 row)
```

（6）删除在 2013 Lemon Scooter 开始生产之前发送的电子邮件：

```
sqlda=# DELETE FROM lemon_emails WHERE sent_date < '2013-05-01';
```

（7）删除发送日期晚于 sales_transaction_date 的所有行：

```
sqlda=# DELETE FROM lemon_emails WHERE sent_date > sales_transaction_
date;
```

（8）删除发送日期在 sales_transaction_date 之前 30 天的所有行：

```
sqlda=# DELETE FROM lemon_emails WHERE (sales_transaction_date -
sent_date) > '30 days';
```

（9）从 lemon_emails 中删除电子邮件主题与 Lemon Scooter 无关的所有行。在此之前，我们将搜索所有不同的电子邮件主题：

```
sqlda=# SELECT DISTINCT(email_subject) FROM lemon_emails;
```

图 7.26 显示了不同的电子邮件主题。

```
                     email_subject
----------------------------------------------------
Tis' the Season for Savings
25% off all EVs. It's a Christmas Miracle!
A Brand New Scooter...and Car
Like a Bat out of Heaven
Save the Planet with some Holiday Savings.
Shocking Holiday Savings On Electric Scooters
We Really Outdid Ourselves this Year
An Electric Car for a New Age
We cut you a deal: 20%% off a Blade
Black Friday. Green Cars.
Zoom Zoom Black Friday Sale
(11 rows)
```

图 7.26 已发送的 Lemon Scooter 营销活动的电子邮件

（10）使用 DELETE 命令删除与 Lemon Scooter 无关的电子邮件主题：

```
sqlda=# DELETE FROM lemon_emails WHERE POSITION('25% off all EVs.' in
email_subject)>0;
```

```
sqlda=# DELETE FROM lemon_emails WHERE POSITION('Like a Bat out of
Heaven' in email_subject)>0;
sqlda=# DELETE FROM lemon_emails WHERE POSITION('Save the Planet' in
email_subject)>0;
sqlda=# DELETE FROM lemon_emails WHERE POSITION('An Electric Car' in
email_subject)>0;
sqlda=# DELETE FROM lemon_emails WHERE POSITION('We cut you a deal'
in email_subject)>0;
sqlda=# DELETE FROM lemon_emails WHERE POSITION('Black Friday. Green
Cars.' in email_subject)>0;
sqlda=# DELETE FROM lemon_emails WHERE POSITION('Zoom' in email_
subject)>0;
```

（11）现在检查有多少针对 lemon_scooter 客户的电子邮件已打开：

```
sqlda=# SELECT COUNT(opened) FROM lemon_emails WHERE opened='t';
```

可以看到打开了 128 封电子邮件：

```
count
-------
128
(1 row)
```

（12）列出已收到电子邮件并进行了购买的客户的数量：

```
sqlda=# SELECT COUNT(DISTINCT(customer_id)) FROM lemon_emails;
```

可以看到，有 506 位客户在收到电子邮件后进行了购买：

```
count
-------
506
(1 row)
```

（13）计算已收到并打开营销电子邮件的客户进行购买的百分比：

```
sqlda=# SELECT 128.0/506.0 AS email_rate;
```

可以看到约 25% 的客户打开了电子邮件并进行了购买：

```
email_rate
--------------------
0.2529644268774703 5573
(1 row)
```

（14）计算已购买的唯一客户数量：

```
sqlda=# SELECT COUNT(DISTINCT(customer_id)) FROM lemon_sales;
```

可以看到有 13854 位客户进行了购买：

```
count
-------
13854
(1 row)
```

（15）计算收到电子邮件后进行购买的客户的百分比。这将能够与 Bat Scooter 的相应数字进行比较：

```
sqlda=# SELECT 506.0/13854.0 AS email_sales;
```

上述计算产生的输出约为 3.6%：

```
email_sales
----------------------
0.03652374765410711708
(1 row)
```

（16）从 lemon_emails 表选择其开始生产的前 3 周内发生的销售的所有记录。将结果存储在新表 lemon_emails_threewks 中：

```
sqlda=# SELECT * INTO lemon_emails_threewks FROM lemon_emails WHERE
sales_transaction_date < '2013-06-01';
```

这将显示以下输出：

```
SELECT 0;
```

（17）计算前 3 周发送的与 Lemon Scooter 相关的电子邮件数量：

```
sqlda=# SELECT COUNT(sales_transaction_date) FROM lemon_emails_
threewks;
```

上述代码的输出如下：

```
count
-------
0
(1 row)
```

这里有很多有趣的信息，具体如下。

❑　在已经打开电子邮件的客户中有 25%进行了购买，这比 Bat Scooter 的 18%的数字高很多。

❑ 在购买 Lemon Scooter 的客户中，超过 3.6% 的客户收到了电子邮件，这远低于 Bat Scooter 客户的近 6%。

❑ 在 Lemon Scooter 产品发布的前 3 周内，竟然没有一个 Lemon Scooter 客户收到电子邮件，而相比之下，在 Bat Scooter 发布的前 3 周内，有 82 个客户收到了邮件，约占所有客户的 50%。

🛈 注意：

要获得本小节源代码，请访问以下网址：

https://packt.live/3cTCY7p

本练习分析了 Lemon Scooter 产品的电子邮件营销活动的效果，使用了各种 SQL 技术与 Bat Scooter 产品进行比较。

7.2.9　得出结论

在收集了有关产品发布时间、产品销售价格和营销活动效果的一系列信息之后，即可就我们的假设得出如下一些结论。

❑ 在 7.2.5 节"练习 7.03：启动时序分析"中，我们收集到的一些证据表明，Bat Scooter 产品的发布时间可能与其前 2 周后的销量增长率下降有关，当然这一结论无法 获得确切的证实。

❑ 小型摩托车的销量增长速度和销售价格之间存在相关性，当销售价格下降时，其销量会随之提高（详见 7.2.6 节"作业 7.02：分析销售价格假设的差异"）。

❑ 前 3 周内售出的单位数量与产品的售价没有直接关系（详见 7.2.6 节"作业 7.02：分析销售价格假设的差异"）。

❑ 有证据表明，成功的营销活动可以提高初始销售率，电子邮件打开率随着销售率的提高而增加（详见 7.2.7 节"练习 7.04：通过电子邮件打开率分析销量增长情况"）。同样，随着销量的增加，接收电子邮件的客户数量也呈现增加趋势（详见 7.2.8 节"练习 7.05：分析电子邮件营销活动的效果"）。

❑ Bat Scooter 在前 3 周的销量比 Lemon Scooter 或 Bat Limited Scooter 都要多（详见 7.2.6 节"作业 7.02：分析销售价格假设的差异"）。

7.2.10　现场测试

在目前这个阶段，我们已经完成了事后分析（即在事件发生后完成的数据分析），并且获得了一些支持证据，解释了为什么 Bat Scooter 的销量在两周后出现下降。当然，这些假设仍无法获得确切的证明。

这就是我们需要转向其他方法的原因。在我们的工具包中，还有另一个工具：现场测试（in-field testing）。顾名思义，现场测试是在现场测试假设（例如，在推出新产品或进行现有销售时）。

现场测试最常见的示例之一是 A/B 测试。所谓"A/B 测试"，就是将用户或客户随机分为两组（A 和 B），并为他们提供稍微修改的体验或环境并观察结果。例如，假设将 A 组中的客户随机分配到新的营销活动中，将 B 组中的客户随机分配到现有营销活动中。然后，我们可以监控销售和互动情况，看看一个活动是否比另一个活动更好。

例如，对于我们的案例而言，如果要测试产品发布时间的影响，则可以于 11 月初在北加州推出一款产品，于 12 月初在南加州推出一款产品，然后观察其差别。

现场测试的本质意义是，除非能够测试事后数据分析假设，否则我们永远不会知道这些假设是否正确。为了测试假设，我们只能改变要测试的条件——如产品发布日期。为了确认事后分析结果，可以建议销售团队应用以下一种或多种场景，并实时监控销售记录，以确定销量减少的原因。

- ❑ 在气候相似且当前销售记录相当的两个地区，在一年中的不同时间发布下一款小型摩托车产品。这将有助于确定发布时间是否有影响。
- ❑ 在现有销售记录相当的地区，在不同价位同时发布下一款小型摩托车产品，并观察销售情况是否有差异。
- ❑ 在具有同等现有销售记录的地区同时以相同的价位发布下一款小型摩托车产品，并应用两个不同的电子邮件营销活动。跟踪参与每个活动的客户并监控销售情况。

7.3　小　　结

本章使用 SQL 完成了一个真实案例的数据分析问题。在本章中，你掌握了提出问题假设所需的技能，并系统地收集了支持或拒绝假设所需的数据。你以一个相当困难的问题开始此案例研究，即解释观察到的销售数据差异，并发现了两种可能的差异来源（产品发布时间和营销活动），同时拒绝了一种备选解释（销售价格）。

本章案例研究提供的分析技巧和思路是任何数据分析师都必备的技能，能够理解和应用科学方法来探索问题将使你更高效地工作并找到有趣的调查线索。本章使用了前面章节中介绍过的 SQL 技能；从简单的 SELECT 语句到聚合复杂的数据类型，以及窗口方法等都有涉及。在完成本章的练习和作业之后，你将能够在自己的数据分析项目中继续并重复此类分析，以帮助找到可行的见解。

　　本书详细阐释了数据处理的各种操作，包括如何使用 SQL 的强大功能来组织数据、处理数据和识别我们感兴趣的模式。

　　此外，本书还介绍了 SQL 如何连接到其他系统并进行优化以执行大规模分析，数据分析人员在案例研究中可使用 SQL 来帮助改进业务。

　　当然，这些技能只是你工作的开始。关系数据库在不断发展，并且一直在开发新功能。因此，尽管本书为你提供了数据分析和 SQL 应用指南，但掌握这些技能只是你在数据分析旅程中迈出的第一步。

附　　录

第 1 章　SQL 数据分析导论

作业 1.01：分类新数据集

答案

（1）观察单位是汽车销售数。

（2）Date（时间）和 Sales Amount（销售金额）是定量的，Make（品牌）是定性的。

（3）虽然有很多方法可以将 Make（品牌）转换为定量数据，但一种普遍接受的方法是将每个 Make（品牌）类型映射到一个数字。例如，Ford（福特）可以映射到 1，Honda（本田）可以映射到 2，Mazda（马自达）可以映射到 3，Toyota（丰田）可以映射到 4，Mercedes（梅赛德斯）可以映射到 5，Chevy（雪佛兰）可以映射到 6。

作业 1.02：探索经销商销售数据

答案

（1）打开 Microsoft Excel，新建一个空白工作簿。

（2）转到“数据”选项卡，单击“自文本”选项。

（3）找到 dealerships.csv 文件之后，单击“导入”按钮。

（4）在“文本导入向导”对话框中选择“分隔符号”选项，并确保“导入起始行”为 1，然后单击“下一步”按钮。

（5）在“文本导入向导”第 2 步中选择文件的分隔符。由于此文件只有一列，因此它没有分隔符（CSV 传统上使用逗号作为分隔符）。直接单击“下一步”按钮即可。

（6）在“文本导入向导”第 3 步中为“列数据格式”字段选择“常规”选项，然后单击“完成”按钮。

（7）在出现“数据的放置位置”选项时，选择“现有工作表”并将其旁边的文本框中的内容保持原样（即=$A$1）。然后单击“确定”按钮以导入数据。

此时应该会看到类似于图 1.50 的内容。

Location	Net Annual Sales	Number of Female Employees
Millburn, NJ	150803012	27
Los Angeles, CA	110872084	17
Houston, TX	183945873	22
Miami, FL	156355396	18
San Mateo, CA	143108603	17
Seattle, WA	142755480	33
Arlington VA	144772604	28
Portland, OR	179608438	32
Reno, NV	145101244	19
Chicago, IL	171491596	24
Atlanta, GA	198386988	27
Orlando, FL	180188054	24
Jacksonville, FL	158479693	32
Round Rock, TX	181820474	27
Phoenix, AZ	95512810.7	18
Charlotte, NC	199653776	32
Philadelphia, PA	193111679	31
Kansas City, MO	176816637	35
Dallas, TX	168769837	33
Boston, MA	350520724	20

图 1.50　加载的 dealerships.csv 文件

直方图可能会有所不同，具体取决于选择的参数，但它应该类似于图 1.51。

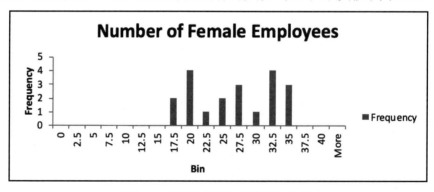

图 1.51　显示女性员工数量的直方图

（8）按照 1.3.7 节"练习 1.03：计算附加销售额的集中趋势"中的所有步骤计算平均值（mean）和中位数（median）。平均销售额计算为 171603750.13 美元，中位数销售额计算为 170130716.50 美元。

（9）使用与 1.3.9 节"练习 1.04：附加销售额的散布程度"相似的步骤，将销售的标准差计算出来，为 50152290.42 美元。

（10）Boston,MA（马萨诸塞州波士顿）的经销商是一个异常值。这可以按图形方式或使用 IQR（四分位距）方法显示。

得到的 4 个五分位数如图 1.52 所示。

五 分 位 数	值
1	144439803.80
2	157629974.20
3	177933357.40
4	185779034.20

图 1.52　五分位数及其值

（11）删除波士顿的异常值，你应该得到相关系数为 0.55。该值意味着女性员工的数量与经销商的销售额之间存在很强的相关性。虽然这可能是更多女性员工带来更多收入的证据，但它也可能是第三种效应的简单结果，即，更大的经销商通常拥有更多的员工，这也意味着女性也将在这些地方工作。还可能存在其他相关性解释。

作业 1.03：在 SELECT 查询中使用基本关键字查询客户表

答案

（1）打开你喜欢的 SQL 客户端，连接 sqlda 数据库。从 Schema（模式）下拉列表中找到 customers 表。请注意列的名称，这与我们在 1.7.10 节 "练习 1.06：在 SELECT 查询中使用基本关键字" 中针对 salespeople 表所执行的操作相同。

（2）执行以下查询以提取 FL（佛罗里达州）客户的电子邮件地址并按字母顺序排序：

```
SELECT
   email
FROM
   customers
WHERE
   state='FL'
ORDER BY
   email;
```

上述代码的输出如图 1.53 所示。

（3）执行以下查询，提取纽约州纽约市 ZoomZoom 客户的所有名字、姓氏和电子邮件地址。客户按姓氏和名字的字母顺序排列（先按姓氏，后按名字）：

	email text
1	aachrameevu44@goo.gl
2	aambresinlnt@walmart.com
3	aanstiss12af@eepurl.com
4	aantonove9l@last.fm
5	aarnaudet1v3@cisco.com
6	aarsmithxoe@dion.ne.jp
7	aastle11rg@slate.com
8	aaxelbey77x@cocolog-nifty.com
9	aazemary2f@washingtonpost.com
10	ababarm8m@ow.ly
11	abarkessi6f@wikimedia.org

图 1.53 佛罗里达州客户的电子邮件（按字母顺序）

```
SELECT
    first_name, last_name, email
FROM
    customers
WHERE
    city='New York City'
    AND state='NY'
ORDER BY
    last_name, first_name;
```

上述代码的输出如图 1.54 所示。

（4）执行以下查询以提取所有登记了电话号码的客户，并且按客户被添加到数据库的日期排序：

```
SELECT
    *
FROM
    customers
WHERE
    phone IS NOT NULL
ORDER BY
    date_added;
```

	first_name text	last_name text	email text
1	Nell	Abdy	nabdyec4@fema.gov
2	Thomasine	Absolon	tabsolonomk@forbes.com
3	Ram	Acheson	racheson1ai@bloglovin.com
4	Pru	Achrameev	pachrameev2sr@example.com
5	Jandy	Adamowicz	jadamowiczb1w@clickbank.net
6	Kati	Adrian	kadrianeem@51.la
7	Orly	Aers	oaersx61@redcross.org
8	Bradney	Aglione	baglionee5n@usgs.gov
9	Mellicent	Ainslee	mainsleeir0@abc.net.au
10	Fergus	Aireton	fairetonq16@yellowpages.com
11	Ugo	Aldam	ualdamhnc@wikimedia.org

图 1.54　按姓氏和名字的字母顺序排列的纽约市客户详情

上述代码的输出如图 1.55 所示。

customer_id bigint	title text	first_name text	last_name text	suffix text	email text	gender text	ip_address text	phone text	street_address text
2625	[null]	Binky	Dawtrey	[null]	bdawtr...	M	15.75.236.78	804-990...	0353 Iowa Road
6173	[null]	Danila	Gristwood	[null]	dgrist...	F	254.239.58.1...	832-157...	79865 Hagan Terr...
13390	[null]	Danika	Lough	[null]	dlough...	F	188.19.7.207	212-769...	38463 Forest Dal...
7486	[null]	Ciro	Ferencowicz	[null]	cferen...	M	8.151.167.184	786-458...	61 Village Crossing
17099	[null]	Pearla	Halksworth	[null]	phalks...	F	114.138.82.24	541-198...	130 Marcy Crossi...
18685	[null]	Ingram	Crossman	[null]	icross...	M	207.145.1.202	503-352...	86 Michigan Junc...
30046	[null]	Nanete	Hassur	[null]	nhassu...	F	232.115.170...	209-364...	13961 Steensland...
35683	[null]	Betteanne	Rulf	[null]	brulfrj6...	F	52.208.248.90	503-396...	1 Cordelia Crossing
22640	[null]	Shana	Nugent	[null]	snuge...	F	207.239.127...	202-378...	96725 Cordelia La...
34189	[null]	Devlin	Barhems	[null]	dbarhe...	M	180.175.21.2...	240-895...	0 Park Meadow St...
46277	Mr	Salomon	Rillatt	[null]	srillatt...	M	33.205.88.187	504-700...	5799 Thackeray C...

图 1.55　具有电话号码的客户（按客户被添加到数据库的日期排序）

图 1.55 中的输出结果将帮助营销经理开展活动以促进销售。

ⓘ **注意：**

要获得本小节源代码，请访问以下网址：

https://packt.live/3cVSBLE

作业 1.04：为营销活动创建和修改表

答案

（1）打开你喜欢的 SQL 客户端，连接到 sqlda 数据库。

（2）运行以下查询以创建包含纽约市客户的表：

```
CREATE TABLE customers_nyc AS (
SELECT
    *
FROM
    customers
WHERE
    city='New York City'
    AND state='NY');
```

（3）运行以下代码查看输出：

```
SELECT * FROM customers_nyc;
```

上述代码的输出如图 1.56 所示。

customer_id bigint	title text	first_name text	last_name text	suffix text	email text	gender text	ip_address text	phone text	street_address text	city text	state text
52	[null]	Giusto	Backe	[null]	gbacke1f@digg.com	M	26.56.68.189	212-959...	6 Onsgard Terrace	New ...	NY
162	[null]	Artair	Betchley	[null]	abetchley4h@dagondesign.com	M	108.147.128...	[null]	7 Boyd Road	New ...	NY
374	[null]	Verge	Esel	[null]	veselad@vistaprint.com	M	58.238.20.156	917-653...	6 Algoma Park	New ...	NY
406	[null]	Rozina	Jeal	[null]	rjealb9@howstuffworks.com	F	50.235.32.29	917-610...	64653 Homewoo...	New ...	NY
456	Rev	Cybil	Noke	[null]	cnokecn@jigsy.com	F	5.31.139.106	212-306...	88 Sycamore Park...	New ...	NY
472	[null]	Rawley	Yegorov	[null]	ryegorovd3@google.es	M	183.199.243...	212-560...	872 Old Shore Par...	New ...	NY
496	[null]	Layton	Spolton	[null]	lspoltondr@free.fr	M	108.112.8.165	646-900...	7 Old Gate Drive	New ...	NY
1028	[null]	Issy	Andrieux	[null]	iandrieuxsj@dell.com	F	199.50.5.37	212-206...	33337 Dahle Way	New ...	NY
1037	[null]	Magdalene	Veryard	[null]	mveryardss@behance.net	F	93.201.129.2...	[null]	41028 Katie Junct...	New ...	NY
1063	[null]	Juliet	Beadles	[null]	jbeadlesti@time.com	F	47.96.88.226	212-645...	34984 Goodland ...	New ...	NY

图 1.56　来自纽约市的客户

（4）运行以下查询语句，删除邮政编码为 10014 的用户：

```
DELETE
FROM
    customers_nyc
WHERE
    postal_code='10014';
```

（5）执行以下查询以添加新 event（事件）列：

```
ALTER TABLE customers_nyc ADD COLUMN event text;
```

（6）更新 customers_nyc 表并使用以下查询将 event 列设置为 thank-you party：

```
UPDATE
    customers_nyc
SET
    event = 'thank-you party';
```

（7）运行以下代码查看输出：

```
SELECT
    *
FROM
    customers_nyc;
```

上述代码的输出如图 1.57 所示。

customer_id bigint	title text	first_name text	last_name text	suffix text	email text	gender text	ip_address text	phone text	street_address text	city text	state text	postal_code text	latitude double precision	longitude double precision	date_added timestamp without time zone	event text
52	[null]	Giusto	Backe	[null]	gbacke...	M	26.56.68.189	212-959...	6 Onsgard Terrace	New ...	NY	10131	40.7808	-73.9772	2010-07-06 00:00:00	thank-you party
406	[null]	Rozina	Jeal	[null]	rjealb9...	F	50.235.32.29	917-610...	64653 Homewoo...	New ...	NY	10105	40.7628	-73.9785	2010-09-15 00:00:00	thank-you party
456	Rev	Cybill	Noke	[null]	cnokec...	F	5.31.139.105	212-306...	88 Sycamore Park...	New ...	NY	10260	40.7808	-73.9772	2017-01-21 00:00:00	thank-you party
472	[null]	Rawley	Yegorov	[null]	ryegor...	M	183.199.243...	212-560...	872 Old Shore Par...	New ...	NY	10034	40.8662	-73.9221	2014-11-24 00:00:00	thank-you party
496	[null]	Layton	Spolton	[null]	lspolto...	M	108.112.8.165	646-900...	7 Old Gate Drive	New ...	NY	10024	40.7864	-73.9764	2010-12-20 00:00:00	thank-you party
1028	[null]	Issy	Andrieux	[null]	iandrie...	F	199.50.5.37	212-206...	33337 Dahle Way	New ...	NY	10115	40.8111	-73.9642	2017-11-27 00:00:00	thank-you party
1037	[null]	Magdalene	Veryard	[null]	mverya...	F	93.201.129.2...	646...	41028 Katie Junct...	New ...	NY	10039	40.8265	-73.9383	2014-03-04 00:00:00	thank-you party
1063	[null]	Juliet	Beadles	[null]	jbeadle...	F	47.96.88.226	212-645...	34984 Goodland ...	New ...	NY	10120	40.7506	-73.9894	2014-08-17 00:00:00	thank-you party
1211	[null]	Gwyneth	McCobb	[null]	gmcco...	F	38.182.151.2...	212-645...	4 Jana Park	New ...	NY	10160	40.7808	-73.9772	2014-01-08 00:00:00	thank-you party
1262	[null]	Conrado	Escoffier	[null]	cescoff...	M	23.120.12.44	646-523...	2 Atwood Court	New ...	NY	10060	40.7808	-73.9772	2015-02-17 00:00:00	thank-you party

图 1.57　customers_nyc 表（event 列已经设置为 thank-you party）

（8）现在可以按照营销经理的要求使用 DROP TABLE 删除 customers_nyc 表：

```
DROP TABLE customers_nyc;
```

这将从数据库中删除 customers_nyc 表。

ℹ️ **注意：**

要获得本小节源代码，请访问以下网址：

https://packt.live/3dWtFVG

第 2 章　SQL 和数据准备

作业 2.01：使用 SQL 技术构建销售模型

答案

（1）打开你喜欢的 SQL 客户端，连接到 sqlda 数据库。

（2）执行以下连接：

❑　使用 INNER JOIN 将 customers 表连接到 sales 表；

❑　使用 INNER JOIN 将 products 表连接到 sales 表；

❑　使用 LEFT JOIN 将 dealerships 表连接到 sales 表。

（3）现在返回 customers 表和 products 表的所有列。然后从 sales 表中返回 dealership_id 列，但 sales 表中 dealership_id 为 NULL 时填充-1。

（4）添加一个名为 high_savings 的列，如果销售额比 base_msrp 少 500 美元或更低，则返回 1，否则返回 0。此查询有多种方法，以下是其中之一：

```sql
SELECT
  c.*,
  p.*,
COALESCE(s.dealership_id, -1),
  CASE  WHEN p.base_msrp - s.sales_amount >500
        THEN 1
        ELSE 0
        END AS high_savings
FROM
  sales s
  INNER JOIN customers c
    ON c.customer_id=s.customer_id
  INNER JOIN products p
    ON p.product_id=s.product_id
  LEFT JOIN dealerships d
    ON s.dealership_id = d.dealership_id;
```

上述代码的输出如图 2.27 所示。

customer_id bigint	title text	first_name text	last_name text	suffix text	email text	gender text	ip_address text	phone text	street_address text	city text	state text	postal_code text	latitude double precision	longitude double precision	date_added timestamp without time zone
1	[null]	Arlena	Riveles	[null]	arivele...	F	98.36.172.246	[null]	[null]	[null]	[null]	[null]	[null]		2017-04-23 00:00:00
4	[null]	Jessika	Nussen	[null]	jnusse...	F	159.165.138...	615-824...	224 Village Circle	Nash...	TN	37215	36.0986	-86.8219	2017-09-03 00:00:00
5	[null]	Lonnie	Rembaud	[null]	lremba...	F	18.131.58.65	786-499...	38 Lindbergh Way	Miami	FL	33124	25.5584	-80.4582	2014-03-06 00:00:00
6	[null]	Cortie	Locksley	[null]	clocksl...	M	140.194.59.82	[null]	6537 Delladonna...	Miami	FL	33158	25.6364	-80.3187	2013-03-31 00:00:00
7	[null]	Wood	Kennham	[null]	wkenn...	M	191.190.135...	407-552...	001 Onsgard Park	Orla...	FL	32891	28.5663	-81.2608	2011-08-25 00:00:00
7	[null]	Wood	Kennham	[null]	wkenn...	M	191.190.135...	407-552...	001 Onsgard Park	Orla...	FL	32891	28.5663	-81.2608	2011-08-25 00:00:00
7	[null]	Wood	Kennham	[null]	wkenn...	M	191.190.135...	407-552...	001 Onsgard Park	Orla...	FL	32891	28.5663	-81.2608	2011-08-25 00:00:00
11	Mrs	Urbano	Middlehurst	[null]	umiddl...	M	185.118.6.23	918-339...	5203 7th Trail	Tulsa	OK	74156	36.3024	-95.9605	2011-10-22 00:00:00
12	Mr	Tyne	Duggan	[null]	tdugga...	F	13.29.231.228	[null]	[null]	[null]	[null]	[null]	[null]		2017-10-25 00:00:00

图 2.27　构建销售模型查询

这样，我们就有了数据来构建一个新模型，该模型将帮助数据科学团队从已生成的输出中预测哪些客户具有再营销的最佳前景。

ⓘ 注意：

要获得本小节源代码，请访问以下网址：

https://packt.live/2MQDusb

第 3 章　聚合和窗口函数

作业 3.01：使用聚合函数分析销售数据

答案

（1）打开你喜欢的 SQL 客户端，连接到 sqlda 数据库。

（2）使用 COUNT 函数计算公司已实现的单位销售数：

```
SELECT
  COUNT(*)
FROM
  sales;
```

获得的结果应该为 37711。

（3）确定每个州的总销售额（以美元计）。可以使用 SUM 聚合函数：

```
SELECT
  c.state, SUM(sales_amount) as total_sales_amount
FROM
  sales s
INNER JOIN
  customers c
    ON c.customer_id=s.customer_id
GROUP BY
  1
ORDER BY
  1;
```

其输出如图 3.30 所示。

（4）使用 GROUP BY 子句确定销售量最多的前 5 家经销商。将 LIMIT 设置为 5：

```
SELECT
  s.dealership_id,
  COUNT(*)
FROM
```

```
   sales s
WHERE
   channel='dealership'
GROUP BY
   1
ORDER BY
   2 DESC
LIMIT
   5
```

其输出如图 3.31 所示。

state text	sales_amount double precision
AK	1124268.776
AL	4820333.791
AR	1487923.589
AZ	4109364.447
CA	27942722.0350006
CO	5377388.30800006
CT	3038361.316
DC	7211615.1750001
DE	957264.298

图 3.30　美国各州的总销售额（以美元计）

dealership_id double precision	count bigint
10	1781
7	1583
18	1465
11	1312
1	1297

图 3.31　按销量排名前 5 的经销商

（5）计算每个渠道的平均销售额（在 sales 表中显示），查看平均销售额，先按 channel（渠道）排序，然后按 product_id 排序，再同时按两者排序。这可以使用 GROUPING SETS 来完成，如下所示：

```
SELECT
   s.channel, s.product_id,
   AVG(sales_amount) as avg_sales_amount
FROM
   sales s
GROUP BY
GROUPING SETS(
   (s.channel), (s.product_id),
   (s.channel, s.product_id)
)
```

```
ORDER BY
  1, 2
```

其输出如图 3.32 所示。

channel text	product_id bigint	avg_sales_amount double precision
dealership	3	477.253737607644
dealership	4	109822.274881517
dealership	5	664.330132075472
dealership	6	62563.3763837638
dealership	7	573.744146637002
dealership	8	668.850500463391
dealership	9	33402.6845637584
dealership	10	81270.1121794872
dealership	11	91589.7435897436

图 3.32 GROUPING SETS 之后按渠道和 product_id 排序的平均销售额

在图 3.32 中，可以看到所有产品的渠道和产品 ID，以及每个产品产生的销售额。

🛈 注意：

要获得本小节源代码，请访问以下网址：

https://packt.live/2AXOXnc

作业 3.02：使用窗口帧和窗口函数分析销售数据

答案

（1）打开你喜欢的 SQL 客户端，连接到 sqlda 数据库。

（2）使用 SUM 函数计算 2018 年所有单个月份的总销售额：

```
SELECT
  sales_transaction_date::DATE,
  SUM(sales_amount) as total_sales_amount
FROM
  sales
WHERE
  sales_transaction_date>='2018-01-01'
```

```
    AND sales_transaction_date<'2019-01-01'
GROUP BY
   1
ORDER BY
   1;
```

上述代码的输出如图 3.33 所示。

sales_transaction_date date	total_sales_amount double precision
2018-01-01	123689.951
2018-01-02	183859.79
2018-01-03	40029.854
2018-01-04	187119.878
2018-01-05	186459.904
2018-01-06	100479.888
2018-01-07	42989.864
2018-01-08	11089.815
2018-01-09	98119.878
2018-01-10	10449.823
2018-01-11	6449.891
2018-01-12	160659.838
2018-01-13	77789.869
2018-01-14	234429.898
2018-01-15	74429.847
2018-01-16	129189.854
2018-01-17	153839.873
2018-01-18	255529.864

图 3.33　按月划分的总销售额

（3）使用窗口帧计算每日销售交易数量的滚动 30 天平均值：

```
WITH daily_deals as (
    SELECT sales_transaction_date::DATE,
    COUNT(*) as total_deals
    FROM sales
    GROUP BY 1
),
```

```
moving_average_calculation_30 AS (
SELECT sales_transaction_date, total_deals,
AVG(total_deals) OVER (ORDER BY sales_transaction_date ROWS BETWEEN
30 PRECEDING and CURRENT ROW) AS deals_moving_average,
ROW_NUMBER() OVER (ORDER BY sales_transaction_date) as row_number
FROM daily_deals
ORDER BY 1
)

SELECT sales_transaction_date,
CASE WHEN row_number>=30 THEN deals_moving_average ELSE NULL END
AS deals_moving_average_30
FROM moving_average_calculation_30
WHERE sales_transaction_date>='2018-01-01'
AND sales_transaction_date<'2019-01-01';
```

上述代码的输出如图 3.34 所示。

sales_transaction_date date	deals_moving_average_30 numeric
2018-01-01	17.9354838709677419
2018-01-02	18.3548387096774194
2018-01-03	18.3548387096774194
2018-01-04	18.1290322580645161
2018-01-05	17.9354838709677419
2018-01-06	17.5806451612903226
2018-01-07	17.5161290322580645
2018-01-08	17.8064516129032258
2018-01-09	17.8709677419354839
2018-01-10	17.8387096774193548
2018-01-11	17.4193548387096774
2018-01-12	17.1935483870967742

图 3.34   30 天滚动平均销售额

（4）使用窗口函数根据总销售额计算每个经销商与其他经销商相比处于哪个十分位：

```
WITH total_dealership_sales AS
(
  SELECT dealership_id,
```

```
    SUM(sales_amount) AS total_sales_amount
  FROM sales
  WHERE
    sales_transaction_date>='2018-01-01'
   AND sales_transaction_date<'2019-01-01'
   AND channel='dealership'
  GROUP BY 1
)

SELECT *,
  NTILE(10) OVER (ORDER BY total_sales_amount)
FROM
  total_dealership_sales;
```

上述代码的输出如图 3.35 所示。

dealership_id double precision	total_sales_amount double precision	ntile integer
13	538079.414	1
9	618263.995	1
8	671619.251	2
4	905158.609	2
17	907058.842	3
20	949849.053	3
12	1086033.376	4
15	1197118.234	4
6	1316253.465	5
14	1551108.481	5
3	1622872.801	6
16	1981062.341	6

图 3.35　经销商销售额的十分位数

现在我们已经获得了一个按总销售额计算的每个经销商的十分位数列表。

ℹ **注意：**

要获得本小节源代码，请访问以下网址：

https://packt.live/2UAiOce

第 4 章 导入和导出数据

作业 4.01：使用外部数据集发现销售趋势

答案

（1）在开始执行分析之前，我们需要将数据集正确加载到 Python 中，并将其导出到数据库中。首先，使用以下链接从 GitHub 存储库下载数据集：

https://github.com/PacktWorkshops/The-Applied-SQL-Workshop/blob/master/Datasets/public_transportation_statistics_by_zip_code.csv

Linux 用户可使用以下 wget 命令：

```
wget https://github.com/PacktWorkshops/The-Applied-SQL-Workshop/blob/
master/Datasets/public_transportation_statistics_by_zip_code.csv
```

（2）或者，你也可以通过浏览器导航到该链接。在打开网页后，即可选择浏览器的 File（文件）| Save Page As（将页面另存为）选项，如图 4.23 所示。

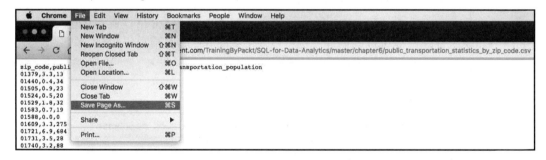

图 4.23 保存 .csv 文件

（3）接下来，创建一个新的 Jupyter 笔记本。

在命令行中输入 "jupyter notebook"（假设你还没有运行 Jupyter Notebook 服务器）。

在弹出的浏览器窗口中创建一个新的 Python 3 笔记本。

在第一个单元格中输入标准 import 语句和连接信息（将 your_X 替换为你的数据库连接的适当参数）：

```
from sqlalchemy import create_engine
import pandas as pd
```

```
%matplotlib inline

cnxn_string = ( "postgresql+psycopg2://{username}:{pswd}"
    "@{host}:{port}/{database}")
print(cnxn_string)
```

上述代码的输出如下：

```
postgresql+psycopg2://{username}:{pswd}@{host}:{port}/{database}
```

创建数据库引擎：

```
engine = create_engine(cnxn_string.format(
    username="your_username",
    pswd="your_password",
    host="your_host",
    port=5432,
    database=" sqlda")
)
```

（4）使用以下命令读取数据（将指定的路径替换为本地计算机上文件的路径）：

```
data = pd.read_csv("~/Downloads/public_transportation_statistics_by_
zip_code.csv", dtype={'zip_code':str})
```

（5）检查数据外观是否正确。其方法如下：创建一个新单元格，输入 data，然后按 Shift + Enter 组合键查看 data 的内容，也可以使用 data.head()仅查看前 5 行。

```
data.head()
```

该代码的输出如图 4.24 所示。

	zip_code	public_transportation_pct	public_transportation_population
0	01379	3.3	13
1	01440	0.4	34
2	01505	0.9	23
3	01524	0.5	20
4	01529	1.8	32

图 4.24　将公共交通数据读入 Pandas

（6）使用 data.to_sql()将数据传输到数据库。使用 psql_insert_copy 函数可以大大加快速度，当然，本示例中的数据集很小，所以这并不是必须的：

```
import csv
from io import StringIO

def psql_insert_copy(table, conn, keys, data_iter):
  # 获取可以提供游标的 DBAPI 连接
  dbapi_conn = conn.connection
  with dbapi_conn.cursor() as cur:
    s_buf = StringIO()
    writer = csv.writer(s_buf)
    writer.writerows(data_iter)
    s_buf.seek(0)

    columns = ', '.join('"{}"'.format(k) for k in keys)
    if table.schema:
     table_name = '{}.{}'.format(table.schema, table.name)
    else:
     table_name = table.name

    sql = 'COPY {} ({}) FROM STDIN WITH CSV'.format(
     table_name, columns)
    cur.copy_expert(sql=sql, file=s_buf)

data.to_sql('public_transportation_by_zip', engine, if_
exists='replace', method=psql_insert_copy)
```

也可以执行较慢的版本：

```
data.to_sql('public_transportation_by_zip', engine, if_
exists='replace')
```

至此，我们的数据库中已经有了数据，可以进行查询了。

（7）执行 max()函数查看 DataFrame 中的最大值：

```
data.max()
```

（8）执行 min()函数查看 DataFrame 中的最小值：

```
data.min()
```

（9）为了查看 public_transportation_pct 值的范围，可以简单地从数据库中进行查询。首先需要查询数据库：

```
engine.execute("""
SELECT
  MAX(public_transportation_pct) AS max_pct,
```

```
    MIN(public_transportation_pct) AS min_pct
FROM public_transportation_by_zip;
""").fetchall()
```

此查询得到的结果如图 4.25 所示。

max_pct	min_pct
100	-666666666

图 4.25　显示最小值和最大值

来看一下这个最大值和最小值，其中有一个奇怪的地方：最小值是-666666666。我们可以假设这些值是缺失值，所以可将它们从数据集中删除。

（10）通过在我们的数据库中运行查询来计算请求的销售额。请注意，这里必须基于我们的分析过滤掉小于 0 的错误百分比。做这件事有很多种方法，但是，以下答案是一个简洁的查询：

```
engine.execute("""
SELECT
  (public_transportation_pct > 10) AS is_high_public_transport,
  COUNT(s.customer_id) * 1.0 / COUNT(DISTINCT c.customer_id) AS
sales_per_customer
FROM
  customers c
INNER JOIN public_transportation_by_zip t
  ON t.zip_code = c.postal_code
LEFT JOIN sales s
  ON s.customer_id = c.customer_id
WHERE
  public_transportation_pct >= 0
GROUP BY
  1
LIMIT
  10;
;
""").fetchall()
```

下面是这个查询的解释。

我们可以通过查看与邮政编码相关的公共交通数据来识别居住在公共交通区域的客户。如果 public_transportation_pct > 10，则客户处于高使用率公共交通区域。我们可以按此表达式进行分组，以识别处于高使用率公共交通区域的人口。

我们可以通过计算销售额（例如，使用 COUNT(s.customer_id)聚合）并除以唯一客户数（例如，使用 COUNT(DISTINCT c.customer_id)聚合）来查看每个客户的销售额。因为要保留小数值，所以可乘以 1.0 将整个表达式转换为浮点数：

```
COUNT(s.customer_id) * 1.0 / COUNT(DISTINCT c.customer_id)
```

为了做到这一点，需要将客户数据加入到公共交通数据中，最后再加入到销售数据中。我们需要排除 public_transportation_pct 大于或等于 0 的所有邮政编码，以便排除缺失的数据（表示为-666666666）。

最后，我们得到的输出如图 4.26 所示。

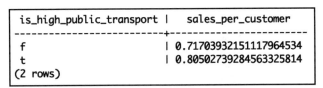

图 4.26　计算请求的销售额

由此可见，公共交通使用率高的地区的客户比公共交通使用率低的地区的客户购买的产品多 12%。

（11）从我们的数据库中读取这些数据，并添加一个 WHERE 子句以删除异常值。然后绘制这个查询的结果：

```
data = pd.read_sql_query("""
    SELECT *
    FROM public_transportation_by_zip
    WHERE public_transportation_pct > 0
    AND public_transportation_pct < 50""", engine)
data.plot.hist(y='public_transportation_pct')
```

其输出如图 4.27 所示。

（12）重新运行步骤（4）的命令以获取标准 to_sql()函数的时间：

```
%time data.to_sql('public_transportation_by_zip', engine, if_
exists='replace')
```

上述代码的输出如图 4.28 所示。

（13）根据邮政编码公共交通使用情况对客户进行分组，四舍五入到最接近的 10%，然后查看每个客户的平均交易次数。将此数据导出到 Excel 中并创建散点图，以更好地了解公共交通使用情况和销售之间的关系。

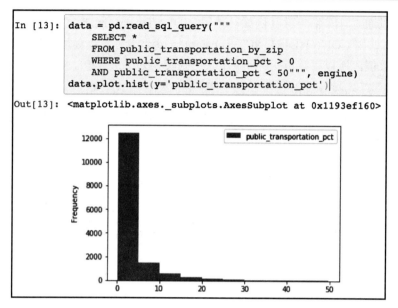

```
In [13]: data = pd.read_sql_query("""
         SELECT *
         FROM public_transportation_by_zip
         WHERE public_transportation_pct > 0
         AND public_transportation_pct < 50""", engine)
         data.plot.hist(y='public_transportation_pct')

Out[13]: <matplotlib.axes._subplots.AxesSubplot at 0x1193ef160>
```

图 4.27　包含公共交通数据分析的 Jupyter 笔记本

```
In [4]: import csv
        from io import StringIO

        def psql_insert_copy(table, conn, keys, data_iter):
            # gets a DBAPI connection that can provide a cursor
            dbapi_conn = conn.connection
            with dbapi_conn.cursor() as cur:
                s_buf = StringIO()
                writer = csv.writer(s_buf)
                writer.writerows(data_iter)
                s_buf.seek(0)

                columns = ', '.join('"{}"'.format(k) for k in keys)
                if table.schema:
                    table_name = '{}.{}'.format(table.schema, table.name)
                else:
                    table_name = table.name

                sql = 'COPY {} ({}) FROM STDIN WITH CSV'.format(
                    table_name, columns)
                cur.copy_expert(sql=sql, file=s_buf)

        %time data.to_sql('public_transportation_by_zip', engine, method=psql_insert_copy, if_exists='replace')
        CPU times: user 102 ms, sys: 21.1 ms, total: 123 ms          With COPY: ~1 Second
        Wall time: 1.2 s

In [5]: %time data.to_sql('public_transportation_by_zip', engine, if_exists='replace')
        CPU times: user 4.58 s, sys: 4.16 s, total: 8.75 s           Without COPY: ~9 minutes
        Wall time: 9min 15s
```

图 4.28　使用 COPY 插入记录比不使用 COPY 插入记录要快得多

原　　文	译　　文	原　　文	译　　文
With COPY: ~1 Second	使用 COPY：约 1 秒	Without COPY: ~9 minutes	不使用 COPY：约 9 分钟

对于这个分析，实际上可以调整步骤（6）中的查询：

```
data = pd.read_sql_query("""
SELECT
10 * ROUND(public_transportation_pct/10)
  AS public_transport,
COUNT(s.customer_id) * 1.0 / COUNT(DISTINCT c.customer_id)
AS sales_per_customer
FROM customers c
INNER JOIN public_transportation_by_zip t
  ON t.zip_code = c.postal_code
LEFT JOIN sales s ON s.customer_id = c.customer_id
WHERE public_transportation_pct >= 0
GROUP BY 1
""", engine)
    data.to_csv('sales_vs_public_transport_pct.csv')
```

首先，我们希望将查询结果放入 Python 变量数据中，以便稍后可以将结果轻松写入 CSV 文件中。

接下来是比较棘手的部分：我们想以某种方式汇总公共交通统计数据。我们能做的就是将这个百分比四舍五入到最接近的 10%，所以 22%会变成 20%，而 39%会变成 40%。可以通过将百分比数（表示为 0.0～100.0）除以 10，四舍五入，然后再乘以 10 来实现：

```
10 * ROUND(public_transportation_pct/10)
```

查询其余部分的逻辑在步骤（6）中已经进行了说明。

（14）在 Excel 中打开 sales_vs_public_transport_pct.csv 文件并创建其散点图（选择"仅带数据标记的散点图"选项），如图 4.29 所示。

在创建散点图后，即可得到如图 4.30 所示的结果，这表明该地理区域的公共交通使用情况与销售额之间存在明显的正相关关系。

基于所有这些分析，我们可以说"有公共交通的地区"和"对电动汽车的需求"之间存在正相关关系。直观地说，这是有道理的，因为电动汽车可以提供一种替代公共交通的交通选择，以方便在城市中出行。基于此分析，我们建议 ZoomZoom 管理层应考虑在公共交通使用率高的地区和城市地区进行扩张。

🛈 **注意：**

要获得本小节源代码，请访问以下网址：

https://packt.live/3hniqYk

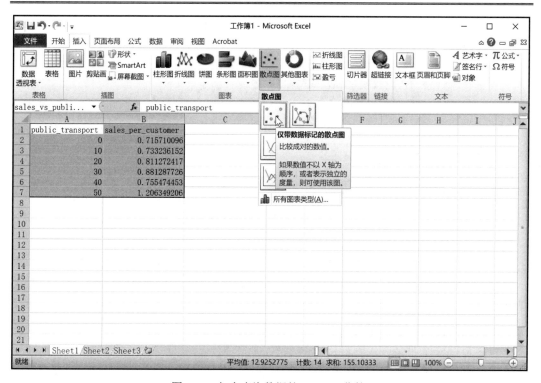

图 4.29 包含查询数据的 Excel 工作簿

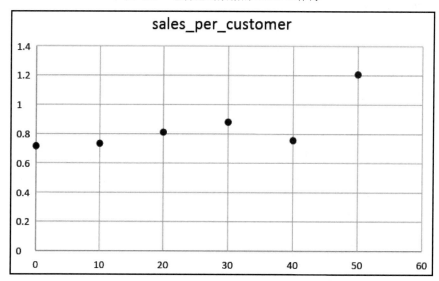

图 4.30 每位客户的销售额与公共交通使用百分比

第 5 章　使用复合数据类型进行分析

作业 5.01：销售搜索和分析

答案

（1）在 customer_sales 表上创建物化视图。如果已存在同名视图，则需要在 CREATE 语句之前执行 DROP IF EXISTS 语句。

```
DROP MATERIALIZED VIEW IF EXISTS customer_search;

CREATE MATERIALIZED VIEW customer_search AS (
  SELECT
    customer_json -> 'customer_id' AS customer_id,
    customer_json,
    to_tsvector('english', customer_json) AS search_vector
  FROM customer_sales
);
```

这为我们提供了以下格式的表（为便于阅读而缩短了输出）：

```
SELECT * FROM customer_search LIMIT 1;
```

上述代码的输出如图 5.27 所示。

```
customer_id  | 1
customer_json | {"email": "ariveles0@stumbleupon.com", "phone": null, "sales": [{"product_id": 7, "produ
ct_name": "Bat", "sales_amount": 479.992, "sales_transaction_date": "2017-07-19T08:38:41"}], "last_name"
: "Riveles", "date_added": "2017-04-23T00:00:00", "first_name": "Arlena", "customer_id": 1}
search_vector | '-04':15 '-07':6 '-19':7 '-23':16 '00':18,19 '2017':5,14 '38':9 '41':10 'ariveles0@stumb
leupon.com':1 'arlena':21 'bat':3 'rivel':12 't00':17 't08':8

Time: 1.678 ms
```

图 5.27　customer_search 表中的示例记录

（2）现在可以根据销售人员的请求来搜索记录，使用以下带有 Danny Bat 关键字的简单查询来搜索购买过 Bat 小型摩托车的客户 Danny：

```
SELECT
  customer_json
FROM
  customer_search
WHERE
  search_vector @@ plainto_tsquery('english', 'Danny Bat');
```

这会产生 8 个匹配的行，如图 5.28 所示。

```
{"email": "darundale87e@nytimes.com", "phone": null, "sales": [{"product_id": 8, "product_name": "Bat Limited Edition", "sale
s_amount": 699.99, "sales_transaction_date": "2017-05-16T08:41:03"}], "last_name": "Arundale", "date_added": "2016-10-15T00:00
:00", "first_name": "Danni", "customer_id": 10635}
 {"email": "dsinkins8vv@theatlantic.com", "phone": null, "sales": [{"product_id": 7, "product_name": "Bat", "sales_amount": 59
9.99, "sales_transaction_date": "2018-01-10T14:25:09"}], "last_name": "Sinkins", "date_added": "2018-01-20T00:00:00", "first_n
ame": "Danny", "customer_id": 11516}
 {"email": "dfalkusrnr@mysql.com", "phone": "360-138-1212", "sales": [{"product_id": 7, "product_name": "Bat", "sales_amount":
599.99, "sales_transaction_date": "2018-08-07T01:05:05"}, {"product_id": 3, "product_name": "Lemon", "sales_amount": 399.992,
 "sales_transaction_date": "2018-07-05T09:51:51"}], "last_name": "Falkus", "date_added": "2018-06-16T00:00:00", "first_name":
"Dan
nie", "customer_id": 35848}
 {"email": "dtyddwax@weebly.com", "phone": "626-781-3263", "sales": [{"product_id": 7, "product_name": "Bat", "sales_amount":
479.992, "sales_transaction_date": "2016-12-15T07:12:57"}], "last_name": "Tydd", "date_added": "2016-12-08T00:00:00", "first_n
ame": "Dannie", "customer_id": 41866}
 {"email": "dberthelmotxt5@jigsy.com", "phone": "559-535-5099", "sales": [{"product_id": 8, "product_name": "Bat Limited Editi
on", "sales_amount": 699.99, "sales_transaction_date": "2019-01-30T12:58:20"}], "last_name": "Berthelmot", "date_added": "2018
-01-09T00:00:00", "first_name": "Danni", "customer_id": 43818}
 {"email": "ddanev1b5@geocities.com", "phone": "415-491-7645", "sales": [{"product_id": 7, "product_name": "Bat", "sales_amoun
t": 479.992, "sales_transaction_date": "2017-07-12T01:07:30"}, {"product_id": 3, "product_name": "Lemon", "sales_amount": 499.
99, "sales_transaction_date": "2016-12-09T08:02:24"}, {"product_id": 3, "product_name": "Lemon", "sales_amount": 499.99, "sale
s_transaction_date": "2015-08-09T15:56:15"}], "last_name": "Danev", "date_added": "2015-08-21T00:00:00", "first_name": "Danni"
, "customer_id": 1698}
 {"email": "dlamondpy0@soundcloud.com", "phone": "585-779-9709", "sales": [{"product_id": 7, "product_name": "Bat", "sales_amo
unt": 599.99, "sales_transaction_date": "2017-01-01T22:30:02"}, {"product_id": 3, "product_name": "Lemon", "sales_amount": 499
.99, "sales_transaction_date": "2016-12-19T03:55:45"}], "last_name": "Lamond", "date_added": "2016-12-17T00:00:00", "first_nam
e": "Danny", "customer_id": 33625}
 {"email": "dmagister113r@canalblog.com", "phone": "860-336-0719", "sales": [{"product_id": 8, "product_name": "Bat Limited Ed
ition", "sales_amount": 699.99, "sales_transaction_date": "2017-03-14T02:25:39"}], "last_name": "Magister", "date_added": "201
7-02-27T00:00:00", "first_name": "Danni", "customer_id": 48088}
(8 rows)
```

图 5.28　Danny Bat 查询的匹配结果

（3）在这个复杂的任务中，我们需要找到既匹配 scooter（小型摩托车）又匹配 automobile
（汽车）的客户。这意味着我们需要对 scooter 和 automobile 的每个组合执行查询。

为了获得 scooter 和 automobile 的每一个独特组合，可执行一个简单的交叉连接：

```
SELECT DISTINCT
  p1.model,
  p2.model
FROM
  products p1
CROSS JOIN products p2
  WHERE p1.product_type = 'scooter'
  AND p2.product_type = 'automobile'
  AND p1.model NOT ILIKE '%Limited Edition%';
```

这会产生如图 5.29 所示的输出。

（4）将输出转换为查询：

```
SELECT DISTINCT
  plainto_tsquery('english', p1.model) &&
  plainto_tsquery('english', p2.model)
FROM
```

```
  products p1
LEFT JOIN
  products p2 ON TRUE
  WHERE p1.product_type = 'scooter'
  AND p2.product_type = 'automobile'
  AND p1.model NOT ILIKE '%Limited Edition%';
```

这会产生如图 5.30 所示的结果。

```
   model    |    model
------------+-------------
Bat         | Model Chi
Bat         | Model Epsilon
Bat         | Model Gamma
Bat         | Model Sigma
Blade       | Model Chi
Blade       | Model Epsilon
Blade       | Model Gamma
Blade       | Model Sigma
Lemon       | Model Chi
Lemon       | Model Epsilon
Lemon       | Model Gamma
Lemon       | Model Sigma
Lemon Zester| Model Chi
Lemon Zester| Model Epsilon
Lemon Zester| Model Gamma
Lemon Zester| Model Sigma
(16 rows)
```

图 5.29   scooter 和 automobile 的所有组合

```
'bat' & 'model' & 'chi'
'bat' & 'model' & 'sigma'
'blade' & 'model' & 'chi'
'lemon' & 'model' & 'chi'
'bat' & 'model' & 'gamma'
'blade' & 'model' & 'sigma'
'lemon' & 'model' & 'sigma'
'bat' & 'model' & 'epsilon'
'blade' & 'model' & 'gamma'
'lemon' & 'model' & 'gamma'
'blade' & 'model' & 'epsilon'
'lemon' & 'model' & 'epsilon'
'lemon' & 'zester' & 'model' & 'chi'
'lemon' & 'zester' & 'model' & 'sigma'
'lemon' & 'zester' & 'model' & 'gamma'
'lemon' & 'zester' & 'model' & 'epsilon'
(16 rows)
```

图 5.30   每个 scooter 和 automobile 组合的查询

（5）使用这些 tsquery 对象中的每一个查询我们的数据库并计算每个对象的出现次数：

```
SELECT
  sub.query,
  (
    SELECT COUNT(1)
    FROM customer_search
    WHERE customer_search.search_vector @@ sub.query)
FROM (
  SELECT DISTINCT
    plainto_tsquery('english', p1.model) &&
    plainto_tsquery('english', p2.model) AS query
  FROM products p1
    LEFT JOIN products p2 ON TRUE
  WHERE p1.product_type = 'scooter'
    AND p2.product_type = 'automobile'
    AND p1.model NOT ILIKE '%Limited Edition%'
```

```
) sub
ORDER BY 2 DESC;
```

上述查询的输出如图 5.31 所示。

```
                        query                   |  count
------------------------------------------------+--------
 'lemon' & 'model' & 'sigma'                     |    340
 'lemon' & 'model' & 'chi'                       |    331
 'bat' & 'model' & 'epsilon'                     |    241
 'bat' & 'model' & 'sigma'                       |    226
 'bat' & 'model' & 'chi'                         |    221
 'lemon' & 'model' & 'epsilon'                   |    217
 'bat' & 'model' & 'gamma'                       |    153
 'lemon' & 'model' & 'gamma'                     |    133
 'lemon' & 'zester' & 'model' & 'chi'            |     28
 'lemon' & 'zester' & 'model' & 'epsilon'        |     22
 'blade' & 'model' & 'chi'                       |     21
 'lemon' & 'zester' & 'model' & 'sigma'          |     17
 'blade' & 'model' & 'sigma'                     |     12
 'lemon' & 'zester' & 'model' & 'gamma'          |     11
 'blade' & 'model' & 'epsilon'                   |      4
 'blade' & 'model' & 'gamma'                     |      4
(16 rows)
```

图 5.31　每个 scooter 和 automobile 组合的客户数量

虽然这里可能有多种因素在起作用，但我们看到 lemon 小型摩托车和 sigma 汽车是最常一起购买的组合，其次是 lemon 小型摩托车和 chi 汽车。bat 也经常与这两种型号以及 epsilon 型号一起购买。

其他组合不太常见，似乎客户很少购买 lemon zester、blade 或 gamma 车型。

ℹ 注意：

要获得本小节源代码，请访问以下网址：

https://packt.live/30HeICS

第 6 章　高性能 SQL

作业 6.01：查询计划

请注意，查询执行计划的输出产生的性能指标将根据系统配置而有所不同。

答案

（1）打开 PostgreSQL，连接到 sqlda 数据库：

```
C:\> psql sqlda
```

（2）使用 EXPLAIN 命令返回用于选择 customers 表中所有可用记录的查询计划：

```
sqlda=# EXPLAIN SELECT * FROM customers;
```

此查询将从计划器生成如图 6.63 所示的输出。

```
                             QUERY PLAN
--------------------------------------------------------------
 Seq Scan on customers  (cost=0.00..1536.00 rows=50000 width=140)
(1 row)
```

图 6.63　查询计划器的输出

可以看到，其设置成本为 0，总查询成本为 1536，行数为 50000，每行宽度为 140。该成本实际上是指成本单位，行数以行为单位，宽度以字节为单位。

（3）重复本作业步骤（2）的查询，这次将返回的记录数限制为 15：

```
sqlda=# EXPLAIN SELECT * FROM customers LIMIT 15;
```

此查询将从计划器生成如图 6.64 所示的输出。

```
                             QUERY PLAN
--------------------------------------------------------------
 Limit  (cost=0.00..0.46 rows=15 width=140)
    -> Seq Scan on customers  (cost=0.00..1536.00 rows=50000 width=140)
(2 rows)
```

图 6.64　限制为 15 行的计划器的输出

可以看到该查询涉及两个步骤，限制步骤的总成本为 0.46 个单位。

（4）生成查询计划，选择居住在纬度 30°～40°范围内的客户的所有行：

```
sqlda=# EXPLAIN SELECT *
                FROM customers
                WHERE latitude > 30 and latitude < 40;
```

该查询将从计划器生成如图 6.65 所示的输出。

```
                             QUERY PLAN
--------------------------------------------------------------
 Seq Scan on customers  (cost=0.00..1786.00 rows=26439 width=140)
   Filter: ((latitude > '30'::double precision) AND (latitude < '40'::double precision))
(2 rows)
```

图 6.65　居住在纬度 30°～40°度范围内的客户的查询计划

总计划成本为 1786 个单位，它返回 26439 行。

ⓘ **注意：**

要获得本小节源代码，请访问以下网址：

https://packt.live/3hkx5n3

作业 6.02：实现索引扫描

答案

（1）使用 EXPLAIN 和 ANALYZE 命令配置查询计划以搜索 IP 地址为 18.131.58.65 的所有记录：

```
EXPLAIN ANALYZE SELECT *
              FROM customers
              WHERE ip_address = '18.131.58.65';
```

其输出如图 6.66 所示。

```
                                           QUERY PLAN
----------------------------------------------------------------------------------------------------
 Seq Scan on customers  (cost=0.00..1661.00 rows=1 width=140) (actual time=0.019..15.592 rows=1 loops=1)
   Filter: (ip_address = '18.131.58.65'::text)
   Rows Removed by Filter: 49999
 Planning Time: 0.191 ms
 Execution Time: 15.625 ms
(5 rows)
```

图 6.66　在 ip_address 上使用过滤器的顺序扫描

该查询需要 0.191 ms 来计划和 15.625 ms 来执行。

（2）根据 IP 地址列创建通用索引：

```
CREATE INDEX ON customers(ip_address);
```

（3）重新运行步骤（1）的查询，注意执行时间：

```
EXPLAIN ANALYZE SELECT *
              FROM customers
              WHERE ip_address = '18.131.58.65';
```

上述代码的输出如图 6.67 所示。

```
                                                     QUERY PLAN
----------------------------------------------------------------------------------------------------------------
 Index Scan using customers_ip_address_idx on customers  (cost=0.29..8.31 rows=1 width=140) (actual time=0.072..0.075 rows=1 loops=1)
   Index Cond: (ip_address = '18.131.58.65'::text)
 Planning Time: 0.467 ms
 Execution Time: 0.123 ms
(4 rows)
```

图 6.67　在 ip_address 上使用过滤器的索引扫描

该查询需要 0.467 ms 来计划和 0.123 ms 来执行。

（4）根据 IP 地址列创建更详细的索引，条件就是 IP 地址为 18.131.58.65：

```
CREATE  INDEX  ix_ip_where ON customers(ip_address)
                         WHERE ip_address = '18.131.58.65';
```

（5）重新运行步骤（1）的查询，注意执行时间：

```
EXPLAIN ANALYZE SELECT *
              FROM customers
              WHERE ip_address = '18.131.58.65';
```

上述代码的输出如图 6.68 所示。

```
                                       QUERY PLAN
--------------------------------------------------------------------------------------------
Index Scan using ix_ip_where on customers  (cost=0.12..8.14 rows=1 width=140) (actual time=0.021..0.023 rows=1 loops=1)
Planning Time: 0.458 ms
Execution Time: 0.056 ms
(3 rows)
```

图 6.68　由于更具体的索引而减少了执行时间的查询计划

该查询需要 0.458 ms 来计划和 0.056 ms 来执行。

可以看到，两个索引都花费了大约相同的时间来计划，指定确切 IP 地址的索引执行起来要快得多，而且计划起来也稍微快一些。

（6）使用 EXPLAIN 和 ANALYZE 命令配置查询计划以搜索所有后缀为 Jr 的记录：

```
EXPLAIN ANALYZE SELECT *
              FROM customers
              WHERE suffix = 'Jr';
```

其输出如图 6.69 所示。

```
                                       QUERY PLAN
--------------------------------------------------------------------------------------------
Seq Scan on customers  (cost=0.00..1661.00 rows=107 width=140) (actual time=0.023..14.191 rows=102 loops=1)
  Filter: (suffix = 'Jr'::text)
  Rows Removed by Filter: 49898
Planning Time: 0.153 ms
Execution Time: 14.238 ms
(5 rows)
```

图 6.69　使用后缀过滤的顺序扫描的查询计划

该查询需要 0.153 ms 的计划时间和 14.238 ms 的执行时间。

（7）根据后缀地址列创建通用索引：

```
CREATE INDEX ix_jr ON customers(suffix);
```

（8）重新运行步骤（6）的查询，注意执行时间：

```
EXPLAIN ANALYZE SELECT *
              FROM customers
              WHERE suffix = 'Jr';
```

其输出如图 6.70 所示。

```
                                  QUERY PLAN
-------------------------------------------------------------------------------------
Bitmap Heap Scan on customers  (cost=5.12..318.44 rows=107 width=140) (actual time=0.146..0.440 rows=102 loops=1)
  Recheck Cond: (suffix = 'Jr'::text)
  Heap Blocks: exact=100
  -> Bitmap Index Scan on ix_jr  (cost=0.00..5.09 rows=107 width=0) (actual time=0.092..0.092 rows=102 loops=1)
        Index Cond: (suffix = 'Jr'::text)
Planning Time: 0.411 ms
Execution Time: 0.511 ms
(7 rows)
```

图 6.70　在后缀列上创建索引后扫描的查询计划

可以看到，计划时间明显增加，但执行时间的改进超过了这一成本，执行时间从 14.238 ms 减少到 0.511 ms。

ⓘ 注意：

要获得本小节源代码，请访问以下网址：

https://packt.live/3fkj72G

作业 6.03：实现哈希索引

答案

（1）使用 EXPLAIN 和 ANALYZE 命令确定选择电子邮件主题为 Shocking Holiday Savings On Electric Scooters（电动摩托车假期大放价）的所有行的计划时间和成本，以及执行时间和成本：

```
EXPLAIN ANALYZE SELECT *
              FROM emails
              WHERE
              email_subject='Shocking Holiday Savings On Electric
Scooters';
```

其输出如图 6.71 所示。

```
                                  QUERY PLAN
-------------------------------------------------------------------------------------
Seq Scan on emails  (cost=0.00..10651.98 rows=19863 width=79) (actual time=7.843..117.840 rows=19873 loops=1)
  Filter: (email_subject = 'Shocking Holiday Savings On Electric Scooters'::text)
  Rows Removed by Filter: 398285
Planning Time: 0.117 ms
Execution Time: 119.801 ms
(5 rows)
```

图 6.71　对 emails 表进行顺序扫描的性能

可以看到，该计划时间为 0.117 ms，执行时间为 119.801 ms。设置查询没有成本，但执行它的成本为 10652。

（2）使用 EXPLAIN 和 ANALYZE 命令确定选择电子邮件主题为 Black Friday, Green Cars（黑色星期五，绿色小汽车）的所有行的计划时间和成本，以及执行时间和成本：

```
EXPLAIN ANALYZE SELECT *
    FROM emails
    WHERE email_subject='Black Friday. Green Cars.';
```

其输出如图 6.72 所示。

```
                              QUERY PLAN
----------------------------------------------------------------------------------------
Seq Scan on emails  (cost=0.00..10651.98 rows=40645 width=79) (actual time=65.643..124.249 rows=41399 loops=1)
  Filter: (email_subject = 'Black Friday. Green Cars.'::text)
  Rows Removed by Filter: 376759
Planning Time: 0.097 ms
Execution Time: 127.736 ms
(5 rows)
```

图 6.72　查找不同电子邮件主题值的顺序扫描的性能

可以看到，该查询的计划时间大约为 0.097 ms，执行时间为 127.736 ms。

这种执行时间的增加可以部分归因于返回的行数的增加。同样，这里没有设置成本，但类似的执行成本为 10652。

（3）创建 email_subject 字段的哈希扫描：

```
CREATE  INDEX ix_email_subject ON emails
    USING HASH(email_subject);
```

（4）重复运行步骤（1）并比较两个输出：

```
EXPLAIN ANALYZE SELECT *
    FROM emails
    WHERE email_subject='Shocking Holiday Savings On Electric
Scooters';
```

其输出如图 6.73 所示。

```
                              QUERY PLAN
----------------------------------------------------------------------------------------
Bitmap Heap Scan on emails  (cost=641.94..6315.23 rows=19863 width=79) (actual time=2.096..15.061 rows=19873 loops=1)
  Recheck Cond: (email_subject = 'Shocking Holiday Savings On Electric Scooters'::text)
  Heap Blocks: exact=289
  ->  Bitmap Index Scan on ix_email_subject  (cost=0.00..636.97 rows=19863 width=0) (actual time=1.936..1.936 rows=19873 loops=1)
        Index Cond: (email_subject = 'Shocking Holiday Savings On Electric Scooters'::text)
Planning Time: 0.130 ms
Execution Time: 17.028 ms
(7 rows)
```

图 6.73　使用哈希索引的查询计划器的输出

该查询计划显示我们新创建的哈希索引正在被使用，并且显著减少了超过 100 ms 的执行时间和成本。计划时间和计划成本略有增加，但这两者很容易被执行时间的减少所抵消。

（5）重复运行步骤（2）并比较两个输出：

```
EXPLAIN ANALYZE SELECT *
      FROM emails
      WHERE email_subject='Black Friday. Green Cars.';
```

上述代码的输出如图 6.74 所示。

```
                                     QUERY PLAN
-------------------------------------------------------------------------------------------------
Bitmap Heap Scan on emails  (cost=1311.00..7244.06 rows=40645 width=79) (actual time=4.085..29.296 rows=41399 loops=1)
  Recheck Cond: (email_subject = 'Black Friday. Green Cars.'::text)
  Heap Blocks: exact=531
  -> Bitmap Index Scan on ix_email_subject  (cost=0.00..1300.84 rows=40645 width=0) (actual time=3.817..3.817 rows=41399 loops=1)
        Index Cond: (email_subject = 'Black Friday. Green Cars.'::text)
Planning Time: 0.403 ms
Execution Time: 33.216 ms
(7 rows)
```

图 6.74　性能较差的哈希索引的查询计划器输出

同样，我们可以看到计划和执行费用的减少。但是，Black Friday, Green Cars（黑色星期五，绿色小汽车）搜索的减少不如 Shocking Holiday Savings On Electric Scooters（电动摩托车假期大放价）搜索中的减少。

更仔细地研究一下，可以看到对索引的扫描大约要长两倍，但在后一个示例中也有大约两倍的记录。由此，我们可以得出结论：该增加仅仅是由于查询返回的记录数增加。

（6）创建 customer_id 字段的哈希扫描：

```
CREATE  INDEX ix_customer_id ON emails
      USING HASH(customer_id);
```

（7）使用 EXPLAIN 和 ANALYZE 估计选择所有 customer_id 值大于 100 的行所需的时间。其查询如下：

```
EXPLAIN ANALYZE SELECT *
      FROM emails
      WHERE customer_id > 100;
```

其输出如图 6.75 所示。

```
                                     QUERY PLAN
-------------------------------------------------------------------------------------------------
Seq Scan on emails  (cost=0.00..10651.98 rows=417309 width=79) (actual time=0.024..121.483 rows=417315 loops=1)
  Filter: (customer_id > 100)
  Rows Removed by Filter: 843
Planning Time: 0.199 ms
Execution Time: 152.656 ms
(5 rows)
```

图 6.75　查询计划器由于限制而忽略哈希索引

可以看到，最终执行时间为 152.656 ms，计划时间为 0.199 ms。

ℹ️ **注意：**

要获得本小节源代码，请访问以下网址：

https://packt.live/2YqkWVf

作业 6.04：实现高性能连接

答案

（1）打开 PostgreSQL，连接到 sqlda 数据库：

```
$ psql sqlda
```

（2）确定已发送电子邮件的客户列表（customer_id、first_name 和 last_name），包括电子邮件主题的信息以及他们是否打开并单击了电子邮件。产生的结果表应包括 customer_id、first_name、last_name、opened 和 clicked 列：

```
sqlda=# SELECT customers.customer_id, customers.first_name, customers.
last_name, emails.opened, emails.clicked
FROM customers INNER JOIN emails ON customers.customer_id=emails.
customer_id;
```

图 6.76 显示了上述代码的输出。

customer_id	first_name	last_name	opened	clicked
18	Mareah	Edgell	f	f
30	Kath	Rivel	f	f
41	Rycca	Oakwell	t	f
52	Giusto	Backe	f	f
59	Laurene	Lobbe	f	f
78	West	Hampson	f	f
82	Claudie	Cancott	f	f
84	Nels	Beefon	f	f
103	Natalina	Dell 'Orto	f	f
119	Hugibert	Bullocke	f	f
132	Orrin	Evennett	f	f
134	Emmalyn	Hackney	f	f
135	Myrilla	Starcks	f	f
137	Cindee	Prandi	f	f

图 6.76 连接的 customers 和 emails 表

（3）将结果表保存到新表 customer_emails：

```
sqlda=# SELECT customers.customer_id, customers.first_name, customers.
last_name, emails.opened, emails.clicked
INTO customer_emails FROM customers INNER JOIN emails ON customers.
customer_id=emails.customer_id;
```

（4）查找已打开和单击电子邮件的客户：

```
SELECT *
FROM customer_emails
WHERE clicked='t' and opened='t';
```

上述代码的输出如图 6.77 所示。

customer_id	first_name	last_name	opened	clicked
554	Chet	Melchior	t	t
673	Hirsch	Kulver	t	t
1255	Randi	Benzing	t	t
1916	Gabrielle	Skeermer	t	t
2109	Augie	Rhymer	t	t
2308	Natale	Ruddiman	t	t
2909	Wilton	Silversmid	t	t
3367	Aidan	Hinzer	t	t
3718	Myrah	Capstack	t	t
4013	Dalton	Turrill	t	t
4303	Benson	Pruvost	t	t
4370	Krystle	Roiz	t	t
6405	Valaree	Wedmore	t	t

图 6.77　已打开和单击电子邮件的客户

（5）找到所在城市有经销商的客户。如果客户所在城市没有经销商，那么其 city（城市）列应该有一个空白值：

```
sqlda=# SELECT customers.customer_id, customers.first_name, customers.
last_name, customers.city
FROM customers
LEFT JOIN dealerships on customers.city=dealerships.city;
```

其输出如图 6.78 所示。

（6）将这些结果保存到一个名为 customer_dealers 的表中：

```
sqlda=# SELECT customers.customer_id, customers.first_name, customers.
last_name, customers.city INTO customer_dealers FROM customers LEFT
JOIN dealerships on customers.city=dealerships.city;
```

（7）列出所在城市没有经销商的客户（提示：空白字段为 NULL）：

```
sqlda=# SELECT * from customer_dealers WHERE city is NULL;
```

```
customer_id |  first_name  |   last_name   |      city
------------+--------------+---------------+----------------
          1 | Arlena       | Riveles       |
          2 | Ode          | Stovin        | Saint Louis
          3 | Braden       | Jordan        | Pensacola
          4 | Jessika      | Nussen        | Nashville
          5 | Lonnie       | Rembaud       | Miami
          6 | Cortie       | Locksley      | Miami
          7 | Wood         | Kennham       | Orlando
          8 | Rutger       | Humblestone   | New Haven
          9 | Melantha     | Tibb          | Shawnee Mission
         10 | Barbara-anne | Gowlett       | El Paso
         11 | Urbano       | Middlehurst   | Tulsa
```

图 6.78　customers 和 dealerships 的左连接

图 6.79 显示了上述代码的输出。

```
customer_id |  first_name  |   last_name   | city
------------+--------------+---------------+------
          1 | Arlena       | Riveles       |
         12 | Tyne         | Duggan        |
         21 | Pryce        | Geist         |
         24 | Barbi        | Lanegran      |
         30 | Kath         | Rivel         |
         38 | Carter       | Lagneaux      |
         44 | Waldemar     | Paroni        |
         49 | Hannah       | McGlew        |
         56 | Riva         | Cathesyed     |
         63 | Gweneth      | Maior         |
         70 | Caty         | Woolveridge   |
         72 | Jodi         | Fautly        |
```

图 6.79　没有城市信息的客户

上述输出显示了所在城市没有经销商的客户的列表。

ⓘ 注意：

要获得本小节源代码，请访问以下网址：

https://packt.live/3ffCSZq

作业 6.05：定义最大销售额函数

答案

（1）连接到 sqlda 数据库。以下命令将仅在 SQL CMD 中运行，而不在 pgadmin 中运行：

```
$ psql sqlda postgres
```

（2）创建一个名为 max_sale 的函数，它不接受任何输入参数，但返回一个名为 big_sale 的数值：

```
sqlda=# CREATE FUNCTION max_sale() RETURNS integer AS $big_sale$
```

（3）声明 big_sale 变量并开始函数：

```
sqlda$# DECLARE big_sale numeric;
sqlda$# BEGIN
```

（4）将最大销售额赋值给 big_sale 变量：

```
sqlda$# SELECT MAX(sales_amount) INTO big_sale FROM sales;
```

（5）返回 big_sale 的值：

```
sqlda$# RETURN big_sale;
```

（6）使用 LANGUAGE 语句结束函数：

```
sqlda$# END; $big_sale$
sqlda-# LANGUAGE PLPGSQL;
```

（7）调用函数以查找数据库中最大的销售额是多少：

```
sqlda=# SELECT MAX(sales_amount) FROM sales;
```

上述代码的输出如下：

```
Max
-------
115000
(1 row)
```

函数找到了数据库中的最高销售额为 115000。

ℹ️ 注意：

要获得本小节源代码，请访问以下网址：

https://packt.live/2ztZshK

练习 6.06：创建带参数的函数

答案

（1）为名为 avg_sales_window 的函数创建函数定义，该函数返回一个数值并采用 DATE 值以 YYYY-MM-DD 形式指定日期：

```
sqlda=# CREATE FUNCTION avg_sales_window(from_date DATE, to_date
DATE) RETURNS numeric AS $sales_avg$
```

（2）将返回变量声明为 numeric 数据类型并开始函数：

```
sqlda$# DECLARE sales_avg numeric;
sqlda$# BEGIN
```

（3）在销售交易日期大于指定日期的返回变量中选择平均销售额：

```
sqlda$# SELECT AVG(sales_amount) FROM sales INTO sales_avg WHERE
sales_transaction_date > from_date AND sales_transaction_date < to_
date;
```

（4）返回函数变量，结束函数，指定 LANGUAGE 语句：

```
sqlda$# RETURN sales_avg;
sqlda$# END; $sales_avg$
sqlda-# LANGUAGE PLPGSQL;
```

（5）使用函数确定自 2013-04-12 至 2014-04-12 以来的平均销售额：

```
sqlda=# SELECT avg_sales_window('2013-04-12', '2014-04-12');
```

上述代码的输出如下：

```
avg_sales_window
----------------
477.686246311006
(1 row)
```

最终输出显示特定日期内的平均销售额约为 477.687。

ⓘ 注意：
要获得本小节源代码，请访问以下网址：

https://packt.live/2UCxY0A

作业 6.07：创建触发器以跟踪平均购买量

答案

（1）连接到 smalljoins 数据库：

```
$ psql smalljoins
```

（2）创建一个名为 avg_qty_log 的新表，该表由一个 order_id integer 字段和一个

avg_qty numeric 字段组成：

```
smalljoins=# CREATE TABLE avg_qty_log (order_id integer, avg_qty
numeric);
```

（3）创建一个名为 avg_qty 的函数，它不接受任何参数但是会返回一个触发器。该函数计算所有订单数量（order_info.qty）的平均值，并将平均值与最近的 order_id 一起插入 avg_qty 中：

```
smalljoins=# CREATE FUNCTION avg_qty() RETURNS TRIGGER AS $_avg$
smalljoins$# DECLARE _avg numeric;
smalljoins$# BEGIN
smalljoins$# SELECT AVG(qty) INTO _avg FROM order_info;
smalljoins$# INSERT INTO avg_qty_log (order_id, avg_qty) VALUES (NEW.
order_id, _avg);
smalljoins$# RETURN NEW;
smalljoins$# END; $_avg$
smalljoins-# LANGUAGE PLPGSQL;
```

（4）创建一个名为 avg_trigger 的触发器，该触发器在将每一行记录插入 order_info 表后都会调用 avg_qty 函数：

```
smalljoins=# CREATE TRIGGER avg_trigger
smalljoins-# AFTER INSERT ON order_info
smalljoins-# FOR EACH ROW
smalljoins-# EXECUTE PROCEDURE avg_qty();
```

（5）在 order_info 表中插入一些新行，数量分别为 6、7 和 8：

```
smalljoins=# SELECT insert_order(3, 'GROG1', 6);
smalljoins=# SELECT insert_order(4, 'GROG1', 7);
smalljoins=# SELECT insert_order(1, 'GROG1', 8);
```

（6）查看 avg_qty_log 中的条目，了解每个订单的平均数量是否在增加：

```
smalljoins=# SELECT * FROM avg_qty_log;
```

图 6.80 显示了上述代码的输出。

```
order_id |       avg_qty
---------+--------------------
    1625 | 4.7500000000000000
    1626 | 5.0000000000000000
    1627 | 5.3000000000000000
(3 rows)
```

图 6.80　随时间变化的平均订单数量

通过这些订单和日志中的条目，我们可以看到，每个订单的平均商品数量有所增加。

ℹ️ **注意：**

要获得本小节源代码，请访问以下网址：

https://packt.live/2MUJVdG

作业 6.08：终止长时间运行的查询

答案

（1）启动两个独立的 SQL 解释器：

```
C:\> psql sqlda
```

（2）在第一个终端执行 sleep 命令，设置参数为 1000（秒）：

```
sqlda=# SELECT pg_sleep(1000);
```

（3）在第二个终端找到 sleep 查询的进程 ID：

```
sqlda=# SELECT pid, query FROM pg_stat_activity WHERE state =
'active';
```

该查询的输出如图 6.81 所示。

```
 pid   |                          query
-------+--------------------------------------------------------------
 14117 | SELECT pid, query FROM pg_stat_activity WHERE state = 'active';
 14131 | SELECT pg_sleep(1000);
(2 rows)
```

图 6.81　查找 pg_sleep 的 pid 值

（4）有了 pid 值之后，即可使用 pg_terminate_backend 命令强制终止 sleep 命令：

```
sqlda=# SELECT pg_terminate_backend(14131);
```

上述代码的输出如下：

```
pg_terminate_backend
--------------------
t
(1 row)
```

（5）在第一个终端验证 sleep 命令是否已终止。注意解释器返回的消息：

```
sqlda=# SELECT pg_sleep(1000);
```

其输出如图 6.82 所示。

```
sqlda=# SELECT pg_sleep(1000);
FATAL:  terminating connection due to administrator command
server closed the connection unexpectedly
        This probably means the server terminated abnormally
        before or while processing the request.
The connection to the server was lost. Attempting reset: Succeeded.
sqlda=# █
```

图 6.82　已终止的 pg_sleep 进程

可以看到，在使用 pg_sleep 命令后的查询已经终止。

ℹ️ **注意：**

要获得本小节源代码，请访问以下网址：

https://packt.live/3hj8E9H

第 7 章　科学方法和应用问题求解

作业 7.01：量化销量下降的情况

答案

（1）加载 sqlda 数据库：

```
$ psql sqlda
```

（2）使用 OVER 和 ORDER BY 语句计算每日累计销售额。将结果插入一个名为 bat_sales_growth 的新表中：

```
sqlda=# SELECT *, sum(count) OVER (ORDER BY sales_transaction_date)
INTO bat_sales_growth FROM bat_sales_daily;
```

此时应产生以下输出：

```
SELECT 964
```

计算 sum 列的 7 天 lag 函数，将 bat_sales_daily 的所有列和新的 lag 列插入一个名为 bat_sales_daily_delay 的新表中。此 lag 列可指示给定记录前一周的销售额：

```
sqlda=# SELECT *, lag(sum, 7) OVER (ORDER BY sales_transaction_date)
INTO bat_sales_daily_delay FROM bat_sales_growth;
```

（3）检查 bat_sales_daily_delay 的前 15 行：

```
sqlda=# SELECT * FROM bat_sales_daily_delay LIMIT 15;
```

上述代码的输出如图 7.27 所示。

```
sales_transaction_date | count | sum | lag
-----------------------+-------+-----+-----
2016-10-10 00:00:00    |     9 |   9 |
2016-10-11 00:00:00    |     6 |  15 |
2016-10-12 00:00:00    |    10 |  25 |
2016-10-13 00:00:00    |    10 |  35 |
2016-10-14 00:00:00    |     5 |  40 |
2016-10-15 00:00:00    |    10 |  50 |
2016-10-16 00:00:00    |    14 |  64 |
2016-10-17 00:00:00    |     9 |  73 |   9
2016-10-18 00:00:00    |    11 |  84 |  15
2016-10-19 00:00:00    |    12 |  96 |  25
2016-10-20 00:00:00    |    10 | 106 |  35
2016-10-21 00:00:00    |     6 | 112 |  40
2016-10-22 00:00:00    |     2 | 114 |  50
2016-10-23 00:00:00    |     5 | 119 |  64
2016-10-24 00:00:00    |     6 | 125 |  73
(15 rows)
```

图 7.27　每日销售的 7 天 lag

（4）以百分比计算销量增长，将当前销量与前一周的销量进行比较。将生成的表插入一个名为 bat_sales_delay_vol 的新表中：

```
sqlda=# SELECT *, (sum-lag)/lag AS volume INTO bat_sales_delay_vol
FROM bat_sales_daily_delay ;
```

ℹ️ 注意：

可通过以下公式计算销量增长的百分比：

```
(new_volume - old_volume) / old_volume
```

（5）比较 bat_sales_delay_vol 表的前 22 个值：

```
sqlda=# SELECT * FROM bat_sales_delay_vol LIMIT 22;
```

图 7.28 显示了前 22 个条目的延迟销量。

在上述输出表中可以看到 4 组信息：count（每日销量）、sum（日销量累计总和）、lag（偏移一周的累计总和）、volume（相对销量增长）。

```
 sales_transaction_date | count | sum | lag |           volume
------------------------+-------+-----+-----+----------------------------
 2016-10-10 00:00:00    |     9 |   9 |     |
 2016-10-11 00:00:00    |     6 |  15 |     |
 2016-10-12 00:00:00    |    10 |  25 |     |
 2016-10-13 00:00:00    |    10 |  35 |     |
 2016-10-14 00:00:00    |     5 |  40 |     |
 2016-10-15 00:00:00    |    10 |  50 |     |
 2016-10-16 00:00:00    |    14 |  64 |     |
 2016-10-17 00:00:00    |     9 |  73 |   9 |        7.1111111111111111
 2016-10-18 00:00:00    |    11 |  84 |  15 |        4.6000000000000000
 2016-10-19 00:00:00    |    12 |  96 |  25 |        2.8400000000000000
 2016-10-20 00:00:00    |    10 | 106 |  35 |        2.0285714285714286
 2016-10-21 00:00:00    |     6 | 112 |  40 |        1.8000000000000000
 2016-10-22 00:00:00    |     2 | 114 |  50 |        1.2800000000000000
 2016-10-23 00:00:00    |     5 | 119 |  64 |  0.85937500000000000000
 2016-10-24 00:00:00    |     6 | 125 |  73 |  0.71232876712328767123
 2016-10-25 00:00:00    |     9 | 134 |  84 |  0.59523809523809523810
 2016-10-26 00:00:00    |     2 | 136 |  96 |  0.41666666666666666667
 2016-10-27 00:00:00    |     4 | 140 | 106 |  0.32075471698113207547
 2016-10-28 00:00:00    |     7 | 147 | 112 |  0.31250000000000000000
 2016-10-29 00:00:00    |     5 | 152 | 114 |  0.33333333333333333333
 2016-10-30 00:00:00    |     5 | 157 | 119 |  0.31932773109243697479
 2016-10-31 00:00:00    |     3 | 160 | 125 |  0.28000000000000000000
(22 rows)
```

图 7.28　小型摩托车 3 周内的相对销量

ⓘ 注意：

要获得本小节源代码，请访问以下网址：

https://packt.live/2BXrV09

作业 7.02：分析销售价格假设的差异

答案

（1）加载 sqlda 数据库：

```
$ psql sqlda
```

（2）从 2013 Lemon 销售表中选择 sales_transaction_date 列，并将该列插入名为 lemon_sales 的表中：

```
sqlda=# SELECT sales_transaction_date INTO lemon_sales FROM sales
WHERE product_id=3;
```

（3）通过运行以下查询计算 2013 Lemon 的可用销售记录：

```
sqlda=# SELECT count(sales_transaction_date) FROM lemon_sales;
```

可以看到有 16558 条记录可用：

```
count
-------
16558
(1 row)
```

（4）使用 max 函数查看最新的 sales_transaction_date 列：

```
sqlda=# SELECT max(sales_transaction_date) FROM lemon_sales;
```

其输出如下：

```
max
-------------------
2018-12-17 19:12:10
(1 row)
```

（5）使用以下查询将 sales_transaction_date 列转换为日期类型：

```
sqlda=# ALTER TABLE lemon_sales ALTER COLUMN sales_transaction_date
TYPE DATE;
```

我们正在将数据类型从 DATE_TIME 转换为 DATE，以便从字段中删除时间信息。我们只对累计数字感兴趣，但只需要日期而不是时间。因此，从字段中删除时间信息会更容易。

（6）计算 lemon_sales 表中每天的销售数量，并将这个数字插入一个名为 lemon_sales_count 的表中：

```
sqlda=# SELECT *, COUNT(sales_transaction_date) INTO lemon_sales_
count FROM lemon_sales GROUP BY sales_transaction_date ORDER BY
sales_transaction_date;
```

（7）计算累计销售额，将对应的表插入一个新表 lemon_sales_sum 中：

```
sqlda=# SELECT *, sum(count) OVER (ORDER BY sales_transaction_date)
INTO lemon_sales_sum FROM lemon_sales_count;
```

（8）计算 sum 列的 7 天 lag 函数并将结果保存到 lemon_sales_delay：

```
sqlda=# SELECT *, lag(sum, 7) OVER (ORDER BY sales_transaction_date)
INTO lemon_sales_delay FROM lemon_sales_sum;
```

（9）使用来自 lemon_sales_delay 的数据计算增长率，并将结果表存储在 lemon_

sales_growth 中。将增长率列标记为 volume：

```
sqlda=# SELECT *, (sum-lag)/lag AS volume INTO lemon_sales_growth
FROM lemon_sales_delay;
```

（10）通过检查 volume 数据查看 lemon_sales_growth 表的前 22 条记录：

```
sqlda=# SELECT * FROM lemon_sales_growth LIMIT 22;
```

图 7.29 显示了销量增长。

```
sales_transaction_date | count | sum | lag |         volume
-----------------------+-------+-----+-----+------------------------
2013-05-01             |     6 |   6 |     |
2013-05-02             |     8 |  14 |     |
2013-05-03             |     4 |  18 |     |
2013-05-04             |     9 |  27 |     |
2013-05-05             |     9 |  36 |     |
2013-05-06             |     6 |  42 |     |
2013-05-07             |     8 |  50 |     |
2013-05-08             |     6 |  56 |   6 |    8.3333333333333333
2013-05-09             |     6 |  62 |  14 |    3.4285714285714286
2013-05-10             |     9 |  71 |  18 |    2.9444444444444444
2013-05-11             |     3 |  74 |  27 |    1.7407407407407407
2013-05-12             |     4 |  78 |  36 |    1.1666666666666667
2013-05-13             |     7 |  85 |  42 |    1.0238095238095238
2013-05-14             |     3 |  88 |  50 | 0.76000000000000000000
2013-05-15             |     3 |  91 |  56 | 0.62500000000000000000
2013-05-16             |     4 |  95 |  62 | 0.5322580645161290322 6
2013-05-17             |     6 | 101 |  71 | 0.4225352112676056338 0
2013-05-18             |     9 | 110 |  74 | 0.4864864864864864864 9
2013-05-19             |     6 | 116 |  78 | 0.4871794871794871794 9
2013-05-20             |     6 | 122 |  85 | 0.4352941176470588235 3
2013-05-21             |    11 | 133 |  88 | 0.5113636363636363636 4
2013-05-22             |     8 | 141 |  91 | 0.5494505494505494505 5
(22 rows)
```

图 7.29　Lemon Scooter 的销量增长

　　与之前的练习类似，我们计算了 Lemon Scooter 的 count（每日销量）、sum（日销量累计总和）、lag（偏移一周的累计总和）、volume（相对销量增长）。可以看到，Lemon Scooter 最初的销量增长比其他小型摩托车大得多，超过 800%，并且最后的增长率也很高，约为 55%。

🛈 注意：

　　要获得本小节源代码，请访问以下网址：

https://packt.live/30CeOMm